CAMBRIDGE LIBRARY COLLECTION

Books of enduring scholarly value

Mathematics

From its pre-historic roots in simple counting to the algorithms powering modern desktop computers, from the genius of Archimedes to the genius of Einstein, advances in mathematical understanding and numerical techniques have been directly responsible for creating the modern world as we know it. This series will provide a library of the most influential publications and writers on mathematics in its broadest sense. As such, it will show not only the deep roots from which modern science and technology have grown, but also the astonishing breadth of application of mathematical techniques in the humanities and social sciences, and in everyday life.

Fundamenta nova theoriae functionum ellipticarum

Carl Gustav Jacob Jacobi (1804–51) was one of the nineteenth century's greatest mathematicians, as attested by the diversity of mathematical objects named after him. His early work on number theory had already attracted the attention of Carl Friedrich Gauss, but his reputation was made by his work on elliptic functions. Elliptic integrals had been studied for a long time, but in 1827 Jacobi and Niels Henrik Abel realised independently that the correct way to view them was by means of their inverse functions - what we now call the elliptic functions. The next few years witnessed a flowering of the subject as the two mathematicians pushed ahead. Adrien-Marie Legendre, an expert on the old theory, wrote: 'I congratulate myself that I have lived long enough to witness these magnanimous conflicts between two equally strong young athletes'. This Latin work, first published in 1829, is Jacobi's pioneering account of the new theory.

Fundamenta nova theoriae functionum ellipticarum

Carl Gustav Jacob Jacobi

Cambridge
University Press

CAMBRIDGE UNIVERSITY PRESS

Cambridge, New York, Melbourne, Madrid, Cape Town,
Singapore, São Paolo, Delhi, Mexico City

Published in the United States of America by Cambridge University Press, New York

www.cambridge.org
Information on this title: www.cambridge.org/9781108052009

This edition first published 1829
This digitally printed version 2013

ISBN 978-1-108-05200-9 Paperback

FUNDAMENTA NOVA

THEORIAE

FUNCTIONUM ELLIPTICARUM

AUCTORE

D. CAROLO GUSTAVO IACOBO IACOBI,

PROF. ORD. IN UNIV. REGIOM.

REGIOMONTI

SUMTIBUS FRATRUM BORNTRÆGER

1829.

PARISIIS APUD PONTHIEU & Co. TREUTTEL & WUERZ.

LONDINI APUD TREUTTEL, WUERZ & RICHTER. H. W. KOLLER. BLACK, YOUNG & YOUNG.

AMSTELODAMI APUD MUELLER & Co. C. G. SUELPKE.

PETROPOLI APUD GRAEFF.

PROOEMIUM.

Ante biennium fere, cum theoriam functionum ellipticarum accuratius examinare placuit, incidi in quaestiones quasdam gravissimas, quae et theoriae illi novam faciem creare, et universam artem analyticam insigniter promovere videbantur. Quibus ad exitum felicem et propter difficultatem rei vix expectatum perductis, prima earum momenta breviter et sine demonstratione, mox cum vehementius illa desiderari, et invento novo vix fidem tribui videretur, addita demonstratione, cum Geometris communicavi. Urgebar simul, ut systema completum quaestionum a me susceptarum in publicum ederem. Cui desiderio ut ex parte saltem satisfacerem, fundamenta, quibus quaestiones meae superstructae sunt, in publicum edere constitui. Quae fundamenta nova theoriae functionum ellipticarum iam indulgentiae Geometrarum commendamus.

Ut a typographorum mendis, quantum fieri potuit, mundus evaderet liber, Cl. SCHERK curare voluit, cui ea de re valde me obstrictum esse profiteor. Quae emendanda restant, ad calcem adiecta sunt.

Scribebam m. Febr. a. 1829
ad Univ. Regiom.

INDEX RERUM.

DE

TRANSFORMATIONE FUNCTIONUM ELLIPTICARUM.

EXPOSITIO PROBLEMATIS GENERALIS DE TRANSFORMATIONE.

1.

Integralia maxime memorabilia, quae Formula exhibentur $\int \frac{d\varphi}{\sqrt{1 - k^2 \operatorname{Sin}\varphi^2}}$, et quae Functionum Ellipticarum, quae dicuntur, primam speciem constituunt, ab Argumento duplice pendent, et ab Amplitudine φ et a Modulo k. Eiusmodi functionis inter se comparatis valoribus, quos illa pro diversis Amplitudinibus obtinet, eodem manente Modulo, egregia multa detexerant Analystae, quae Additionem eorum et Multiplicationem spectant. Quam nuper vidimus quaestionem a Cl. *Abel* in Commentatione, nostra laude majore, mirum in modum provectam esse (V. *Crelle* Journal für reine und angewandte Mathematik V. II.).

Alia est quaestio nec minoris momenti — immo sensu latissimo capta illam involvens — de comparatione Functionum Ellipticarum pro Modulis instituenda diversis. Quam quaestionem post praeclara inventa Cl[i] *Legendre* — Theoriae Functionum Ellipticarum Conditoris — ad principia certa nos primi revocavimus, eiusque solutionem dedimus generalem (V. *Astronomische Nachrichten* A. 1827. No. 123. 127). Hanc nostram de Transformatione Theoriam et quae alia inde in Analysin Functionum Ellipticarum redundant, iam fusius exponemus.

2.

Problema, quod nobis proponimus, generale hoc est:

„*Quaeritur Functio rationalis y elementi x ejusmodi, ut sit:*

$$\frac{dy}{\sqrt{A'+B'y+C'y^2+D'y^3+E'y^4}} = \frac{dx}{\sqrt{A+Bx+Cx^2+Dx^3+Ex^4}}$$

Quod Problema et Multiplicationem videmus amplecti et Transformationem.

Innumera iam diu constabant exempla eiusmodi functionum rationalium y, quae problemati proposito satisfaciunt. Primum notum erat, quicunque datus sit numerus integer impar n, eiusmodi functionem rationalem y exhiberi posse, ut sit:

$$\frac{dy}{\sqrt{A+By+Cy^2+Dy^3+Ey^4}} = \frac{n\,dx}{\sqrt{A+Bx+Cx^2+Dx^3+Ex^4}};$$

quod est de Multiplicatione theorema. Quem in finem adhiberi debet forma:

$$y = \frac{a+a'x+a''x^2+a'''x^3+\ldots+a^{(nn)}x^{nn}}{b+b'x+b''x^2+b'''x^3+\ldots+b^{(nn)}x^{nn}},$$

Coëfficientibus a, a′, a″, ...; b, b′, b″, ... rite determinatis. Satis diu etiam exploratum est, formam hanc:

$$y = \frac{a+a'x+a''x^2}{b+b'x+b''x^2},$$

seu hanc generaliorem:

$$y = \frac{a+a'x+a''x^2+a'''x^3+\ldots+a^{(2^m)}x^{2^m}}{b+b'x+b''x^2+b'''x^3+\ldots+b^{(2^m)}x^{2^m}},$$

quae ex illius substitutionis repetitione ortum ducit, ita determinari posse, ut solvat problema. Nuper admodum etiam probatum est a Cl° Legendre, eum in finem adhiberi posse formam hanc rite determinatam:

$$y = \frac{a+a'x+a''x^2+a'''x^3}{b+b'x+b''x^2+b'''x^3};$$

seu rursus, eadem substitutione repetita, hanc generaliorem:

$$y = \frac{a+a'x+a''x^2+a'''x^3+\ldots+a^{(3^m)}x^{3^m}}{b+b'x+b''x^2+b'''x^3+\ldots+b^{(3^m)}x^{3^m}}.$$

His inter se iunctis formis patet, problemati satisfieri posse, idonea facta Coëfficientium electione, posito:

$$y = \frac{a+a'x+a''x^2+a'''x^3+\ldots+a^{(p)}x^p}{b+b'x+b''x^2+b'''x^3+\ldots+b^{(p)}x^p},$$

siquidem p sit uumerus formae $2^{\alpha}\, 3^{\beta}\, (2m+1)^2$. Iam ſequentibus probabitur, idem valere, *quicunque sit* p *numerus.*

PRINCIPIA TRANSFORMATIONIS.

3.

Designentur per U, V functiones rationales integrae elementi x; sit porro $y = \frac{U}{V}$; ſit:

$$\frac{dy}{\sqrt{A' + B'y + C'y^2 + D'y^3 + E'y^4}} = \frac{VdU - UdV}{\sqrt{Y}},$$

brevitatis causa posito:

$$Y = A'V^4 + B'V^3U + C'V^2U^2 + D'VU^3 + E'U^4.$$

Fractionem $\frac{VdU - UdV}{\sqrt{Y}}$ in formam simpliciorem redigere licet, quoties Y factores duplices habet; quin adeo, ubi praeter quatuor factores lineares inter se diversos e reliquorum numero bini inter se aequales existunt, fractio illa sponte in Differentiale Functionis Ellipticae redit $\frac{dx}{U\sqrt{A + Bx + Cx^2 + Dx^3 + Ex^4}}$, designante U functionem elementi x rationalem. Quem accuratius examinemus casum ac videamus, quot et quales sibi poscat Conditiones.

Sint functiones U, V altera p^{ti}, altera m^{ti} ordinis, ita ut $m \leqq p$: erit Y $(4p)^{ti}$ ordinis. Iam ut, quatuor factoribus linearibus exceptis, e reliquis functionis Y factoribus, quorum est numerus $4p - 4$, bini inter se aequales evadant, $(2p - 2)$ Conditionibus satisfaciendum erit. Quot enim functio proposita duplices habere debet factores lineares, tot inter Coëfficientes eius intercedere debent Aequationes Conditionales.

At functionibus U, V Quantitates Constantes Indeterminatae insunt $m + p + 2$, seu potius $m + p + 1$, quippe e quarum numero unam aliquam $= 1$ ponere licet. Quarum igitur numero vel aequatur numerus Conditionum $2p - 2$ vel ab eo superatur, modo supponatur, m esse aliquem e numeris $p - 3$, $p - 2$, $p - 1$, p, quibus casibus numerus Indeterminatarum fit resp. $2p - 2$, $2p - 1$, $2p$, $2p + 1$. Duos priores casus reiiciendos esse cum infra demonstrabitur, tum hunc in modum patet. Namque inventis functionibus U, V, quae functioni Y formam illam praescriptam conciliant, ubi loco x substituitur $\alpha + \beta x$, neque ordo mutatur functionum U, V, Y, neque numerus factorum duplicium functionis Y: unde in solutionem inventam statim duas Quantitates Arbitrarias inferre licet. Itaque numerus Indeterminatarum numerum Conditionum duabus saltem unitatibus superare debet, unde casus $m = p - 3$, $m = p - 2$ reiiciendi sunt. Porro videmus, loco x posito $\frac{\alpha + \beta x}{1 + \gamma x}$, tertium casum ad quartum reduci et quartum minime mutari, quo igitur casu Indeterminatarum tres et arbitrariae manent et manere debent.

Iam igitur evictum est, quantum quidem e numero Indeterminatarum et numero Conditionum inter se comparatis concludere licet, *quicunque sit p numerus, formam:*

$$y = \frac{a + a'x + a''x^2 + \ldots + a^{(p)}x^p}{1 + b'x + b''x^2 + \ldots + b^{(p)}x^p}$$

ita determinari posse, ut sit:

$$\frac{dy}{\sqrt{A' + B'y + C'y^2 + D'y^3 + E'y^4}} = \frac{dx}{M\sqrt{A + Bx + Cx^2 + Dx^3 + Ex^4}}$$

designante M functionem rationalem ipsius x; imo solutionem tres Quantitates Arbitrarias involvere posse.

4.

Ut determinetur functio illa M, sit $Y = (A + Bx + Cx^2 + Dx^3 + Ex^4)\,TT$, designante T functionem elementi x integram rationalem: erit

$$M = \frac{T}{V\frac{dU}{dx} - U.\frac{dV}{dx}}.$$

Ipsa T erit ordinis $(2p - 2)^{ti}$; nec maioris esse potest $V\frac{dU}{dx} - U\frac{dV}{dx}$. Iam casibus quibusdam constat, scilicet ubi numerus p formam illam habet $2^\alpha 3^\beta (2n + 1)^2$, M adeo fieri Constantem. Idem generaliter probabitur sequentibus, quicunque sit p numerus.

Functiones U, V supponere possumus factorem communem non habere; adiecto enim factore communi, fractio $\frac{U}{V} = y$ non mutatur. Resolvamus expressionem

$$A' + B'y + C'y^2 + D'y^3 + E'y^4$$

in factores lineares, ita ut sit:

$$A' + B'y + C'y^2 + D'y^3 + E'y^4 = A'.(1 - \alpha'y).(1 - \beta'y)(1 - \gamma'y)(1 - \delta'y),$$

unde etiam:

$$Y = A'V^4 + B'V^3U + C'V^2U^2 + D'VU^3 + E'U^4 = A'(V - \alpha'U)(V - \beta'U)(V - \gamma'U)(V - \delta'U).$$

Iam existere non potest factor, qui quantitatibus $V-\alpha'U$, $V-\beta'U$, $V-\gamma'U$, $V-\delta'U$ vel omnibus vel imo duabus tantum ex earum numero communis sit; idem enim et V et U simul metiretur, quas factorem communem non habere supposuimus. Itaque ubi factor aliquis linearis functionem Y bis metitur, idem unam aliquam e quantitatibus $V-\alpha'U$, $V-\beta'U$, $V-\gamma'U$, $V-\delta'U$ et ipsam bis metiatur necesse est.

Iam notentur aequationes sequentes:

$$(V-\alpha'U)\frac{dU}{dx}-\frac{d(V-\alpha'U)}{dx}.U=V\frac{dU}{dx}-U\frac{dV}{dx}$$
$$(V-\beta'U)\frac{dU}{dx}-\frac{d(V-\beta'U)}{dx}.U=V.\frac{dU}{dx}-U\frac{dV}{dx}$$
$$(V-\gamma'U)\frac{dU}{dx}-\frac{d(V-\gamma'U)}{dx}.U=V\frac{dU}{dx}-U\frac{dV}{dx}$$
$$(V-\delta'U)\frac{dU}{dx}-\frac{d(V-\delta'U)}{dx}.U=V.\frac{dU}{dx}-U\frac{dV}{dx},$$

e quibus sequitur, factorem qui unam aliquam e quantitatibus $V-\alpha'U$, $V-\beta'U$, $V-\gamma'U$, $V-\delta'U$ bis ideoque etiam eius differentiale metiatur, eundem metiri expressionem $V\frac{dU}{dx}-U\frac{dV}{dx}$. Productum vero ex omnibus istis factoribus, ipsam etiam Y bis metientibus, conflatum posuimus $=T$, unde T ipsam $V\frac{dU}{dx}-U\frac{dV}{dx}$ metietur. At T inferioris ordinis non est quam ipsa $V\frac{dU}{dx}-U\frac{dV}{dx}$, unde videmus

$$M=\frac{T}{V\frac{dU}{dx}-U\frac{dV}{dx}}$$

abire in Constantem.

Ceterum adnotemus, ubi functionum U, V altera inferioris ordinis fuisset quam $(p-1)^{ti}$, ipsam etiam $V\frac{dU}{dx}-U\frac{dV}{dx}$ inferioris ordinis fuisse quam T, quae tamen illam metiri debet; quod cum absurdum sit, reiici debebant casus $m=p-2$, $m=p-3$.

Iam igitur demonstratum est, *formam:*

$$y=\frac{a+a'x+a''x^2+\ldots+a^{(p)}x^p}{b+b'x+b''x^2+\ldots+b^{(p)}x^p},$$

quicunque sit numerus p, ita determinari posse, ut prodeat:

$$\frac{dy}{\sqrt{A'+B'y+C'y^2+D'y^3+E'y^4}}=\frac{dx}{\sqrt{A+Bx+Cx^2+Dx^3+Ex^4}}$$

Quod est Principium in Theoria Transformationum Functionum Ellipticarum Fundamentale.

PROPONITUR EXPRESSIO $\frac{dy}{\sqrt{\pm(y-\alpha)(y-\beta)(y-\gamma)(y-\delta)}}$ IN FORMAM SIMPLICIOREM REDIGENDA $\frac{dx}{M\sqrt{(1-x)(1-k^2x^2)}}$.

5.

Trium Constantium Arbitrariarum ope, quas solutionem Problematis nostri admittere vidimus, expressio $A+Bx+Cx^2+Dx^3+Ex^4$ in simpliciorem redigi potest hanc: $A(1-x^2)(1-k^2x^2)$. Ut hoc et reliqua, quae modo demonstrata sunt, exemplis etiam monstrentur, propositum sit, datam expressionem:

$$\frac{dy}{\sqrt{\pm(y-\alpha)(y-\beta)(y-\gamma)(y-\delta)}}$$

facta substitutione:

$$y=\frac{a+a'x+a''x^2}{b+b'x+b''x^2}$$

in simpliciorem transformare hanc:

$$\frac{dx}{M\sqrt{(1-x^2)(1-k^2x^2)}}.$$

Quaeritur de substitutione adhibenda, de Modulo k et de factore Constante M e datis quantitatibus α, β, γ, δ determinandis.

Ponatur $a+a'x+a''x^2=U$, $b+b'x+b''x^2=V$, $y=\frac{U}{V}$: e principiis modo expositis fieri debet:

$$(U-\alpha V)(U-\beta V)(U-\gamma V)(U-\delta V)=K(1-x^2)(1-k^2x^2)(1+mx)^2(1+nx)^2$$

designante K Constantem aliquam arbitrariam. Hinc videmus duos e numero factorum $U-\alpha V$, $U-\beta V$, $U-\gamma V$, $U-\delta V$, qui erunt secundi ordinis, adeo fieri quadrata. Ponamus igitur:

$$U-\gamma V=C(1+mx)^2$$
$$U-\delta V=D(1+nx)^2.$$

Iam quod reliquos attinet factores $U-\alpha V$, $U-\beta V$, poni poterit, aut:

$$U-\alpha V=A(1-x^2),\quad U-\beta V=B(1-k^2x^2),\ \text{aut:}$$
$$U-\alpha V=A.(1-x)(1-kx),\quad U-\beta V=B(1+x)(1+kx),$$

designantibus A, B, C, D quantitates Constantes. Prius reiiciendum erit. Prodiret enim $\frac{U-\alpha V}{U-\beta V}=\frac{y-\alpha}{y-\beta}=\frac{A}{B}\cdot\frac{1-x^2}{1-k^2x^2}$, unde sequeretur, elemento x in $-x$ mutato y immutatum manere, quod absurdum esse patet ex aequationibus:

$$\frac{U-\alpha V}{U-\gamma V}=\frac{y-\alpha}{y-\gamma}=\frac{A}{B}\cdot\frac{1-k^2}{(1+mx)^2}$$
$$\frac{U-\alpha V}{U-\delta V}=\frac{y-\alpha}{y-\delta}=\frac{A}{D}\cdot\frac{1-k^2}{(1+nx)^2}.$$

Poni igitur debet:

1) $U-\alpha V=A(1-x).(1-kx)$
2) $U-\beta V=B(1+x).(1+kx)$
3) $U-\gamma V=C(1+mx)^2$
4) $U-\delta V=D(1+nx)^2$.

Adnotare convenit, e Constantibus A, B, C, D unam aliquam ex arbitrio determinari posse.

6.

Videmus ex aequatione 1), et posito $x=1$ et posito $x=\frac{1}{k}$ fieri $U=\alpha V$. Hinc ex aequatione:

$$\frac{U-\gamma V}{U-\beta V}=\frac{C}{B}\cdot\frac{(1+mx)^2}{(1+x)(1+kx)},$$

posito $x=1$, prodit:

$$\frac{\alpha-\gamma}{\alpha-\beta}=\frac{C}{B}\cdot\frac{(1+m)^2}{2(1+k)};$$

posito $x=\frac{1}{k}$:

$$\frac{\alpha-\gamma}{\alpha-\beta}=\frac{C}{B}\cdot\frac{\left(1+\frac{m}{k}\right)^2}{2\left(1+\frac{1}{k}\right)},$$

unde:

$$(1+m)^2=k\left(1+\frac{m}{k}\right)^2.$$

Prorsus simili modo invenitur:

$$(1+n)^2 = k\left(1+\frac{n}{k}\right)^2,$$

unde $m = \sqrt{k}$, $n = -\sqrt{k}$. Neque enim aequales ponere licet m et n; tum enim expressio $\frac{U-\gamma V}{U-\delta V} = \frac{y-\gamma}{y-\delta}$, ideoque ipsa y abiret in Constantem.

Iam in aequatione:

$$\frac{U-\gamma V}{U-\delta V} = \frac{y-\gamma}{y-\delta} = \frac{C}{D} \cdot \left\{\frac{1+\sqrt{k.x}}{1-\sqrt{k.x}}\right\}^2$$

ponatur primum $x = +1$, quo casu $U = \alpha V$; deinde $x = -1$, quo casu $U = \beta V$: prodeunt duae aequationes sequentes:

$$\frac{\alpha-\gamma}{\alpha-\delta} = \frac{C}{D} \left\{\frac{1+\sqrt{k}}{1-\sqrt{k}}\right\}^2$$

$$\frac{\beta-\gamma}{\beta-\delta} = \frac{C}{D} \left\{\frac{1-\sqrt{k}}{1+\sqrt{k}}\right\}^2.$$

Quibus in se ductis aequationibus, fit:

$$\frac{C}{D} = \sqrt{\frac{(\alpha-\gamma)(\beta-\gamma)}{(\alpha-\delta)(\beta-\delta)}},$$

unde ponere licet:

$$C = \sqrt{(\alpha-\gamma)(\beta-\gamma)}$$

$$D = \sqrt{(\alpha-\delta)(\beta-\delta)};$$

nam e quantitatibus A, B, C, D una ex arbitrio determinari poterat.

Ex iisdem aequationibus, altera per alteram divisa, obtinemus:

$$\frac{1+\sqrt{k}}{1-\sqrt{k}} = \frac{\sqrt[4]{(\alpha-\gamma)(\beta-\delta)}}{\sqrt[4]{(\alpha-\delta)(\beta-\gamma)}};$$

unde:

$$\sqrt{k} = \frac{\sqrt[4]{(\alpha-\gamma)(\beta-\delta)} - \sqrt[4]{(\alpha-\delta)(\beta-\gamma)}}{\sqrt[4]{(\alpha-\gamma)(\beta-\delta)} + \sqrt[4]{(\alpha-\delta)(\beta-\gamma)}}.$$

Adnotetur adhuc formula:

$$\sqrt{k} + \frac{1}{\sqrt{k}} = 2.\frac{\sqrt{(\alpha-\gamma)(\beta-\delta)} + \sqrt{(\alpha-\delta)(\beta-\gamma)}}{\sqrt{(\alpha-\gamma)(\beta-\delta)} - \sqrt{(\alpha-\delta)(\beta-\gamma)}},$$

unde:

$$(1-\sqrt{k})\left(1-\frac{1}{\sqrt{k}}\right)=\frac{-4\sqrt{(\alpha-\delta)(\beta-\gamma)}}{\sqrt{(\alpha-\gamma)(\beta-\delta)}-\sqrt{(\alpha-\delta)(\beta-\gamma)}}$$

$$(1+\sqrt{k})\left(1+\frac{1}{\sqrt{k}}\right)=\frac{+4\sqrt{(\alpha-\gamma)(\beta-\delta)}}{\sqrt{(\alpha-\gamma)(\beta-\delta)}-\sqrt{(\alpha-\delta)(\beta-\gamma)}}.$$

Ut Constantes A, B, definiantur, observo, ex aequationibus 1), 2), 3), posito $x=\frac{1}{\sqrt{k}}$, quo facto $U=\delta V$, erui:

$$\frac{\delta-\alpha}{\delta-\gamma}=\frac{A(1-\sqrt{k})\left(1-\sqrt{\frac{1}{k}}\right)}{4\sqrt{(\alpha-\gamma)(\beta-\delta)}}$$

$$\frac{\delta-\beta}{\delta-\gamma}=\frac{B(1+\sqrt{k})\left(1+\sqrt{\frac{1}{k}}\right)}{4\sqrt{(\alpha-\gamma)(\beta-\gamma)}},$$

unde:

$$A=\frac{-\sqrt{(\alpha-\gamma)(\alpha-\delta)}}{\gamma-\delta}\left\{\sqrt{(\alpha-\gamma)(\beta-\delta)}-\sqrt{(\alpha-\delta)(\beta-\gamma)}\right\}$$

$$B=\frac{\sqrt{(\beta-\gamma)(\beta-\delta)}}{\gamma-\delta}\left\{\sqrt{(\alpha-\gamma)(\beta-\delta)}-\sqrt{(\alpha-\delta)(\beta-\gamma)}\right\}$$

7.

E principiis generalibus supra a nobis stabilitis sequitur, in exemplo nostro expressionem $V\frac{dU}{dx}-U\frac{dV}{dx}$ aequalem fore producto $(1+\sqrt{k}x)(1-\sqrt{k}x)$ in quantitatem constantem ducto, quod ita facto calculo comprobatur.

Fit, uti evolutione facta constat:

$$(\gamma-\delta)\left(V\frac{dU}{dx}-U\frac{dV}{dx}\right)=(V-\gamma U)\frac{d(V-\delta U)}{dx}-(V-\delta U)\frac{d(V-\gamma U)}{dx}.$$

Nacti autem sumus:

$$V-\gamma U=C(1+\sqrt{k}.x)^2$$
$$V-\delta U=D(1-\sqrt{k}.x)^2,$$

unde:

$$\frac{d(V-\gamma U)}{dx}=\ \ 2C(1+\sqrt{k}.x)\sqrt{k}$$

$$\frac{d(V-\delta U)}{dx}=-2D(1-\sqrt{k}.x)\sqrt{k}.$$

Unde prodit:

$$(\gamma-\delta)\left(V\frac{dU}{dx}-U\frac{dV}{dx}\right)=-4\sqrt{k}.CD(1+\sqrt{k}.x)(1-\sqrt{k}.x).$$

His omnibus rite collectis, obtinemus:

$$\frac{dy}{\sqrt{-(y-\alpha)(y-\beta)(y-\gamma)(y-\delta)}}=\frac{-4\sqrt{k}}{\gamma-\delta}.\sqrt{\frac{CD}{-AB}}.\frac{dx}{\sqrt{(1-x^2)(1-k^2x^2)}};$$

unde:

$$M=\frac{\gamma-\delta}{-4\sqrt{k}}\sqrt{\frac{-AB}{CD}}=.\frac{\sqrt{(\alpha-\gamma)(\beta-\delta)}-\sqrt{(\alpha-\delta)(\beta-\gamma)}}{4\sqrt{k}}$$

$$=\left\{\frac{\sqrt[4]{(\alpha-\gamma)(\beta-\delta)}+\sqrt[4]{(\alpha-\delta)(\beta-\gamma)}}{2}\right\}^2,$$

unde:

$$\frac{dy}{\sqrt{-(y-\alpha)(y-\beta)(y-\gamma)(y-\delta)}}=\frac{dx}{M\sqrt{(1-x^2)(1-k^2x^2)}}=$$

$$\frac{dx}{\sqrt{1-xx}\sqrt{\left(\left(\frac{\sqrt[4]{(\alpha-\gamma)(\beta-\delta)}+\sqrt[4]{(\alpha-\delta)(\beta-\gamma)}}{2}\right)^4-\left(\frac{\sqrt[4]{(\alpha-\gamma)(\beta-\delta)}-\sqrt[4]{(\alpha-\delta)(\beta-\gamma)}}{2}\right)^4xx\right)}}.$$

Posito $(\alpha-\gamma).(\beta-\delta)=G$, $(\alpha-\delta)(\beta-\gamma)=G'$, fit:

$$\frac{dx}{M.\sqrt{(1-x^2)(1-k^2x^2)}}=\frac{dx}{\sqrt{1-x^2}\sqrt{\left(\frac{\sqrt[4]{G}+\sqrt[4]{G'}}{2}\right)^4-\left(\frac{\sqrt[4]{G}-\sqrt[4]{G'}}{2}\right)^4x^2}}.$$

Sit $G=mm$, $G'=nn$, sit porro:

$$m'=\frac{1}{2}(m+n),\quad n'=\sqrt{mn}$$

$$m''=\frac{1}{2}(m'+n'),\quad n''=\sqrt{m'n'},$$

erit, posito $x=\text{Sin}\,\phi$:

$$\frac{dx}{M\sqrt{(1-x^2)(1-k^2x^2)}}=\frac{d\phi}{\sqrt{m''m''\,\text{Cos}\,\phi^2+n''n''\,\text{Sin}\,\phi^2}}.$$

Ceterum valor ipsius x facillime computatur ope formulae:

$$\frac{1-\sqrt{k}.x}{1+\sqrt{k}.x}=\sqrt[4]{\frac{(\alpha-\gamma)(\beta-\gamma)}{(\alpha-\delta)(\beta-\delta)}}.\sqrt{\frac{y-\delta}{y-\gamma}};$$

ubi:

$$\sqrt{k}=\frac{\sqrt[4]{G}-\sqrt[4]{G'}}{\sqrt[4]{G}+\sqrt[4]{G'}}=\sqrt[4]{\frac{m''m''-n''n''}{m''m''}}.$$

8.

Quantitates α, β, γ, δ in formulis propositis ex arbitrio inter se permutare licet. Quod in arbitrio nostro positum certum fit ac definitum, simulac conditio addatur, ut, siquidem fieri possit, transformatio per substitutionem realem succedat. Id quod accuratius examinemus.

Ponamus, quantitates α, β, γ, δ reales esse omnes; sit porro $\alpha > \beta > \gamma > \delta$, ita ut $\alpha - \beta$, $\alpha - \gamma$, $\alpha - \delta$ sint quantitates positivae. Iam distinguendum erit pro limitibus, inter quos valor argumenti y continetur:

1) δ et γ, 2) γ et β, 3) β et α, 4) α et δ.

Casu postremo transitum ab α ad δ per infinitum fieri puta. Expressionem $\frac{1}{\sqrt{(y-\alpha)(y-\beta)(y-\gamma)(y-\delta)}}$ non nisi casu secundo et quarto, expressionem $\frac{1}{\sqrt{-(y-\alpha)(y-\beta)(y-\gamma)(y-\delta)}}$ non nisi casu primo et tertio realem fieri videmus. Substitutiones reales, quae quatuor illis casibus respondent, Tabula I. indicabit. Deinde Tabula II. formulas amplectamur, quae expressioni $\frac{dy}{\sqrt{\pm(y-\alpha)(y-\beta)(y-\gamma)}}$ per substitutionem realem in simpliciorem transformandae inserviunt, pro limitibus, inter quos valor argumenti y continetur:

1) $-\infty$ et γ, 2) γ et β, 3) β et α, 4) α et $+\infty$.

Quas formulas dividendo per δ ac tum ponendo $\delta = -\infty$ facile e Tabula I. derivare licet.

TABULA I.

A. $$\frac{dy}{\sqrt{(y-\alpha)(y-\beta)(y-\gamma)(y-\delta)}} = \frac{dx}{\sqrt{1-x^2}\sqrt{L^4-N^4x^2}}$$

$$L = \frac{\sqrt[4]{(\alpha-\gamma)(\beta-\delta)} + \sqrt[4]{(\alpha-\beta)(\gamma-\delta)}}{2}$$

$$N = \frac{\sqrt[4]{(\alpha-\gamma)(\beta-\delta)} - \sqrt[4]{(\alpha-\beta)(\gamma-\delta)}}{2}$$

I. Limites: $\alpha \,..\, \pm\infty \,..\, \delta$: $$\frac{L-Nx}{L+Nx} = \sqrt[4]{\frac{(\alpha-\beta)(\beta-\delta)}{(\alpha-\gamma)(\gamma-\delta)}}\ \sqrt{\frac{y-\gamma}{y-\beta}}$$

II. Limites: $\gamma \ldots\ldots \beta$: $$\frac{L-Nx}{L+Nx} = \sqrt[4]{\frac{(\beta-\delta)(\gamma-\delta)}{(\alpha-\beta)(\alpha-\gamma)}}\ \sqrt{\frac{\alpha-y}{y-\delta}}.$$

B. $$\frac{dy}{\sqrt{-(y-\alpha)(y-\beta)(y-\gamma)(y-\delta)}} = \frac{dx}{\sqrt{1-x^2}\sqrt{L^4-N^4x^2}}$$

$$L = \frac{\sqrt[4]{(\alpha-\gamma)(\beta-\delta)} + \sqrt[4]{(\alpha-\delta)(\beta-\gamma)}}{2}$$

$$N = \frac{\sqrt[4]{(\alpha-\gamma)(\beta-\delta)} - \sqrt[4]{(\alpha-\delta)(\beta-\gamma)}}{2}$$

I. Limites: $\beta \ldots\ldots \alpha$: $$\frac{L-Nx}{L+Nx} = \sqrt[4]{\frac{(\alpha-\gamma)(\beta-\gamma)}{(\alpha-\delta)(\beta-\delta)}} \cdot \sqrt{\frac{y-\delta}{y-\gamma}}$$

II. Limites: $\delta \ldots\ldots \gamma$: $$\frac{L-Nx}{L+Nx} = \sqrt[4]{\frac{(\alpha-\gamma)(\alpha-\delta)}{(\beta-\gamma)(\beta-\delta)}}\ \sqrt{\frac{\beta-y}{\alpha-y}}.$$

TABULA II.

A. $$\frac{dy}{\sqrt{(y-\alpha)(y-\beta)(y-\gamma)}}=\frac{dx}{\sqrt{1-x^2}\,\sqrt{L^4-N^4x^2}}$$

$$L=\frac{\sqrt[4]{\alpha-\gamma}+\sqrt[4]{\alpha-\beta}}{2}$$

$$N=\frac{\sqrt[4]{\alpha-\gamma}-\sqrt[4]{\alpha-\beta}}{2}$$

I. Limites $\alpha \ldots\ldots +\infty$: $$\frac{L-Nx}{L+Nx}=\sqrt[4]{\frac{\alpha-\beta}{\alpha-\gamma}}\,\sqrt{\frac{y-\gamma}{y-\beta}}$$

II. Limites $\gamma \ldots\ldots \beta$: $$\frac{L-Nx}{L+Nx}=\frac{\sqrt{\alpha-y}}{\sqrt[4]{(\alpha-\beta)(\alpha-\gamma)}}.$$

B. $$\frac{dy}{\sqrt{-(y-\alpha)(y-\beta)(y-\gamma)}}=\frac{dx}{\sqrt{1-x^2}\,\sqrt{L^4-N^4x^2}}$$

$$L=\frac{\sqrt[4]{\alpha-\gamma}+\sqrt[4]{\beta-\gamma}}{2}$$

$$N=\frac{\sqrt[4]{\alpha-\gamma}-\sqrt[4]{\beta-\gamma}}{2}$$

I. Limites $\beta \ldots\ldots \alpha$: $$\frac{L-Nx}{L+Nx}=\frac{\sqrt[4]{(\alpha-\gamma)(\beta-\gamma)}}{\sqrt{y-\gamma}}$$

II. Limites $-\infty \ldots \gamma$: $$\frac{L-Nx}{L+Nx}=\sqrt[4]{\frac{\alpha-\gamma}{\beta-\gamma}}\,\sqrt{\frac{\beta-y}{\alpha-y}}$$

9.

In formulis hisce pro limitibus assignatis simul x a -1 usque ad $+1$ atque y ab altero limite ad alterum transit. Limitibus autem, qui formulis I et II respondent, inter se commutatis, expressioni $\frac{L-Nx}{L+Nx}$ videmus valorem imaginarium creari formae $\pm iR$, posito $i=\sqrt{-1}$, ac designante R quantitatem aliquam realem; ipsi x autem conciliari formam $\frac{Le^{i\varphi}}{N}=\frac{e^{i\varphi}}{\sqrt{k}}$; unde $\frac{L-Nx}{L+Nx}=\frac{1-e^{i\varphi}}{1+e^{i\varphi}}=\frac{e^{-\frac{i\varphi}{2}}-e^{\frac{i\varphi}{2}}}{e^{-\frac{i\varphi}{2}}+e^{\frac{i\varphi}{2}}}=-i\tang\frac{\varphi}{2}$.

Formam, ad quam hac occasione delati sumus, $x=\frac{e^{i\varphi}}{\sqrt{k}}$ in expressione $\frac{dx}{\sqrt{(1-x^2)(1-k^2x^2)}}$ substituamus. Prodit:

$$\frac{dx}{\sqrt{(1-x^2)(1-k^2x^2)}}=\frac{ie^{i\varphi}d\varphi}{\sqrt{k}.\sqrt{\left(1-\frac{e^{2i\varphi}}{k}\right)\left(1-ke^{2i\varphi}\right)}}=\frac{d\varphi}{\sqrt{\left(1-ke^{2i\varphi}\right)\left(1-ke^{-2i\varphi}\right)}}$$

$$=\frac{d\varphi}{\sqrt{1-2k\cos 2\varphi+kk}}=\frac{d\varphi}{\sqrt{(1-k)^2\cos\varphi^2+(1+k)^2\sin\varphi^2}}.$$

Quae nobis quidem substitutio satis memorabilis esse videtur. E qua etiam generalior formula fluit sequens, ponendo $x=\sin\psi$:

$$\frac{k^n\sin\psi^{2n}\,d\psi}{\sqrt{1-k^2\sin\psi^2}}=\frac{(\cos 2n\varphi+i\sin 2n\varphi)\,d\varphi}{\sqrt{1-2k\cos 2\varphi+kk}},$$

unde pro limitibus 0 et π obtinetur, evanescente parte imaginaria:

$$\int_0^\pi\frac{k^n\sin\psi^{2n}\,d\psi}{\sqrt{1-k^2\sin\psi^2}}=\int_0^\pi\frac{\cos 2n\varphi\,d\varphi}{\sqrt{1-2k\cos 2\varphi+kk}}=\int_0^\pi\frac{\cos n\varphi\,d\varphi}{\sqrt{1-2k\cos\varphi+kk}},$$

quae est demonstratio succincta formulae memorabilis a Cl. Legendre proditae. E Tabulis I et II duas alias derivare licet sequentes, commutatis limitibus, inter quos valor ipsius y continetur, ac posito $x=\frac{Le^{i\varphi}}{N}$. Pro limitibus assignatis angulus φ inde a 0 usque ad π crescit, dum y ab altero limite ad alterum transit.

TABULA III.

A. $$\frac{dy}{\sqrt{(y-\alpha)(y-\beta)(y-\gamma)(y-\delta)}} = \frac{d\varphi}{\sqrt{mm\cos\varphi^2 + nn\sin\varphi^2}}$$

$$m = \sqrt[4]{(\alpha-\gamma)(\beta-\delta)(\alpha-\beta)(\gamma-\delta)}$$

$$n = \frac{\sqrt{(\alpha-\gamma)(\beta-\delta)} + \sqrt{(\alpha-\beta)(\gamma-\delta)}}{2}$$

I. Limites $\gamma \ldots \beta$: $\operatorname{tg}\frac{\varphi}{2} = \sqrt[4]{\frac{(\alpha-\beta)(\beta-\delta)}{(\alpha-\gamma)(\gamma-\delta)}}\sqrt{\frac{y-\gamma}{\beta-y}}$

II. Limites $\alpha \ldots \delta$: $\operatorname{tg}\frac{\varphi}{2} = \sqrt[4]{\frac{(\alpha-\beta)(\alpha-\gamma)}{(\beta-\delta)(\gamma-\delta)}}\sqrt{\frac{y-\alpha}{y-\delta}}$.

B. $$\frac{dy}{\sqrt{-(y-\alpha)(y-\beta)(y-\gamma)(y-\delta)}} = \frac{d\varphi}{\sqrt{mm\cos\varphi^2 + nn\sin\varphi^2}}$$

$$m = \sqrt[4]{(\alpha-\gamma)(\beta-\delta)(\alpha-\delta)(\beta-\gamma)}$$

$$n = \frac{\sqrt{(\alpha-\gamma)(\beta-\delta)} + \sqrt{(\alpha-\delta)(\beta-\gamma)}}{2}$$

I. Limites $\delta \ldots \gamma$: $\operatorname{tg}\frac{\varphi}{2} = \sqrt[4]{\frac{(\alpha-\gamma)(\beta-\gamma)}{(\alpha-\delta)(\beta-\delta)}}\sqrt{\frac{y-\delta}{\gamma-y}}$

II. Limites $\beta \ldots \alpha$: $\operatorname{tg}\frac{\varphi}{2} = \sqrt[4]{\frac{(\alpha-\gamma)(\alpha-\delta)}{(\beta-\gamma)(\beta-\delta)}}\sqrt{\frac{y-\beta}{\alpha-y}}$.

TABULA IV.

A. $$\frac{dy}{\sqrt{(y-\alpha)(y-\beta)(y-\gamma)}} = \frac{d\phi}{\sqrt{mm\cos\phi^2 + nn\sin\phi^2}}$$

$$m = \sqrt[4]{(\alpha-\gamma)(\alpha-\beta)}$$

$$n = \frac{\sqrt{\alpha-\gamma} + \sqrt{\alpha-\beta}}{2}$$

I. Limites $\gamma \; . \; . \; . \; \beta$: $\operatorname{tg}\frac{\phi}{2} = \sqrt[4]{\frac{\alpha-\beta}{\alpha-\gamma}} \sqrt{\frac{y-\gamma}{\beta-y}}$

II. Limites $\alpha \ldots +\infty$: $\operatorname{tg}\frac{\phi}{2} = \frac{\sqrt{y-\alpha}}{\sqrt[4]{(\alpha-\beta)(\alpha-\gamma)}}$.

B. $$\frac{dy}{\sqrt{-(y-\alpha)(y-\beta)(y-\gamma)}} = \frac{d\phi}{\sqrt{mm\cos\phi^2 + nn\sin\phi^2}}$$

$$m = \sqrt[4]{(\alpha-\gamma)(\beta-\gamma)}$$

$$n = \frac{\sqrt{\alpha-\gamma} + \sqrt{\beta-\gamma}}{2}$$

I. Limites $-\infty \ldots \gamma$: $\operatorname{tg}\frac{\phi}{2} = \frac{\sqrt{(\alpha-\gamma)(\beta-\gamma)}}{\sqrt{\gamma-y}}$

II. Limites $\beta \; . \; . \; . \; \alpha$: $\operatorname{tg}\frac{\phi}{2} = \sqrt[4]{\frac{\alpha-\gamma}{\beta-\gamma}} \sqrt{\frac{y-\beta}{\alpha-y}}$

Fusius hanc quaestionem tractavimus, ut adsit exemplum elaboratum. Restant adhuc casus, quibus quantitatum α, β, γ, δ vel duae vel quatuor imaginariae sunt. Casus prior et ipse solutionem realem admittit, quae tamen specie imaginarii laborat. Casus posterior eiusmodi solutionem realem omnino non admittit. Quare ut omnia ad realia revocentur, novis transformationibus opus erit, unde concinnitas formularum perit. Cui igitur quaestioni supersedemus.

Substitutioni propositae alia respondet, eius inversa, formae

$$x = \frac{a + a'y + a''y}{b + b'y + b''y},$$

quae et ipsa formulas elegantissimas suppeditat. Cum vero fortasse iam nimis diu huic quaestioni immorari videamur, eius investigationem ad aliam occasionem relegamus. Revertimur ad quaestiones generales.

DE TRANSFORMATIONE EXPRESSIONIS $\frac{dy}{\sqrt{1-y^2}\cdot\sqrt{1-\lambda^2 y^2}}$ IN ALIAM EIUS SIMILEM $\frac{dx}{M\sqrt{1-x^2}\sqrt{1-k^2x^2}}$.

10.

Vidimus, datam expressionem:

$$\frac{dy}{\sqrt{A' + B'y + C'y^2 + D'y^3 + E'y^4}}$$

per substitutionem adhibitam huiusmodi:

$$y = \frac{a + a'x + a''x^2 + \ldots + a^{(p)}x^p}{b + b'x + b''x^2 + \ldots + b^{(p)}x^p} = \frac{U}{V},$$

quicunque sit numerus p, in aliam eius similem transformari posse:

$$\frac{dx}{\sqrt{A + Bx + Cx^2 + Dx^3 + Ex^4}}.$$

Eiusmodi substitutio cum a datis Coëfficientibus A', B', C', D', E' pendet, tum vero maxime a numero p, quippe qui exponentem designat dignitatis summae, quae in functionibus rationalibus U, V invenitur. Quamobrem in sequentibus dicemus, eiusmodi substitutionem s. transformationem *p^{ti} ordinis esse s. ad p^{tum} ordinem sive simplicius ad numerum* p *pertinere.*

Iam indolem harum substitutionum accuratius examinaturi, missam faciamus formam illam complexiorem:

$$\frac{dy}{\sqrt{A+By+Cy^2+Dy^3+Ey^4}},$$

ac quaeramus de simpliciori hac $\frac{dy}{\sqrt{1-y^2}.\sqrt{1-\lambda^2 y^2}}$, ad quam illam revocari posse et vidimus et notum est, in aliam eius similem $\frac{dx}{M\sqrt{1-x^2}\sqrt{1-k^2x^2}}$ transformanda.

Quaestionis propositae natura rite perpensa, problemati satisfieri invenitur, siquidem functionum U, V altera impar, altera par esse statuatur, id quod iam exempla innuunt ab Analystis hactenus explorata. Qua in re maxime distinguendum erit inter casum, quo imparis functionis ordo paris ordine minor et eum quo maior est paris ordine; sive inter casum quo transformatio ad numerum parem et eum quo ad numerum imparem pertinet.

Iam igitur *primum* probemus, transformationem succedere adhibita substitutione ordinis paris seu formae:

$$y=\frac{x\left(a+a'x^2+a''x^4+\ldots+a^{(m-1)}x^{2m-2}\right)}{1+b'x^2+b''x^4+\ldots+b^{(m)}x^{2m}}=\frac{U}{V}.$$

Hic functiones $V+U$, $V-U$, $V+\lambda U$, $V-\lambda U$ et ipsae erunt ordinis paris, unde ponamus:

1) $V+U=(1+x)(1+kx)AA$
2) $V-U=(1-x)(1-kx)BB$
3) $V+\lambda U=CC$
4) $V-\lambda U=DD;$

designantibus A, B, C, D functiones elementi x rationales integras. Quibus aequationibus simulac satisfactum erit, eruetur, uti probavimus:

$$\frac{dy}{\sqrt{1-y^2}\sqrt{1-\lambda^2 y}}=\frac{dx}{M\sqrt{1-x^2}\sqrt{1-k^2x^2}}.$$

Mutato x in $-x$ cum U in $-U$ abeat, V autem non mutetur, ex aequationibus 1), 3) reliquae 2), 4) sponte fluunt. Ut aequationibus 1), 3) satisfiat, $V+\lambda U$ m vicibus,

$V+U$ $(m-1)$ vicibus duos inter se aequales habere debet factores lineares; insuper ipsi $V+U$ etiam factor $1+x$ assignari debet. Quae omnia Aequationes Conditionales sibi poscunt numero $m+m-1+1=2m$, qui et ipse est numerus Indeterminatarum $a, a', \ldots a^{(m-1)}$; $b', b'', \ldots b^{(m)}$. Unde problema propositum est determinatum.

Secundo loco probemus, succedere etiam transformationem, adhibita substitutione huiusmodi:

$$y=\frac{x\left(a+a'x^2+a''x^4+\ldots+a^{(m)}x^{2m}\right)}{1+b'x^2+b''x^4+\ldots+b^{(m)}x^{2m}}=\frac{U}{V};$$

quae ad numerum imparem pertinet. Hic $V+U$, $V-U$, $V+\lambda U$, $V-\lambda U$ et ipsae sunt imparis ordinis, unde ponamus:

$$\begin{array}{ll} 1) & V+U=(1+x)AA \\ 2) & V-U=(1-x)BB \\ 3) & V+\lambda U=(1+kx)CC \\ 4) & V-\lambda U=(1-kx)DD. \end{array}$$

Hic quoque solummodo aequationibus 1), 3) satisfaciendum erit, quippe e quibus mutando x in $-x$ duae reliquae sponte manant. Ut illis satisfiat, et $V+U$, et $V+\lambda U$ singulae m vicibus duos inter se aequales habeant factores lineares necesse est, quem in finem $2m$ Aequationibus Conditionalibus satisfaciendum erit, quibus una accedit, ut insuper $V+U$ nanciscatur $(1+x)$ factorem. Hinc numerum Aequationum Conditionalium esse videmus $2m+1$, qui et ipse est numerus Indeterminatarum $a, a', a'', \ldots a^{(m)}$; $b', b'', \ldots b^{(m)}$; unde et hoc casu determinatum est problema.

11.

Designentur per U', V' functiones elementi y integrae rationales eiusmodi, ut posito $z=\frac{U'}{V'}$, eruatur:

$$\frac{dz}{\sqrt{1-z^2}\sqrt{1-\mu^2z^2}}=\frac{dy}{M'\sqrt{1-y^2}\sqrt{1-\lambda^2y^2}}.$$

Sit ea, quae adhibita est, substitutio $z=\frac{U'}{V'}$ ordinis p'^{ti}; ac per aliam substitutionem

$y = \frac{U}{V}$, (designantibus U, V, ut supra, functiones elementi x rationales integras,) quae sit ordinis p^{ti}, eruatur, ut supra:

$$\frac{dy}{\sqrt{1-y^2}\sqrt{1-\lambda^2 y^2}} = \frac{dx}{M\sqrt{1-x^2}\sqrt{1-k^2 x^2}}.$$

Iam substituto valore $y = \frac{U}{V}$ in expressione $z = \frac{U'}{V'}$, nascatur $z = \frac{U''}{V''}$: erit una illa substitutio $z = \frac{U''}{V''}$, qua adhibita eruitur:

$$\frac{dz}{\sqrt{1-z^2}\sqrt{1-\mu^2 z^2}} = \frac{dx}{MM'\sqrt{1-x^2}\sqrt{1-k^2 x^2}}$$

ordinis $(pp')^{ti}$. Ita videmus, e pluribus transformationibus, quae resp. ad numeros p, p', p'', ... pertinent, successive adhibitis, unam componi posse, quae ad numerum pp'p''... pertinet. Nec non vice versâ, quod tamen in praesentiarum non probabimus, transformationem, quae ad numerum aliquem compositum pp'p''.. pertinet, semper ex aliis successive adhibitis componere licet, quae resp. ad numeros p, p', p''.. pertinent. Quamobrem eas tantummodo investigari oportet transformationes, quae ad numerum pertineant *primum*, quippe e quibus cunctas componere licet reliquas. Iam igitur in sequentibus missum faciamus casum primum, qui ordinem transformationis parem spectat, quippe quem semper componere licet e transformatione imparis ordinis et transformatione, quae ad numerum 2 pertinet, identidem, ubi opus erit, repetita. Casum *secundum* autem seu transformationes imparis ordinis iam propius examinemus.

12.

Videmus eo casu functiones duas, alteram V parem $2m^{ti}$ ordinis, alteram U imparem $(2m+1)^{ti}$ ordinis ita determinandas esse, ut sit:

$$V + U = (1+x)AA$$
$$V + \lambda U = (1+kx)CC.$$

Iam dico, si quidem ita functiones U, V determinentur, ut loco x posito $\frac{1}{kx}$ *abeat* $y = \frac{U}{V}$ *in* $\frac{1}{\lambda y} = \frac{V}{\lambda U}$: *aequationes illas alteram ex altera sponte sequi.*

Ponamus $V = \varphi(x^2)$, $U = xF(x^2)$; videmus expressionem $y = \frac{xF(x^2)}{\varphi(x^2)}$ loco x posito $\frac{1}{kx}$ abire in

$$\frac{F\left(\frac{1}{k^2x^2}\right)}{kx\varphi\left(\frac{1}{k^2x^2}\right)} = \frac{x^{2m}F\left(\frac{1}{k^2x^2}\right)}{kx.x^{2m}\varphi\left(\frac{1}{k^2x^2}\right)},$$

ubi $x^{2m}F\left(\frac{1}{k^2x^2}\right)$, $x^{2m}\varphi\left(\frac{1}{k^2x^2}\right)$ sunt functiones integrae. Quod ut aequale fiat expressioni $\frac{1}{\lambda y} = \frac{V}{\lambda U} = \frac{\varphi x^2}{\lambda x F(x^2)}$, sequentes obtinere debent aequationes:

$$\varphi(x^2) = p x^{2m} F\left(\frac{1}{k^2x^2}\right)$$

$$\lambda F(x^2) = p k x^{2m} \varphi\left(\frac{1}{k^2x^2}\right)$$

designante p quantitatem Constantem. Ubi in his aequationibus rursus ponimus $\frac{1}{kx}$ loco x nanciscimur:

$$\varphi\left(\frac{1}{k^2x^2}\right) = \frac{p}{k^{2m}x^{2m}} F(x^2)$$

$$\lambda F\left(\frac{1}{k^2x^2}\right) = \frac{pk}{k^{2m}x^{2m}} \varphi(x^2).$$

Quibus cum prioribus comparatis aequationibus, obtinemus $\frac{p}{k^{2m}} = \frac{\lambda}{pk}$, unde

$$p = \sqrt{\lambda k^{2m-1}}$$

Hinc fit:

$$\varphi(x^2) = x^{2m}\sqrt{\lambda k^{2m-1}}\, F\left(\frac{1}{k^2x^2}\right)$$

$$F(x^2) = x^{2m}\sqrt{\frac{k^{2m+1}}{\lambda}}\, \varphi\left(\frac{1}{k^2x^2}\right),$$

quarum aequationum altera ex altera sequitur.

Iam quoties expressio:

$$\frac{V+U}{1+x} = \frac{\varphi(x^2)+xF(x^2)}{1+x}$$

quadratum est functionis elementi x integrae rationalis, idem etiam valebit de alia, quae ex illa derivatur ponendo $\frac{1}{kx}$ loco x ac multiplicando per $x^{2m}\sqrt{\lambda k^{2m-1}}$. Quo facto obtinemus, *siquidem* $\frac{V+U}{1+x}$ *quadratum sit, functionem:*

$$x^{2m}\sqrt{\lambda k^{2m-1}}\;\frac{\varphi\left(\frac{1}{k^2x^2}\right)+\frac{1}{kx}F\left(\frac{1}{k^2x^2}\right)}{1+\frac{1}{kx}}$$

$$=\frac{\sqrt{\lambda k^{2m-1}}\,x^{2m}F\left(\frac{1}{k^2x^2}\right)+\sqrt{\lambda k^{2m+1}}\,x^{2m+1}\varphi\left(\frac{1}{k^2x^2}\right)}{1+kx}$$

$$=\frac{\varphi(x^2)+\lambda x F(x^2)}{1+kx}=\frac{V+\lambda U}{1+kx},$$

et ipsam quadratum fore. Q. D. E.

Itaque eo revocatum est problema, ut expressio:

$$\frac{\varphi(x^2)+\sqrt{\frac{k^{2m+1}}{\lambda}}\,x^{2m+1}\varphi\left(\frac{1}{k^2x^2}\right)}{1+x}=\frac{V+U}{1+x}.$$

Quadratum reddatur, designante $\varphi(x^2)$ expressionem huiusmodi:

$$\varphi(x^2)=V=b+b'x^2+b''x^4+\ldots+b^{(m)}x^{2m}.$$

Fit autem, posito $U=xF(x^2)=x(a+a'x^2+a''x^4+\ldots+a^{(m)}x^{2m})$, cum sit $U=xF(x^2)=\sqrt{\frac{x^{2m+1}}{\lambda}}\,x^{2m+1}\varphi\left(\frac{1}{k^2x^2}\right)$:

$$\mathcal{H}\begin{cases} a=\sqrt{\frac{k}{\lambda}}\cdot\frac{b^{(m)}}{k^m}; \quad a'=\sqrt{\frac{k}{\lambda}}\cdot\frac{b^{(m-1)}}{k^{m-4}}, \quad a''=\sqrt{\frac{k}{\lambda}}\cdot\frac{b^{(m-2)}}{k^{m-4}}, \ldots \\ a^{(m)}=\sqrt{\frac{k}{\lambda}}\cdot k^m; \quad a^{(m-1)}=\sqrt{\frac{k}{\lambda}}\cdot b'k^{m-2}, \quad a^{(m-2)}=\sqrt{\frac{k}{\lambda}}\cdot b''k^{m-4}, \ldots \end{cases}$$

Iam ad exempla delabimur.

PROPONITUR TRANSFORMATIO TERTII ORDINIS.

13.

Sit $m=1$, qui est casus simplicissimus, $V=1+b'x^2$, $U=x(a+a'x^2)$. Posito $A=(1+\alpha x)$, eruimus:

$$AA=(1+\alpha x)^2=1+2\alpha x+\alpha^2 x^2, \text{ unde:}$$
$$V+U=(1+x\ AA=1+(1+2\alpha)x+\alpha(2+\alpha)x^2+\alpha^2 x^3.$$

Hinc fit:

$$b'=\alpha(2+\alpha),\ a=1+2\alpha,\ a'=\alpha^2.$$

Aequationes $\mathcal{H}$ §. 12 in sequentes abeunt:

$$a=\sqrt{\frac{k}{\lambda}}\cdot\frac{b'}{k};\ a'=\sqrt{\frac{k^3}{\lambda}};$$

unde obtinemus:

$$1+2\alpha=\frac{\alpha(2+\alpha)}{\sqrt{k\lambda}};\ \alpha^2=\frac{\sqrt{k^3}}{\sqrt{\lambda}},\ \text{unde } \alpha=\sqrt[4]{\frac{k^3}{\lambda}}.$$

Ponatur $\sqrt[4]{k}=u$, $\sqrt[4]{\lambda}=v$, erit $\alpha=\frac{u^3}{v}$, $1+2\alpha=\frac{v+2u^3}{v}$, $\alpha(2+\alpha)=\frac{u^3(2v+u^3)}{v^2}$. Hinc aequatio:

$$1+2\alpha=\alpha(2+\alpha)\sqrt{\frac{1}{k\lambda}}$$

abit in sequentem:

$$\frac{v+2u^3}{v}=\frac{u(2v+v^3)}{v^4},$$

sive:

$$1)\quad u^4-v^4+2uv(1-u^2v^2)=0.$$

Fit praeterea:

$$a=(1+2\alpha)=\frac{v+2u^3}{v}$$

$$a'=\alpha\alpha=\frac{u^6}{v^2}$$

$$b'=\alpha(2+\alpha)=u^3\left(\frac{2v+u^3}{v^2}\right)=vu^2(v+2u^3).$$

Hinc obtinemus:

$$2)\quad y=\frac{(v+2u^3)vx+u^6x^3}{vv+v^3u^2(v+2u^3)x^2}.$$

Praeterea obtinemus, quia $1+y=\frac{(1+x)AA}{V}$:

$$3)\quad 1+y=\frac{(1+x)(v+u^3x)^2}{vv+v^3u^2(v+2u^3)x^2}$$

$$4)\quad 1-y=\frac{(1-x)(v-u^3x)^2}{vv+v^3u^2(v+2u^3)x^2}$$

$$5)\quad \sqrt{\frac{1-y}{1+y}}=\sqrt{\frac{1-x}{1+x}}\cdot\frac{v-u^3x}{v+u^3x}$$

$$6)\quad \sqrt{1-yy}=\frac{\sqrt{1-xx}(v^2-u^6x^2)}{vv+v^3u^3(v+2u^3)x^2}.$$

Porro loco x ponendo $\frac{1}{kx}=\frac{1}{u^4x}$, cum y abeat in $\frac{1}{\lambda y}=\frac{1}{v^4y}$, eruimus sequentium formularum systema:

$$7)\quad 1+v^4y=\frac{(1+u^4x)(1+uvx)^2}{1+vu^2(v+2u^3)x^2}$$

$$8)\quad 1-v^4y=\frac{(1-u^4x)(1-uvx)^2}{1+vu^2(v+2u^3)x^2}$$

$$9)\quad \sqrt{\frac{1-v^4y}{1+v^4y}}=\sqrt{\frac{1-u^4x}{1+u^4x}}\cdot\frac{1-uvx}{1+uvx}$$

$$10)\quad \sqrt{1-v^8y^2}=\frac{\sqrt{1-u^8x^2}(1-u^2v^2x^2)}{1+vu^2(v+2u^3)x^2}.$$

14.

Posito $V+U=(1+x)AA$, $V+\lambda U=(1+k)CC$, $V-U=(1-x)BB$, $V-\lambda U=(1-kx)DD$, vidimus fieri:

$$ABCD=M\left\{V\frac{dU}{dx}-U\frac{dV}{dx}\right\},$$

designante M quantitatem Constantem; quam ex unius eiusdem dignitatis Coëfficientis comparatione, in utraque expressione ABCD, $V\frac{dU}{dx}-U\frac{dV}{dx}$ instituta, eruere licet. Iam posito $V=b+b'x^2+$ etc., $U=ax+a'x^3+$ etc., in singulis expressionibus A, B, C, D, fit Constans $\sqrt{b}$, unde in producto ex iis conflato bb; in expressione autem $V\frac{dU}{dx}-U\frac{dV}{dx}$ Constantem fieri videmus ab; unde:

$$M=\frac{b}{a}.$$

Hinc in exemplo nostro fit, quia $b=1$, $a=\frac{v+2u^3}{v}=\frac{u(2v+u^3)}{v^4}$:

$$M=\frac{v}{v+2u^3}=\frac{v^4}{u(2v+u^3)},$$

unde:

$$\frac{dy}{\sqrt{(1-y^2)(1-v^8y^2)}}=\frac{(v+2u^3)\,dx}{v\sqrt{(1-x^2)(1-u^8x^2)}}.$$

Moduli k, λ, quos per aequationem quarti gradus a se invicem pendere vidimus §. 13. 1), facile per eandem quantitatem α rationaliter exprimuntur. E formulis enim supra allatis:

$$\alpha=\frac{u^3}{v};\quad 1+2\alpha=\frac{\alpha(2+\alpha)}{\sqrt{k\lambda}}=\frac{\alpha(2+\alpha)}{u^2v^2}$$

sequitur:

$$\alpha=\frac{u^3}{v};\quad u^2v^2=\frac{\alpha(2+\alpha)}{1+2\alpha},$$

unde:

$$u^8=\frac{\alpha^3(2+\alpha)}{1+2\alpha}=k^2$$

$$v^8=\alpha\left(\frac{2+\alpha}{1+2\alpha}\right)^3=\lambda^2.$$

Fit insuper: $M=\frac{1}{1+2\alpha}$, unde, posito $y=\sin T'$, $x=\sin T$, aequatio:

$$\frac{dy}{\sqrt{1-y^2}\sqrt{1-\lambda^2y^2}}=\frac{dx}{M\sqrt{1-x^2}\sqrt{1-k^2x^2}},$$

in sequentem abit:

$$\frac{dT'}{\sqrt{(1+2\alpha)^2-\alpha(2+\alpha)^3\sin T'^2}}=\frac{dT}{\sqrt{1+2\alpha-\alpha^3(2+\alpha)\sin T^2}},$$

sive in hanc:

$$\frac{dT'}{\sqrt{(1+2\alpha)^3\operatorname{Cos}T'^2+(1-\alpha)^3(1+\alpha)\sin T'^2}}=\frac{dT}{\sqrt{(1+2\alpha)\operatorname{Cos}T^2+(1+\alpha)^3(1-\alpha)\sin T^2}},$$

ad quam pervenitur substitutione facta:

$$\operatorname{Sin}T'=\frac{(1+2\alpha)\sin T+\alpha\alpha\sin T^3}{1+\alpha(2+\alpha)\sin T^2}.$$

PROPONITUR TRANSFORMATIO QUINTI ORDINIS.

15.

Iam ad exemplum, quod simplicitate proximum est, transeamus, in quo $m=2$,

$$V=1+b'x^2+b''x^4,\quad U=x(a+a'x^2+a''x^4),\quad A=1+\alpha x+\beta x^2.$$

Eruimus:

$$AA=1+2\alpha x+(2\beta+\alpha\alpha)x^2+2\alpha\beta x^3+\beta\beta x^4$$

unde:

$$AA(1+x)=1+x(1+2\alpha)+x^2(2\alpha+2\beta+\alpha\alpha)+x^3(2\beta+\alpha\alpha+2\alpha\beta)+x^4(2\alpha\beta+\beta\beta)+\beta\beta x^5.$$

Hinc nanciscimur:

$$b'=2\alpha+2\beta+\alpha\alpha,\quad b''=\beta(2\alpha+\beta)$$
$$a=1+2\alpha,\quad a'=2\beta+\alpha\alpha+2\alpha\beta,\quad a''=\beta\beta.$$

Aequationes ℋ §. 12 fiunt:

$$a=\sqrt{\frac{k}{\lambda}}\cdot\frac{b''}{k^2},\quad a'=\sqrt{\frac{k}{\lambda}}.b',\quad a''=\sqrt{\frac{k^5}{\lambda}}.$$

Ex his sequitur:

$$\frac{a'a'}{aa''}=\frac{b'b'}{b''},$$

sive, cum habeatur $b'=(2\alpha+\beta)+(\beta+\alpha\alpha)$, $a'=\beta(1+2\alpha)+(\beta+\alpha\alpha)$:

$$\frac{\{(2\alpha+\beta)+(\beta+\alpha\alpha)\}^2}{2\alpha+\beta}=\frac{\{\beta(1+2\alpha)+(\beta+\alpha\alpha)\}^2}{\beta(1+2\alpha)},$$

unde:

$$2\alpha+\beta+\frac{(\beta+\alpha\alpha)^2}{2\alpha+\beta}=\beta(1+2\alpha)+\frac{(\beta+\alpha\alpha)^2}{\beta(1+2\alpha)}$$

Hinc facile sequitur:

$$\beta(1+2\alpha)(2\alpha+\beta)=(\beta+\alpha\alpha)^2,$$

quod evolutum ac per α divisum abit in:

$$\alpha^3=2\beta(1+\alpha+\beta).$$

Hanc aequationem his etiam duobus modis repraesentare licet:

$$(\alpha\alpha+\beta)(\alpha-2\beta)=\beta(2-\alpha)(1+2\alpha)$$
$$(\alpha\alpha+\beta)(2-\alpha)=(\alpha-2\beta)(2\alpha+\beta),$$

unde sequitur:

$$\left(\frac{2-\alpha}{\alpha-2\beta}\right)^2=\frac{2\alpha+\beta}{\beta(1+2\alpha)}.$$

His praeparatis, reliqua facile transiguntur. Invenimus enim, posito $k=u^4$, $\lambda=v^4$:

$$\frac{2\alpha+\beta}{\beta(1+2\alpha)}=\frac{b''}{a\,a''}=\frac{b'b'}{a'a'}=\frac{\lambda}{k}=\frac{v^4}{u^4}.$$

unde etiam:

$$\frac{2-\alpha}{\alpha-2\beta}=\frac{v^2}{u^2}.$$

Est insuper $\beta=\sqrt{a''}=\sqrt[4]{\frac{k^5}{\lambda}}=\frac{u^5}{v}$, unde aequationes:

$$\frac{v^4}{u^4}=\left(\frac{2-\alpha}{\alpha-2\beta}\right)^2=\frac{2\alpha+\beta}{\beta(1+2\alpha)};\quad \frac{2-\alpha}{\alpha-2\beta}=\frac{v^2}{u^2}$$

in sequentes abeunt:

$$2\alpha v+u^5=u\,v^4(1+2\alpha)$$
$$u^2(2-\alpha)=v(v\alpha-2u^5),$$

sive:

$$2\alpha v(1-u\,v^3)=u(v^4-u^4)$$
$$\alpha(v\,v+u\,u)=2u^2(1+u^3v),$$

unde:

$$(u^2+v^2)(u^4-v^4)+4u\,v(1+u^3v)(1-u\,v^3)=0.$$

Facta evolutione prodit:

$$1)\quad u^6-v^6+5u^2v^2(u^2-v^2)+4u\,v(1-u^4v^4)=0.$$

Reliqua ita inveniuntur. Ex aequationibus:

$$2\alpha v(1-u\,v^3)=u(v^4-u^4)$$
$$\alpha(u\,u+v\,v)=2u^2(1+u^3v),$$

sequitur:

$$\alpha=\frac{u(v^4-u^4)}{2v(1-u\,v^3)}=\frac{2u^2(1+u^3v)}{u^2+v^2}.$$

Hinc fit:

$$a=1+2\alpha=\frac{1}{v}\left(\frac{v-u^5}{1-u\,v^3}\right)$$

$$\beta+2\alpha=\frac{u^5}{v}+2\alpha=u\,v^2\left(\frac{v-u^5}{1-u\,v^3}\right)$$

$$\alpha-2\beta=\alpha-\frac{2u^5}{v}=\frac{2u^2}{v}\left(\frac{v-u^5}{u^2+v^2}\right)$$

$$2-\alpha=2v\left(\frac{v-u^5}{u^2+v^2}\right)$$

$$\alpha\alpha+\beta=\frac{(\alpha-2\beta)(2\alpha+\beta)}{2-\alpha}=u^3\left(\frac{v-u^5}{1-uv^3}\right).$$

Hinc tandem deducitur:

$$b'=\beta+2\alpha+\alpha\alpha+\beta=\frac{u(u^2+v^2)(v-u^5)}{1-uv^3}$$

$$b''=\frac{u^5}{v}(2\alpha+\beta)=u^6 v\left(\frac{v-u^5}{1-uv^3}\right)$$

$$a=\frac{1}{v}\left(\frac{v-u^5}{1-uv^3}\right)$$

$$a'=\frac{u^2}{v^2}.b'=u^3\left(\frac{u^2+v^2}{v^2}\right)\left(\frac{v-u^5}{1-uv^3}\right)$$

$$a''=\frac{u^{10}}{v^2}.$$

Iam cum sit $M=\frac{1}{a}=v\left(\frac{1-uv^3}{v-u^5}\right)$, transformatio quinti ordinis continebitur theoremate sequente:

THEOREMA.

Posito:

1) $u^6-v^6+5u^2v^2(u^2-v^2)+4uv(1-u^4v^4)=0$

2) $y=\frac{v(v-u^5)x+u^3(u^2+v^2)(v-u^5)x^3+u^{10}(1-uv^3)x^5}{v^2(1-uv^3)+uv^2(u^2+v^2)(v-u^5)x^2+u^6v^3(v-u^5)x^4}$

fit:

$$\frac{v(1-uv^3)\,dy}{\sqrt{1-y^2}\,\sqrt{1-v^8y^2}}=\frac{(v-u^5)\,dx}{\sqrt{1-x^2}\,\sqrt{1-u^8x^2}}.$$

QUOMODO TRANSFORMATIONE BIS ADHIBITA PERVENITUR AD MULTIPLICATIONEM.

16.

Inspicientem aequationes inter u et v, duobus exemplis propositis inventas:

$$u^4 + v^4 + 2uv(1 - u^2v^2) = 0$$
$$u^6 - v^6 + 5u^2v^2(u^2 - v^2) + 4uv(1 - u^4v^4) = 0.$$

fugere non potest, immutatas eas manere, ubi v loco u, loco u autem — v ponitur. Hinc e theoremate exemplo primo invento, videlicet posito:

$$u^4 - v^4 + 2uv(1 - u^2v^2) = 0$$
$$y = \frac{v(v + 2u^3)x + u^6x^3}{v^2 + v^3u^2(v + 2u^3)x^2},$$

fieri:

$$\frac{dy}{\sqrt{1-y^2}\,\sqrt{1-v^8y^2}} = \frac{v+2u^3}{v} \cdot \frac{dx}{\sqrt{1-x^2}\,\sqrt{1-u^8x^2}}$$

alterum statim derivatur hoc, posito:

$$z = \frac{u(u - 2v^3)y + v^6y^3}{u^2 + u^3v^2(u - 2v^3)y^2},$$

fieri:

$$\frac{dz}{\sqrt{1-z^2}\,\sqrt{1-u^8z^2}} = \frac{u-2v^3}{u}\,\frac{dy}{\sqrt{1-y^2}\,\sqrt{1-v^8y^2}}.$$

Iam vero est:

$$\left(\frac{v+2u^3}{v}\right)\left(\frac{u-2v^3}{u}\right) = \frac{2(u^4-v^4) + uv(1-u^2v^2)}{uv} = -3,$$

unde sequitur:

$$\frac{dz}{\sqrt{1-z^2}\,\sqrt{1-u^8z^2}} = \frac{-3\,dx}{\sqrt{1-x^2}\,\sqrt{1-u^8x^2}}.$$

Ut loco — 3 eruatur + 3, sive z in — z, sive x in — x mutari debet.

Simili modo e theoremate, exemplo secundo proposito, alterum deducitur, videlicet posito:

$$z = \frac{u(u+v^5)y + v^3(u^2+v^2)(u+v^5)y^3 + v^{10}(1+u^3v)y^5}{u^2(1+u^3v) + u^2v(u^2+v^2)(u+v^5)y^2 + u^3v^6(u+v^5)y^4}$$

erui:

$$\frac{dz}{\sqrt{1-z^2}\sqrt{1-u^8z^2}} = \frac{u+v^5}{u(1+u^3v)} \cdot \frac{dy}{\sqrt{1-y^2}\sqrt{1-v^8y^2}}$$

Iam cum sequatur ex aequatione:

$$u^6-v^6+5u^2v^2(u^2-v^2)+4uv(1-u^4v^4)=0,$$

$$\frac{(u+v^5)(v-u^5)}{uv(1+u^3v\ (1-uv^3)} = \frac{uv(1-u^4v^4)-(u^6-v^6)}{uv(1+u^3v)(1-uv^3)} = 5,$$

fieri videmus:

$$\frac{dz}{\sqrt{1-z^2}\sqrt{1-u^8z^2}} = \frac{5dx}{\sqrt{1-x^2}\sqrt{1-u^8x^2}}.$$

Ita transformatione bis adhibita pervenitur ad Multiplicationem.

Haec duo exempla, vi z. transformationes tertii et quinti ordinis, iam prius in litteris exhibui, quas mense Iunio a. 1827 ad Cl. Schumacher dedi. V. Nova Astron. l. l. Nec non ibidem methodi, qua eruta sunt, generalitatem praedicabam. Alterum biennio ante iam a Cl. Legendre inventum erat.

DE NOTATIONE NOVA FUNCTIONUM ELLIPTICARUM.

17.

Missis factis quaestionibus algebraicis accuratius inquiramus in naturam analyticam functionum nostrarum. Antea autem notationis modum, cuius in sequentibus usus erit, indicemus necesse est.

Posito $\int_0^\phi \frac{d\phi}{\sqrt{1-k^2\sin\phi^2}} = u$, angulum ϕ *amplitudinem* functionis u vocare Geometrae consueverunt. Hunc igitur angulum in sequentibus denotabimus per: ampl. u seu brevius per:

$$\phi = \text{am}\,.\,u.$$

Ita, ubi $\int_0^x \frac{dx}{\sqrt{1-x^2}\sqrt{1-k^2x^2}} = u$, erit:

$$x = \sin\,.\,\text{am}\,.\,u.$$

Insuper posito:

$$\int_0^1 \frac{dx}{\sqrt{1-x^2}\sqrt{1-k^2x^2}} = \int_0^{\frac{\pi}{2}} \frac{dx}{\sqrt{1-k^2\sin\varphi^2}} = K,$$

vocabimus K — u Complementum functionis u; Complementi amplitudinem designabimus per *coam*, ita ut sit:

$$\mathrm{am}(K-u) = \mathrm{coam}\,.\,u.$$

Expressionem $\sqrt{1-k^2\sin^2\mathrm{am}\,u} = \frac{d\,.\,\mathrm{am}\,u}{du}$, duce Cl. Legendre, denotabimus per

$$\Delta\,\mathrm{am}\,u = \sqrt{1-k^2\sin^2\mathrm{am}\,u}\,.$$

Complementum, quod vocatur a Cl. Legendre, Moduli k designabo per k', ita ut sit:

$$kk + k'k' = 1.$$

Porro e notatione nostra erit:

$$K' = \int_0^{\frac{\pi}{2}} \frac{d\varphi}{\sqrt{1-k'k'\sin\varphi^2}}\,.$$

Modulus, qui subintelligi debet, ubi opus erit, sive uncis inclusus addetur, sive in margine adiicietur. Modulo non addito, in sequentibus eundem ubique Modulum k subintelligas.

Ipsas expressiones sin am u, sin coam u, cos am . u, cos coam u, Δ am u, Δ coam u, cet. ac generaliter *functiones trigonometricas amplitudinis*, in sequentibus *Functionum Ellipticarum* nomine insignire convenit; ita ut ei nomini aliam quandam tribuamus notionem atque hactenus factum est ab Analystis. Ipsam u dicemus *Argumentum Functionis Ellipticae*, ita ut posito x = sin am u, u = Arg. sin am x. E notatione proposita erit:

$$\sin\mathrm{coam}\,u = \frac{\cos\mathrm{am}\,u}{\Delta\,\mathrm{am}\,u}$$

$$\cos\mathrm{coam}\,u = \frac{k'\sin\mathrm{am}\,u}{\Delta\,\mathrm{am}\,u}$$

$$\Delta\,\mathrm{coam}\,u = \frac{k'}{\Delta\,\mathrm{am}\,u}$$

$$\mathrm{tg}\,\mathrm{coam}\,u = \frac{1}{k'\,\mathrm{tg}\,\mathrm{am}\,u}$$

$$\mathrm{cotg}\,\mathrm{coam}\,u = \frac{k'}{\mathrm{cotg}\,\mathrm{am}\,u}$$

FORMULAE IN ANALYSI FUNCTIONUM ELLIPTICARUM FUNDAMENTALES.

18.

Ponamus $\mathrm{am}.u = a$, $\mathrm{am}.v = b$, $\mathrm{am}(u+v) = \sigma$, $\mathrm{am}.(u-v) = \vartheta$, notae sunt formulae pro additione et subtractione Functionum Ellipticarum fundamentales:

$$\sin\sigma = \frac{\sin a \cos b \Delta b + \sin b \cos a \Delta a}{1 - k^2 \sin a^2 \sin b^2}$$

$$\cos.\sigma = \frac{\cos a \cos b - \sin a \sin b \Delta a \Delta b}{1 - k^2 \sin a^2 \sin b^2}$$

$$\Delta\sigma = \frac{\Delta a \Delta b - k^2 \sin a \sin b \cos a \cos b}{1 - k^2 \sin a^2 \sin b^2}$$

$$\sin\vartheta = \frac{\sin a \cos b \Delta b - \sin b \cos a \Delta a}{1 - k^2 \sin a^2 \sin b^2}$$

$$\cos\vartheta = \frac{\cos a \cos b + \sin a \sin b \Delta a \Delta b}{1 - k^2 \sin a^2 \sin b^2}$$

$$\Delta\vartheta = \frac{\Delta a \Delta b + k^2 \sin a \sin b \cos a \cos b}{1 - k^2 \sin a^2 \sin b^2}.$$

Ut in promtu sint omnia, quorum in posterum usus erit, adnotemus adhuc formulas sequentes, quae facile demonstrantur, et quarum facile augetur numerus:

1) $$\sin\sigma + \sin\vartheta = \frac{2.\sin a \operatorname{Cos} b \Delta b}{1 - k^2 \sin a^2 \sin b^2}$$

2) $$\cos\sigma + \cos\vartheta = \frac{2 \cos a.\cos b}{1 - k^2 \sin a^2 \sin b^2}$$

3) $$\Delta\sigma + \Delta\vartheta = \frac{2\Delta a.\Delta b}{1 - k^2 \sin a^2 \sin b^2}$$

4) $$\sin\sigma - \sin\vartheta = \frac{2 \sin b \cos a \Delta a}{1 - k^2 \sin a^2 \sin b^2}$$

5) $$\cos\vartheta - \cos\sigma = \frac{2 \sin a \sin b \Delta a \Delta b}{1 - k^2 \sin a^2 . \sin b^2}$$

6) $$\Delta\vartheta - \Delta\sigma = \frac{2 k^2 \sin a . \sin b \cos a . \cos b}{1 - k^2 \sin a^2 \sin b^2}$$

7) $$\sin\sigma . \sin\vartheta = \frac{\sin a^2 - \sin b^2}{1 - k^2 \sin a^2 \sin b^2}$$

8) $$1 + k^2 \sin\sigma . \sin\vartheta = \frac{\Delta b^2 + k^2 \sin a^2 . \cos b^2}{1 - k^2 . \sin a^2 \sin b^2}$$

9) $$1 + \sin\sigma . \sin\vartheta = \frac{\cos b^2 + \sin a^2 \Delta b^2}{1 - k^2 \sin a^2 \sin b^2}$$

10) $1+\cos\sigma\,.\cos\vartheta = \dfrac{\cos a^2 + \cos b^2}{1-k^2\sin a^2 \sin b^2}$

11) $1+\Delta\sigma\,.\,\Delta\vartheta = \dfrac{\Delta a^2 + \Delta b^2}{1-k^2\sin a^2 \sin b^2}$

12) $1-k^2\sin\sigma\sin\vartheta = \dfrac{\Delta a^2 + k^2\sin b^2\cos a^2}{1-k^2\sin a^2 \sin b^2}$

13) $1-\sin\sigma\ \sin\vartheta = \dfrac{\cos a^2 + \sin b^2\Delta a^2}{1-k^2\sin a^2 \sin b^2}$

14) $1-\cos\sigma\cos.\vartheta = \dfrac{\sin a^2\Delta b^2 + \sin b^2\Delta a^2}{1-k^2\sin a^2 \sin b^2}$

15) $1-\Delta\sigma\ \Delta\vartheta = \dfrac{k^2(\sin a^2\cos b^2 + \sin b^2\cos a^2)}{1-k^2\sin a^2 \sin b^2}$

16) $(1\pm\sin\sigma)\,(1\pm\sin\vartheta) = \dfrac{(\cos b \pm \sin a\,\Delta b)^2}{1-k^2\sin a^2 \sin b^2}$

17) $(1\pm\sin\sigma)\,(1\mp\sin\vartheta) = \dfrac{(\cos a \pm \sin b\,\Delta a)^2}{1-k^2\sin a^2 \sin b^2}$

18) $(1\pm k\sin\sigma)(1\pm k\sin\vartheta) = \dfrac{(\Delta b \pm k\sin a\cos b)^2}{1-k^2\sin a^2 \sin b^2}$

19) $(1\pm k\sin\sigma)(1\mp k\sin\vartheta) = \dfrac{(\Delta a \pm k\sin b\cos a)^2}{1-k^2\sin a^2 \sin b^2}$

20) $(1\pm\cos\sigma)\,(1\pm\cos\vartheta) = \dfrac{(\cos a \pm \cos b)^2}{1-k^2\sin a^2 \sin b^2}$

21) $(1\pm\cos\sigma)\,(1\mp\cos\vartheta) = \dfrac{(\sin a\,\Delta b \mp \sin b\,\Delta a)^2}{1-k^2\sin a^2 \sin b^2}$

22) $(1\pm\Delta\sigma)\,(1\pm\Delta\vartheta) = \dfrac{(\Delta a + \Delta b)^2}{1-k^2\sin a^2 \sin b^2}$

23) $(1\pm\Delta\sigma)\,(1\mp\Delta\vartheta) = \dfrac{k^2\sin^2(a\mp b)}{1-k^2\sin a^2 \sin b^2}$

24) $\sin\sigma\ \cos\vartheta = \dfrac{\sin a\cos a\,\Delta b + \sin b\cos b\,\Delta a}{1-k^2\sin a^2 \sin b^2}$

25) $\sin\vartheta\ \cos\sigma = \dfrac{\sin a\cos a\,\Delta b - \sin b\cos b\,\Delta a}{1-k^2\sin a^2 \sin b^2}$

26) $\sin\sigma\ \Delta\vartheta = \dfrac{\cos b\sin a\,\Delta a + \cos a\sin b\,\Delta b}{1-k^2\sin a^2 \sin b^2}$

27) $\sin\vartheta\ \Delta\sigma = \dfrac{\cos b\sin a\,\Delta a - \cos a\sin b\,\Delta b}{1-k^2\sin a^2 \sin b^2}$

28) $\cos\sigma\ \Delta\vartheta = \dfrac{\cos a\cos b\,\Delta a\,\Delta b - k'k'\sin a\sin b}{1-k^2\sin a^2 \sin b^2}$

29) $\cos\vartheta\ \Delta\sigma = \dfrac{\cos a\cos b\,\Delta a\,\Delta b + k'k'\sin a\sin b}{1-k^2\sin a^2 \sin b^2}$

30) $\sin(\sigma + \vartheta) = \dfrac{2 \sin a \cos a \Delta b}{1 - k^2 \sin a^2 \sin b^2}$

31) $\sin(\sigma - \vartheta) = \dfrac{2 \sin b \,.\, \cos b \Delta a}{1 - k^2 \sin a^2 \sin b^2}$

32) $\cos(\sigma + \vartheta) = \dfrac{\cos a^2 - \sin a^2 \Delta b^2}{1 - k^2 \sin a^2 \sin b^2}$

33) $\cos(\sigma - \vartheta) = \dfrac{\cos b^2 - \sin b^2 \Delta a^2}{1 - k^2 \sin a^2 \sin b^2}$

DE IMAGINARIIS FUNCTIONUM ELLIPTICARUM VALORIBUS. PRINCIPIUM DUPLICIS PERIODI.

19.

Ponamus $\sin\varphi = i \operatorname{tg}\psi$, ubi i loco $\sqrt{-1}$ positum est more plerisque Geometris usitato, erit $\cos\varphi = \sec\psi = \dfrac{1}{\cos\psi}$, unde $d\varphi = \dfrac{i\,d\psi}{\cos\psi}$. Hinc fit:

$$\frac{d\varphi}{\sqrt{1 - k^2 \sin\varphi^2}} = \frac{i\,d\psi}{\sqrt{\cos\psi^2 + k^2 \sin\psi^2}} = \frac{i\,d\psi}{\sqrt{1 - k'k' \sin\psi^2}}$$

Quam e notatione nostra in hanc abire videmus aequationem:

1) $\sin \operatorname{am} i u = i \operatorname{tang} \operatorname{am}(u, k')$.

Hinc sequitur:

2) $\cos \operatorname{am}(i u, k) = \sec \operatorname{am}(u, k')$

3) $\operatorname{tang} \operatorname{am}(i u, k) = i \sin \operatorname{am}(u, k')$

4) $\Delta \operatorname{am}(i u, k) = \dfrac{\Delta \operatorname{am}(u, k')}{\operatorname{Cos} \operatorname{am}(u, k')} = \dfrac{1}{\sin \operatorname{coam}(u, k')}$

5) $\sin \operatorname{coam}(i u, k) = \dfrac{1}{\Delta \operatorname{am}(u, k')}$

6) $\cos \operatorname{coam}(i u, k) = i \dfrac{k'}{k} \cos \operatorname{coam}(u, k')$

7) $\operatorname{tg} \operatorname{coam}(i u, k) = \dfrac{-i}{k' \sin \operatorname{am}(u, k')}$

8) $\Delta \operatorname{coam}(i u, k) = k' \sin \operatorname{coam}(u, k')$.

Aliud, quod hinc fluit, formularum systema hoc est:

9) $\sin \operatorname{am} 2 i K' = 0$

10) $\sin \operatorname{am} i K' = \infty$, vel si placet $\pm i \infty$.

11) $\sin \operatorname{am}(u+2iK') = +\sin \operatorname{am} u$

12) $\cos \operatorname{am}(u+2iK') = -\cos \operatorname{am} u$

13) $\Delta \operatorname{am}(u+2iK') = -\Delta \operatorname{am} u$

14) $\sin \operatorname{am}(u+iK') = \dfrac{1}{k \sin \operatorname{am} u}$

15) $\cos \operatorname{am}(u+iK') = \dfrac{-i\Delta \operatorname{am} u}{k \sin \operatorname{am} u} = \dfrac{-ik'}{k \cos \operatorname{coam} u}$

16) $\operatorname{tg} \operatorname{am}(u+iK') = \dfrac{+i}{\Delta \operatorname{am} u}$

17) $\Delta \operatorname{am}(u+iK') = -i \operatorname{cotg} \operatorname{am} u$

18) $\sin \operatorname{coam}(u+iK') = \dfrac{\Delta \operatorname{am} u}{k \cos \operatorname{am} u} = \dfrac{1}{k \sin \operatorname{coam} u}$

19) $\cos \operatorname{coam}(u+iK') = \dfrac{+k'i}{k \cos \operatorname{am} u}$

20) $\operatorname{tg} \operatorname{coam}(u+iK') = \dfrac{-i}{k} \Delta \operatorname{am} u$

21) $\Delta \operatorname{coam}(u+iK') = +ik \operatorname{tg} \operatorname{am} u$.

E formulis praecedentibus, quae et ipsae tamquam fundamentales in Analysi functionum ellipticarum considerari debent, elucet:

a. functiones ellipticas argumenti imaginarii iv, Moduli k transformari posse in alias argumenti realis v, Moduli $k' = \sqrt{1-kk}$; unde generaliter functiones ellipticas argumenti imaginarii $u+iv$, Moduli k, componere licet e functionibus ellipticis argumenti u, Moduli k et aliis argumenti v, Moduli k';

b. functiones ellipticas duplici gaudere periodo, altera reali, altera imaginaria, siquidem Modulus k est realis. Utraque fit imaginaria, ubi Modulus et ipse est imaginarius. Quod *Principium Duplicis Periodi* nuncupabimus. E quo, cum universam, quae fingi potest, amplectatur Periodicitatem Analyticam, elucet, functiones ellipticas non aliis adnumerari debere transcendentibus, quae quibusdam gaudent elegantiis, fortasse pluribus illas aut maioribus, sed speciem quandam iis inesse profecti et absoluti.

THEORIA ANALYTICA TRANSFORMATIONIS FUNCTIONUM ELLIPTICARUM.

20.

Vidimus in antecedentibus, quoties functiones elementi x rationales integras A, B, C, D, U, V ita determinentur, ut sit:

$$V+U=(1+x)AA$$
$$V-U=(1-x)BB$$
$$V+\lambda U=(1+kx)CC$$
$$V-\lambda U=(1-kx)DD,$$

posito $y=\frac{U}{V}$ fore:

$$\frac{dy}{\sqrt{1-y^2}\sqrt{1-\lambda^2y^2}}=\frac{dx}{M\sqrt{1-x^2}\sqrt{1-k^2x^2}},$$

designante M quantitatem Constantem. Iam expressiones illarum functionum analyticas generales proponamus.

Sit n numerus impar quilibet, sint m, m′ numeri integri quilibet positivi seu negativi, qui tamen factorem communem non habeant, qui et ipse numerum n metitur: ponamus

$$\omega=\frac{mK+m'iK'}{n},$$

fit:

$$U=\frac{x}{M}\left(1-\frac{xx}{\sin^2\text{am}\,4\omega}\right)\left(1-\frac{xx}{\sin^2\text{am}\,8\omega}\right)\cdots\left(1-\frac{xx}{\sin^2\text{am}\,2(n-1)\omega}\right)$$

$$V=\left(1-k^2\sin^2\text{am}\,4\omega.xx\right)\left(1-k^2\sin^2\text{am}\,8\omega.xx\right)\cdots\left(1-k^2\sin^2\text{am}\,2(n-1)\omega.xx\right)$$

$$A=\left(1+\frac{x}{\sin\text{coam}\,4\omega}\right)\left(1+\frac{x}{\sin\text{coam}\,8\omega}\right)\cdots\left(1+\frac{x}{\sin\text{coam}\,2(n-1)\omega}\right)$$

$$B=\left(1-\frac{x}{\sin\text{coam}\,4\omega}\right)\left(1-\frac{x}{\sin\text{coam}\,8\omega}\right)\cdots\left(1-\frac{x}{\sin\text{coam}\,2(n-1)\omega}\right)$$

$$C=\left(1+k\sin\text{coam}\,4\omega.x\right)\left(1+k\sin\text{coam}\,8\omega.x\right)\cdots\left(1+k\sin\text{coam}\,2(n-1)\omega.x\right)$$

$$D=\left(1-k\sin\text{coam}\,4\omega.x\right)\left(1-k\sin\text{coam}\,8\omega.x\right)\cdots\left(1-k\sin\text{coam}\,2(n-1)\omega.x\right)$$

$$\lambda = k^n \left\{\sin\operatorname{coam} 4\omega . \sin\operatorname{coam} 8\omega \ldots . \sin\operatorname{coam} 2(n-1)\omega\right\}^4$$

$$M = (-1)^{\frac{n-1}{2}} \left\{\frac{\sin\operatorname{coam} 4\omega \sin\operatorname{coam} 8\omega \ldots . \sin\operatorname{coam} 2(n-1)\omega}{\sin\operatorname{am} 4\omega \sin\operatorname{am} 8\omega \ldots . \sin\operatorname{am} 2(n-1)\omega}\right\}^2.$$

Quibus positis, ubi $x = \sin\operatorname{am} u$, fit $y = \frac{U}{V} = \sin\operatorname{am}\left(\frac{u}{M}, \lambda\right)$.

Antequam ipsam aggrediamur formularum demonstrationem, earum transformationem quandam indicabimus. Quem in finem sequentes adnotamus formulas, quae statim e formulis §. 18. decurrunt:

$$1)\quad \sin\operatorname{am}(u+\alpha)\sin\operatorname{am}(u-\alpha) = \frac{\sin^2\operatorname{am} u - \sin^2\operatorname{am}\alpha}{1 - k^2\sin^2\operatorname{am} u \sin^2\operatorname{am}\alpha}$$

$$2)\quad \frac{(1+\sin\operatorname{am}(u+\alpha))\,(1+\sin\operatorname{am}(u-\alpha))}{\cos^2\operatorname{am}\alpha} = \frac{\left(1+\frac{\sin\operatorname{am} u}{\sin\operatorname{coam}\alpha}\right)^2}{1-k^2\sin^2\operatorname{am} u \sin^2\operatorname{am}\alpha}$$

$$3)\quad \frac{(1-\sin\operatorname{am}(u+\alpha))\,(1-\sin\operatorname{am}(u-\alpha))}{\cos^2\operatorname{am}\alpha} = \frac{\left(1-\frac{\sin\operatorname{am} u}{\sin\operatorname{coam}\alpha}\right)^2}{1-k^2\sin^2\operatorname{am} u \sin^2\operatorname{am}\alpha}$$

$$4)\quad \frac{(1+k\sin\operatorname{am}(u+\alpha))\,(1+k\sin\operatorname{am}(u-\alpha))}{\Delta^2\operatorname{am}\alpha} = \frac{(1+k\sin\operatorname{am} u \sin\operatorname{coam}\alpha)^2}{1-k^2\sin^2\operatorname{am} u \sin^2\operatorname{am}\alpha}$$

$$5)\quad \frac{(1-k\sin\operatorname{am}(u+\alpha))\,(1-k\sin\operatorname{am}(u-\alpha))}{\Delta^2\operatorname{am}\alpha} = \frac{(1-k\sin\operatorname{am} u \sin\operatorname{coam}\alpha)^2}{1-k^2\sin^2\operatorname{am} u \sin^2\operatorname{am}\alpha}.$$

E quibus formulis etiam sequitur:

$$6)\quad \frac{\cos\operatorname{am}(u+\alpha)\cos\operatorname{am}(u-\alpha)}{\cos^2\operatorname{am}\alpha} = \frac{1-\frac{\sin^2\operatorname{am} u}{\sin^2\operatorname{coam}\alpha}}{1-k^2\sin^2\operatorname{am} u \sin^2\operatorname{am}\alpha}$$

$$7)\quad \frac{\Delta\operatorname{am}(u+\alpha)\Delta\operatorname{am}(u-\alpha)}{\Delta^2\operatorname{am}\alpha} = \frac{1-k^2\sin^2\operatorname{am} u \sin^2\operatorname{coam}\alpha}{1-k^2\sin^2\operatorname{am} u \sin^2\operatorname{am}\alpha}.$$

Posito $x = \sin\operatorname{am} u$, nanciscimur e formula 1):

$$\frac{1-\frac{xx}{\sin^2\operatorname{am}\alpha}}{1-k^2\sin^2\operatorname{am}\alpha\, xx} = \frac{-\sin\operatorname{am}(u+\alpha)\sin\operatorname{am}(u-\alpha)}{\sin^2\operatorname{am}\alpha}$$

e formulis 2), 3):

$$\frac{\left(1\pm\frac{x}{\sin\operatorname{coam}\alpha}\right)^2}{1-k^2x^2\sin^2\operatorname{am}\alpha} = \frac{(1\pm\sin\operatorname{am}(u+\alpha))\,(1\pm\sin\operatorname{am}(u-\alpha))}{\cos^2\operatorname{am}\alpha};$$

e formulis 4), 5):

$$\frac{(1 \pm k x \sin \operatorname{coam} \alpha)^2}{1 - k^2 x^2 \sin^2 \operatorname{am} \alpha} = \frac{(1 \pm k \sin \operatorname{am} (u + \alpha))\,(1 \pm k \sin \operatorname{am} (u - \alpha))}{\Delta^2 \operatorname{am} \alpha}$$

Hinc ubi loco α successive ponitur $4\,\omega$, $8\,\omega$, ... $2\,(n-1)\,\omega$, loco $-\alpha$ autem $4\,n\,\omega - \alpha$, obtinemus:

$$8)\quad \frac{U}{V} = \frac{\frac{x}{M}\left(1 - \frac{xx}{\sin^2 \operatorname{am} 4\omega}\right)\left(1 - \frac{xx}{\sin^2 \operatorname{am} 8\omega}\right)\cdots\left(1 - \frac{xx}{\sin^2 \operatorname{am} 2(n-1)\omega}\right)}{(1 - k^2 x^2 \sin^2 \operatorname{am} 4\omega)\,(1 - k^2 x^2 \sin^2 \operatorname{am} 8\omega) \cdots (1 - k^2 x^2 \sin^2 \operatorname{am} 2(n-1)\omega)}$$

$$= \frac{\sin \operatorname{am} u \,.\, \sin \operatorname{am} (u + 4\omega) \sin \operatorname{am} (u + 8\omega) \cdots \sin \operatorname{am} (u + 4(n-1)\omega)}{\{\sin \operatorname{coam} 4\omega \sin \operatorname{coam} 8\omega \cdots \sin \operatorname{coam} 2(n-1)\omega\}^2}$$

$$9)\quad \frac{(1+x)AA}{V} = \frac{(1+x)\left\{\left(1 + \frac{x}{\sin \operatorname{coam} 4\omega}\right)\left(1 + \frac{x}{\sin \operatorname{coam} 8\omega}\right)\cdots\left(1 + \frac{x}{\sin \operatorname{coam} 2(n-1)\omega}\right)\right\}^2}{(1 - k^2 x^2 \sin^2 \operatorname{am} 4\omega)\,(1 - k^2 x^2 \sin^2 \operatorname{am} 8\omega) \cdots (1 - k^2 x^2 \sin^2 \operatorname{am} 2(n-1)\omega)}$$

$$= \frac{(1 + \sin \operatorname{am} u)(1 + \sin \operatorname{am} (u + 4\omega))(1 + \sin \operatorname{am} (u + 8\omega)) \cdots (1 + \sin \operatorname{am} (u + 4(n-1)\omega))}{\{\cos \operatorname{am} 4\omega \,.\, \cos \operatorname{am} 8\omega \cdots \cos \operatorname{am} 2(n-1)\omega\}^2}$$

$$10)\quad \frac{(1-x)BB}{V} = \frac{(1-x)\left\{\left(1 - \frac{x}{\sin \operatorname{coam} 4\omega}\right)\left(1 - \frac{x}{\sin \operatorname{coam} 8\omega}\right)\cdots\left(1 - \frac{x}{\sin \operatorname{coam} 2(n-1)\omega}\right)\right\}^2}{(1 - k^2 x^2 \sin^2 \operatorname{am} 4\omega)\,(1 - k^2 x^2 \sin^2 \operatorname{am} 8\omega) \cdots (1 - k^2 x^2 \sin^2 \operatorname{am} 2(n-1)\omega)}$$

$$= \frac{(1 - \sin \operatorname{am} u)(1 - \sin \operatorname{am} (u + 4\omega))(1 - \sin \operatorname{am} (u + 8\omega)) \cdots (1 - \sin \operatorname{am} (u + 4(n-1)\omega))}{\{\cos \operatorname{am} 4\omega \,.\, \cos \operatorname{am} 8\omega \cdots \cos \operatorname{am} 2(n-1)\omega\}^2}$$

$$11)\quad \frac{(1+kx)CC}{V} = \frac{(1+kx)\{(1 + kx \sin \operatorname{coam} 4\omega)(1 + kx \sin \operatorname{coam} 8\omega) \cdots (1 + kx \sin \operatorname{coam} 2(n-1)\omega)\}^2}{(1 - k^2 x^2 \sin^2 \operatorname{am} 4\omega)\,(1 - k^2 x^2 \sin^2 \operatorname{am} 8\omega) \cdots (1 - k^2 x^2 \sin^2 \operatorname{am} 2(n-1)\omega)}$$

$$= \frac{(1 + k \sin \operatorname{am} u)(1 + k \sin \operatorname{am} (u + 4\omega))(1 + k \sin \operatorname{am} (u + 8\omega)) \cdots (1 + k \sin \operatorname{am} (u + 4(n-1)\omega))}{\{\Delta \operatorname{am} 4\omega\, \Delta \operatorname{am} 8\omega \cdots \Delta \operatorname{am} 2(n-1)\omega\}^2}$$

$$12)\quad \frac{(1-kx)DD}{V} = \frac{(1-kx)\{(1 - kx \sin \operatorname{coam} 4\omega)(1 - kx \sin \operatorname{coam} 8\omega) \cdots (1 - kx \sin \operatorname{coam} 2(n-1)\omega)\}^2}{(1 - k^2 x^2 \sin^2 \operatorname{am} 4\omega)\,(1 - k^2 x^2 \sin^2 \operatorname{am} 8\omega) \cdots (1 - k^2 x^2 \sin^2 \operatorname{am} 2(n-1)\omega)}$$

$$= \frac{(1 - k \sin \operatorname{am} u)(1 - k \sin \operatorname{am} (u + 4\omega))(1 - k \sin \operatorname{am} (u + 8\omega)) \cdots (1 - k \sin \operatorname{am} (u + 4(n-1)\omega))}{\{\Delta \operatorname{am} 4\omega\, \Delta \operatorname{am} 8\omega \cdots \Delta \operatorname{am} 2(n-1)\omega\}^2}$$

Hinc etiam sequuntur formulae:

$$13)\quad \frac{\sqrt{1-xx}\,AB}{V} = \sqrt{1-xx}\,.\,\frac{\left(1-\frac{xx}{\sin^2\operatorname{coam}4\omega}\right)\left(1-\frac{xx}{\sin^2\operatorname{coam}8\omega}\right)\ldots\left(1-\frac{xx}{\sin^2\operatorname{coam}2(n-1)\omega}\right)}{\left(1-k^2x^2\sin^2\operatorname{am}4\omega\right)\left(1-k^2x^2\sin^2\operatorname{am}8\omega\right)\ldots\left(1-k^2x^2\sin^2\operatorname{am}2(n-1)\omega\right)}$$

$$= \frac{\cos\operatorname{am}u\,.\,\cos\operatorname{am}\left(u+4\omega\right)\cos\operatorname{am}\left(u+8\omega\right)\ldots\cos\operatorname{am}\left(u+4(n-1)\omega\right)}{\left\{\cos\operatorname{am}4\omega\,.\,\cos\operatorname{am}8\omega\ldots\cos\operatorname{am}2(n-1)\omega\right\}^2}$$

$$14)\quad \frac{\sqrt{1-k^2x^2}\,.\,CD}{V} = \sqrt{1-k^2x^2}\,.\,\frac{\left(1-k^2x^2\sin^2\operatorname{coam}4\omega\right)\left(1-k^2x^2\sin^2\operatorname{coam}8\omega\right)\ldots\left(1-k^2x^2\sin^2\operatorname{coam}2(n-1)\omega\right)}{\left(1-k^2x^2\sin^2\operatorname{am}4\omega\right)\left(1-k^2x^2\sin^2\operatorname{am}8\omega\right)\ldots\left(1-k^2x^2\sin^2\operatorname{am}2(n-1)\omega\right)}$$

$$= \frac{\Delta\operatorname{am}u\,\Delta\operatorname{am}\left(u+4\omega\right)\Delta\operatorname{am}\left(u+8\omega\right)\ldots\Delta\operatorname{am}\left(u+4(n-1)\omega\right)}{\left\{\Delta\operatorname{am}4\omega\,\Delta\operatorname{am}8\omega\ldots\Delta\operatorname{am}2(n-1)\omega\right\}^2}$$

DEMONSTRATIO FORMULARUM ANALYTICARUM PRO TRANSFORMATIONE.

21.

Iam demonstremus, posito:

$$1-y = (1-x)\,.\,\frac{\left\{\left(1-\frac{x}{\sin\operatorname{coam}4\omega}\right)\left(1-\frac{x}{\sin\operatorname{coam}8\omega}\right)\ldots\left(1-\frac{x}{\sin\operatorname{coam}2(n-1)\omega}\right)\right\}^2}{\left(1-k^2x^2\sin^2\operatorname{am}4\omega\right)\left(1-k^2x^2\sin^2\operatorname{am}8\omega\right)\ldots\left(1-k^2x^2\sin^2\operatorname{am}2(n-1)\omega\right)}$$

$$= \frac{\left(1-\sin\operatorname{am}u\right)\left(1-\sin\operatorname{am}\left(u+4\omega\right)\right)\left(1-\sin\operatorname{am}\left(u+8\omega\right)\right)\ldots\left(1-\sin\operatorname{am}\left(u+4(n-1)\omega\right)\right)}{\left\{\cos\operatorname{am}4\omega\,.\,\cos\operatorname{am}8\omega\,.\,\cos\operatorname{am}12\omega\ldots\cos\operatorname{am}2(n-1)\omega\right\}^2},$$

et reliquas erui formulas, et hanc:

$$\frac{dy}{\sqrt{1-y^2}\,\sqrt{1-\lambda^2y^2}} = \frac{dx}{M\sqrt{1-x^2}\,\sqrt{1-k^2x^2}},$$

siquidem:

$$\lambda = k^n\left\{\sin\operatorname{coam}4\omega\,.\,\sin\operatorname{coam}8\omega\ldots\sin\operatorname{coam}2(n-1)\omega\right\}^4$$

$$M = \frac{\left\{\sin\operatorname{coam}4\omega\,.\,\sin\operatorname{coam}8\omega\ldots\sin\operatorname{coam}2(n-1)\omega\right\}^2}{\left\{\sin\operatorname{am}4\omega\,.\,\sin\operatorname{am}8\omega\ldots\sin\operatorname{am}2(n-1)\omega\right\}^2}.$$

E formula proposita apparet, minime mutari y, quoties u abit in $u+4\omega$. Tum enim quivis factor in subsequentem abit, ultimus vero in primum. Unde generaliter y non mutatur, siquidem loco u ponatur $u + 4p\omega$, designante p numerum integrum positivum s. negativum. Ubi vero $u = 0$, fit:

$$1 - y = \frac{(1 - \sin am 4\omega)(1 - \sin am 8\omega) \dots (1 - \sin am 4(n-1)\omega)}{\{\cos am 4\omega . \cos am 8\omega \dots \cos am 2(n-1)\omega\}^2} = 1,$$

sive $y = 0$. Facile enim patet, fore:

$$-\sin am 4(n-1)\omega = +\sin am 4\omega$$
$$-\sin am 4(n-2)\omega = +\sin am 8\omega,$$
$$\dots \quad \dots \quad \dots \quad \dots$$

unde:

$$(1 - \sin am 4\omega)(1 - \sin am 4(n-1)\omega) = \cos^2 am 4\omega$$
$$(1 - \sin am 8\omega)(1 - \sin am 4(n-2)\omega) = \cos^2 am 8\omega$$
$$\dots \quad \dots \quad \dots \quad \dots \quad \dots$$
$$(1 - \sin am 2(n-1)\omega)(1 - \sin am 2(n+1)\omega) = \cos^2 am 2(n-1)\omega.$$

Iam quia $y = 0$, quoties $u = 0$, neque mutatur y, ubi loco u ponitur $u + 4p\omega$, generaliter evanescit y, quoties u valores induit:

$$0, \ 4\omega, \ 8\omega, \ \dots\dots, \ 4(n-2)\omega, \ 4(n-1)\omega,$$

quibus respondent valores quantitatis $x = \sin am \omega$:

$$0, \ \sin am 4\omega, \ \sin am 8\omega, \ \dots \sin am 4(n-2)\omega, \ \sin am 4(n-1)\omega,$$

quos ita etiam exhibere licet:

$$0, \ \pm\sin am 4\omega, \ \pm\sin am 8\omega, \ \dots, \ \pm\sin am 2(n-1)\omega,$$

sive etiam hunc in modum:

$$0, \ \pm\sin am 2\omega, \ \pm\sin am 4\omega, \ \dots \pm\sin am (n-1)\omega.$$

Qui valores elementi x, quos evanescente y induere potest, omnes inter se diversi erunt, eorumque numerus erit $= n$. Iam ex aequatione inter x et y supposita, e qua profecti sumus, elucet, positis:

$$V = (1 - k^2x^2\sin^2 am 4\omega)(1 - k^2x^2\sin^2 am 8\omega) \dots (1 - k^2x^2\sin^2 am 2(n-1)\omega)$$
$$= (1 - k^2x^2\sin^2 am 2\omega)(1 - k^2x^2\sin^2 am 4\omega) \dots (1 - k^2x^2\sin^2 am (n-1)\omega),$$

$y = \frac{U}{V}$, fieri U functionem elementi x rationalem integram n^{ti} ordinis. Quae cum simul cum y evanescat pro valoribus quantitatis x numero n et inter se diversis sequentibus:

$$0, \ \pm\sin am 2\omega, \ \pm\sin am 4\omega, \ \dots \pm\sin am (n-1)\omega,$$

necessario formam induit:

$$U = \frac{x}{M}\left(1-\frac{xx}{\sin^2 am\, 2\omega}\right)\left(1-\frac{xx}{\sin^2 am\, 4\omega}\right)\cdots\left(1-\frac{xx}{\sin^2 am\, (n-1)\omega}\right)$$

$$= \frac{x}{M}\left(1-\frac{xx}{\sin^2 am\, 4\omega}\right)\left(1-\frac{xx}{\sin^2 am\, 8\omega}\right)\cdots\left(1-\frac{xx}{\sin^2 am\, 2(n-1)\omega}\right),$$

designante M Constantem. Cum posito $x = 1$, fiat $1 - y = 0$, $y = 1$, obtinemus ex aequatione $y = \frac{U}{V}$:

$$1 = \frac{\left(1-\frac{1}{\sin^2 am\, 2\omega}\right)\left(1-\frac{1}{\sin^2 am\, 4\omega}\right)\cdots\left(1-\frac{1}{\sin^2 am\, (n-1)\omega}\right)}{M\left(1-k^2\sin^2 am\, 2\omega\right)\left(1-k^2\sin^2 am\, 4\omega\right)\cdots\left(1-k^2\sin^2 am\, (n-1)\omega\right)}$$

$$= \frac{(-1)^{\frac{n-1}{2}}\left\{\sin coam\, 2\omega \,.\, \sin coam\, 4\omega \ldots\ldots \sin coam\, (n-1)\omega\right\}^2}{M\left\{\sin am\, 2\omega \,.\, \sin am\, 4\omega \ldots\ldots \sin am\, (n-1)\omega\right\}^2},$$

unde:

$$M = \frac{(-1)^{\frac{n-1}{2}}\left\{\sin coam\, 2\omega \,.\, \sin coam\, 4\omega \ldots\ldots \sin coam\, (n-1)\omega\right\}^2}{\left\{\sin am\, 2\omega \,.\, \sin am\, 4\omega \ldots \sin am\, (n-1)\omega\right\}^2}$$

Inter functiones U, V memorabilis intercedit correlatio, illam dico supra memoratam, cuius beneficio fit, ut posito $\frac{1}{kx}$ loco x simul y in $\frac{1}{\lambda y}$ abeat, designante λ Constantem.

Posito enim $\frac{1}{kx}$ loco x abit:

$$U = \frac{x}{M}\left(1-\frac{xx}{\sin^2 am\, 2\omega}\right)\left(1-\frac{xx}{\sin^2 am\, 4\omega}\right)\cdots\left(1-\frac{xx}{\sin^2 am\, (n-1)\omega}\right)$$

in hanc expressionem:

$$(-1)^{\frac{n-1}{2}}\frac{V}{Mx^n}\cdot\frac{1}{k^n\left(\sin am\, 2\omega \,.\, \sin am\, 4\omega \ldots\ldots \sin am\, (n-1)\omega\right)^2}.$$

Contra vero eadem substitutione facta,

$$V = \left(1-k^2x^2\sin^2 am\, 2\omega\right)\left(1-k^2x^2\sin^2 am\, 4\omega\right)\cdots\left(1-k^2x^2\sin^2 am\, (n-1)\omega\right)$$

in hanc expressionem abit:

$$(-1)^{\frac{n-1}{2}}\frac{U}{x^n}\,.\,M\left\{\sin am\, 2\omega \,.\, \sin am\, 4\omega \ldots\ldots \sin am\, (n-1)\omega\right\}^2.$$

Unde loco x posito $\frac{1}{kx}$, $y = \frac{U}{V}$ abit in:

$$\frac{V}{U} \cdot \frac{1}{MM.k^n\left\{\sin am\, 2\omega . \sin am\, 4\omega \ldots \sin am\,(n-1)\,\omega\right\}^4},$$

sive y in $\frac{1}{\lambda y}$, siquidem ponitur:

$$\lambda = MMk^n\left\{\sin am\, 2\omega . \sin am\, 4\omega \ldots . \sin am\,(n-1)\,\omega\right\}^4$$
$$= k^n\left\{\sin coam\, 2\omega . \sin coam\, 4\omega \ldots . \sin coam\,(n-1)\,\omega\right\}^4$$

Id quod demonstrandum erat.

Ex aequatione proposita:

$$1-y=(1-x)\frac{\left\{\left(1-\frac{x}{\sin coam\, 4\omega}\right)\left(1-\frac{x}{\sin coam\, 8\omega}\right)\ldots\left(1-\frac{x}{\sin coam\, 2(n-1)\,\omega}\right)\right\}^2}{(1-k^2x^2\sin^2 am\, 4\omega)(1-k^2x^2\sin^2 am\, 8\omega)\ldots(1-k^2x^2\sin^2 am\, 2(n-1)\,\omega)},$$

posito $\frac{1}{kx}$ loco x, $\frac{1}{\lambda y}$ loco y, quod ex antecedentibus licet, eruimus:

$$\frac{1}{\lambda y}-1=\frac{1-kx}{\lambda U}\left\{(1-kx\sin coam\, 4\omega)(1-kx\sin coam\, 8\omega)\ldots(1-kx\sin coam\, 2(n-1)\,\omega)\right\}^2,$$

quod ductum in $\lambda y = \frac{\lambda U}{V}$, praebet:

$$1-\lambda y=(1-kx)\frac{\left\{(1-kx\sin coam\, 4\omega)(1-kx\sin coam\, 8\omega)\ldots(1-kx\sin coam\, 2(n-1)\,\omega)\right\}^2}{V}.$$

Ceterum patet, $y=\frac{U}{V}$ abire in $-y$, ubi x in $-x$ mutatur, quo facto igitur statim etiam $1+y$, $1+\lambda y$ ex $1-y$, $1-\lambda y$ obtinemus.

Iam igitur eiusmodi invenimus functiones elementi x rationales integras U, V, ut sit:

$$V+U = V(1+y) = (1+x)\,AA$$
$$V-U = V(1-y) = (1-x)\,BB$$
$$V+\lambda U = V(1+\lambda y) = (1+kx)\,CC$$
$$V-\lambda U = V(1-\lambda y) = (1-kx)\,DD,$$

designantibus A, B, C, D et ipsis functiones elementi x rationales integras. Hinc autem secundum Principia Transformationis initio stabilita statim sequitur:

$$\frac{dy}{\sqrt{1-y^2}\sqrt{1-\lambda^2y^2}} = \frac{dx}{M\sqrt{1-x^2}\sqrt{1-k^2x^2}}.$$

Multiplicatorem M, quem vocabimus, ex observatione §. 15 facta obtinemus. Unde iam omnes formulae analyticae generales, quae theoriam transformationis functionum ellipticarum concernunt, demonstratae sunt.

22.

Demonstratio proposita ex ea, quam dedimus in Novis Astronomicis a Cl. Schumacher editis No. 127, eruitur, ubi ponitur ω loco $\frac{K}{n}$ aliis omnibus immutatis manentibus. Ipsum theorema analyticum generale de Transformatione sub forma paulo alia iam prius ibidem No. 123 cum Analystis communicaveram. Demonstrationem Cl. Legendre, summus in hac doctrina arbiter, ibidem No. 130 benigne et praeclare recensere voluit. Observat ibi Vir multis nominibus venerandus, aequationem:

$$V\frac{dU}{dx} - U\frac{dV}{dx} = \frac{ABCD}{M} = \frac{T}{M},$$

cuius beneficio demonstratio conficitur, et quae nobis e principiis transformationis mere algebraicis sequebatur, etiam sine illis analytice probari posse. Quod cum ex ipsa Viri Clarissimi sententia egregiam theorematì nostro lucem affundat, praeeunte illo, paucis hunc in modum demonstremus.

Aequationem propositam:

$$V\frac{dU}{dx} - U\frac{dV}{dx} = \frac{ABCD}{M} = \frac{T}{M}$$

ita quoque exhibere licet:

$$\frac{dU}{U\,dx} - \frac{dV}{V\,dx} = \frac{d\log U}{dx} - \frac{d\log V}{dx} = \frac{ABCD}{MUV} = \frac{T}{MUV}.$$

Invenimus autem:

$$U = \frac{x}{M}\left(1 - \frac{xx}{\sin^2 \operatorname{am} 2\omega}\right)\left(1 - \frac{xx}{\sin^2 \operatorname{am} 4\omega}\right)\dots\left(1 - \frac{xx}{\sin^2 \operatorname{am} (n-1)\omega}\right)$$

$$V = \left(1 - k^2x^2\sin^2 \operatorname{am} 2\omega\right)\left(1 - k^2x^2\sin^2 \operatorname{am} 4\omega\right)\dots\left(1 - k^2x^2\sin^2 \operatorname{am} (n-1)\omega\right),$$

unde:

$$\frac{d\log U}{dx} - \frac{d\log V}{dx} = \frac{1}{x} + \Sigma\left\{\frac{-2x}{\sin^2 \operatorname{am} 2q\omega - xx} + \frac{2k^2x\sin^2 \operatorname{am} 2q\omega}{1 - k^2x^2\sin^2 \operatorname{am} 2q\omega}\right\},$$

numero q in summa designata tributis valoribus 1, 2, 3, ..., $\frac{n-1}{2}$. Porro invenimus:

$$AB = \left(1 - \frac{xx}{\sin^2 \operatorname{coam} 2\omega}\right)\left(1 - \frac{xx}{\sin^2 \operatorname{coam} 4\omega}\right) \cdots \left(1 - \frac{xx}{\sin^2 \operatorname{coam}(n-1)\omega}\right)$$

$$CD = \left(1 - k^2 x^2 \sin^2 \operatorname{coam} 2\omega\right)\left(1 - k^2 x^2 \sin^2 \operatorname{coam} 4\omega\right) \ldots \left(1 - k^2 x^2 \sin^2 \operatorname{coam}(n-1)\omega\right),$$

unde:

$$\frac{T}{MUV} = \frac{ABCD}{MUV} = \frac{x \prod\left(1 - \frac{xx}{\sin^2 \operatorname{coam} 2p\omega}\right)\left(1 - k^2 x^2 \sin^2 \operatorname{coam} 2p\omega\right)}{x^2 \prod\left(1 - \frac{xx}{\sin^2 \operatorname{am} 2p\omega}\right)\left(1 - k^2 x^2 \sin^2 \operatorname{am} 2p\omega\right)},$$

siquidem in productis brevitatis causa praefixo signo Π denotatis elemento p valores tribuuntur 1, 2, 3, ..., $\frac{n-1}{2}$. Hanc expressionem in fractiones simplices discerpere licet, ita ut formam induat:

$$\frac{1}{x} + \Sigma\left\{\frac{A^{(q)} x}{\sin^2 \operatorname{am} 2q\omega - xx} + \frac{B^{(q)} x}{1 - k^2 x^2 \sin^2 \operatorname{am} 2q\omega}\right\},$$

quo facto ut evictum habeamus, quod propositum est, demonstrari debet, fore:

$$A^{(q)} = -2, \quad B^{(q)} = 2k^2 \sin^2 \operatorname{am} 2q\omega.$$

Denotabimus in sequentibus praefixo signo $\Pi^{(q)}$ productum ita formatum, ut elemento p valores tribuantur 1, 2, 3, ..., $\frac{n-1}{2}$, omisso tamen valore $p = q$. Hinc e praeceptis fractionum simplicium theoriae abunde notis sequitur:

$$A^{(q)} = \left(1 - k^2 \sin^2 \operatorname{am} 2q\omega \cdot \sin^2 \operatorname{coam} 2q\omega\right) \frac{\prod\left(\frac{1 - \frac{\sin^2 \operatorname{am} 2q\omega}{\sin^2 \operatorname{coam} 2p\omega}}{1 - k^2 \sin^2 \operatorname{am} 2q\omega \cdot \sin^2 \operatorname{am} 2p\omega}\right)}{\prod^{(q)}\left(\frac{1 - \frac{\sin^2 \operatorname{am} 2q\omega}{\sin^2 \operatorname{am} 2p\omega}}{1 - k^2 \sin^2 \operatorname{am} 2q\omega \cdot \sin^2 \operatorname{coam} 2p\omega}\right)}.$$

Iam e formulis supra a nobis exhibitis fit:

$$\frac{1 - \frac{\sin^2 \operatorname{am} 2q\omega}{\sin^2 \operatorname{coam} 2p\omega}}{1 - k^2 \sin^2 \operatorname{am} 2q\omega \sin^2 \operatorname{am} 2p\omega} = \frac{\cos \operatorname{am}(2q + 2p)\omega \cdot \cos \operatorname{am}(2q - 2p)\omega}{\cos^2 \operatorname{am} 2p\omega}$$

$$\frac{1 - \frac{\sin^2 \operatorname{am} 2q\omega}{\sin^2 \operatorname{am} 2p\omega}}{1 - k^2 \sin^2 \operatorname{am} 2q\omega \cdot \sin^2 \operatorname{coam} 2p\omega} = \frac{\cos \operatorname{coam}(2p + 2q)\omega \cdot \cos \operatorname{coam}(2p - 2q)\omega}{\cos^2 \operatorname{coam} 2p\omega}.$$

Facile autem patet, sublatis qui in denominatore et numeratore iidem inveniuntur factoribus, fieri:

$$\Pi \frac{\cos \mathrm{am}\,(2q+2p)\,\omega \cos \mathrm{am}\,(2q-2p)\,\omega}{\cos^2 \mathrm{am}\, 2p\,\omega} = \frac{\pm 1}{\cos \mathrm{am}\, 2q\,\omega}$$

$$\Pi'^{(q)} \frac{\cos \mathrm{coam}\,(2q+2p)\,\omega \cos \mathrm{coam}\,(2p-2q)\,\omega}{\cos^2 \mathrm{coam}\, 2p\,\omega} = \frac{\mp 1}{\cos \mathrm{coam}\, 2q\,\omega} \cdot \frac{\cos^2 \mathrm{coam}\, 2q\,\omega}{\cos \mathrm{coam}\, 4q\,\omega} = \frac{\mp \cos \mathrm{coam}\, 2q\,\omega}{\cos \mathrm{coam}\, 4q\,\omega},$$

unde:

$$A^{(q)} = \frac{-(1-k^2 \sin^2 \mathrm{am}\, 2q\,\omega \sin^2 \mathrm{coam}\, 2q\,\omega) \cos \mathrm{coam}\, 4q\,\omega}{\cos \mathrm{am}\, 2q\,\omega \cos \mathrm{coam}\, 2q\,\omega}.$$

At e nota de duplicatione formula fit:

$$\cos \mathrm{coam}\, 4q\,\omega = \frac{2k' \sin \mathrm{am}\, 2q\,\omega \cos \mathrm{am}\, 2q\,\omega\, \Delta \mathrm{am}\, 2q\,\omega}{1-2k^2 \sin^2 \mathrm{am}\, 2q\,\omega + k^2 \sin^4 \mathrm{am}\, 2q\,\omega}$$

$$= \frac{2k' \sin \mathrm{am}\, 2q\,\omega \cos \mathrm{am}\, 2q\,\omega\, \Delta \mathrm{am}\, 2q\,\omega}{\Delta^2 \mathrm{am}\, 2q\,\omega - k^2 \sin^2 \mathrm{am}\, 2q\,\omega \cos^2 \mathrm{am}\, 2q\,\omega}$$

$$= \frac{2 \cos \mathrm{am}\, 2q\,\omega \cos \mathrm{coam}\, 2q\,\omega}{1-k^2 \sin^2 \mathrm{am}\, 2q\,\omega \sin^2 \mathrm{coam}\, 2q\,\omega},$$

unde tandem, quod demonstrandum erat, $A^{(q)} = -2$. Prorsus simili modo alteram aequationem: $B^{(q)} = 2k^2 \sin^2 \mathrm{am}\, 2q\,\omega$ probare licet; quod tamen, iam invento $A^{(q)} = -2$, facilius ita fit.

Facile patet, loco x posito $\frac{1}{kx}$ non mutari expressionem:

$$\Pi \frac{\left(1-\frac{x^2}{\sin^2 \mathrm{coam}\, 2p\,\omega}\right)\left(1-k^2x^2 \sin^2 \mathrm{coam}\, 2p\,\omega\right)}{\left(1-k^2x^2 \sin^2 \mathrm{am}\, 2p\,\omega\right)\left(1-\frac{x^2}{\sin^2 \mathrm{am}\, 2p\,\omega}\right)},$$

quam vidimus aequalem poni posse expressioni:

$$1+\Sigma \frac{-2x^2}{\sin^2 \mathrm{am}\, 2q\,\omega - x^2} + \Sigma \frac{B^{(q)} x^2}{1-k^2 \sin^2 \mathrm{am}\, 2q\,\omega\, x^2}.$$

Haec autem expressio, posito $\frac{1}{kx}$ loco x, abit in hanc:

$$1+\Sigma \frac{2}{1-k^2x^2 \sin^2 \mathrm{am}\, 2q\,\omega} + \Sigma \frac{-B^{(q)}}{k^2(\sin^2 \mathrm{am}\, 2q\,\omega - x^2)} =$$

$$1+\Sigma \left(2-\frac{B^{(q)}}{k^2 \sin^2 \mathrm{am}\, 2q\,\omega}\right) + \Sigma \frac{2k^2x^2 \sin^2 \mathrm{am}\, 2q\,\omega}{1-k^2x^2 \sin^2 \mathrm{am}\, 2q\,\omega} + \Sigma \frac{-B^{(q)}}{k^2 \sin^2 \mathrm{am}\, 2q\,\omega} \cdot \frac{x^2}{\sin^2 \mathrm{am}\, 2q\,\omega - x^2},$$

unde ut immutata illa maneat, quod debet, fieri oportet:

$$B^{(q)} = 2k^2 \sin^2 \mathrm{am}\, 2q\,\omega.$$

Q. D. E.

23.

E formula 14) §. 20 sequitur:

$$\sqrt{1-\lambda^2 y^2} = \sqrt{1-k^2x^2}\,\frac{CD}{V} = \sqrt{1-k^2x^2}\,\frac{(1-k^2x^2\sin^2\operatorname{coam}2\omega)(1-k^2x^2\sin^2\operatorname{coam}4\omega)\ldots(1-k^2x^2\sin^2\operatorname{coam}(n-1)\omega)}{(1-k^2x^2\sin^2\operatorname{am}2\omega)(1-k^2x^2\sin^2\operatorname{am}4\omega)\ldots(1-k^2x^2\sin^2\operatorname{am}(n-1)\omega)}.$$

Posito $x=1$, unde etiam $y=1$, ac $\sqrt{1-\lambda\lambda}=\lambda'$, fit:

$$\lambda' = k'\left\{\frac{\Delta\operatorname{coam}2\omega\,\Delta\operatorname{coam}4\omega\ldots\Delta\operatorname{coam}(n-1)\omega}{\Delta\operatorname{am}2\omega\,\Delta\operatorname{am}4\omega\ldots\Delta\operatorname{am}(n-1)\omega}\right\}^2.$$

Iam vero est:

$$\Delta\operatorname{coam}u = \frac{k'}{\Delta\operatorname{am}u},$$

unde:

$$1)\quad \lambda' = \frac{k'^n}{\{\Delta\operatorname{am}2\omega.\Delta\operatorname{am}4\omega\ldots\Delta\operatorname{am}(n-1)\omega\}^4}.$$

Porro in usum vocatis formulis:

$$2)\quad \lambda = k^n\{\sin\operatorname{coam}2\omega.\sin\operatorname{coam}4\omega\ldots\sin\operatorname{coam}(n-1)\omega\}^4$$

$$3)\quad M = (-1)^{\frac{n-1}{2}}\frac{\{\sin\operatorname{coam}2\omega.\sin\operatorname{coam}4\omega\ldots\sin\operatorname{coam}(n-1)\omega\}^2}{\{\sin\operatorname{am}2\omega.\sin\operatorname{am}4\omega\ldots\sin\operatorname{am}(n-1\omega^2\}},$$

nanciscimur:

$$4)\quad \frac{(-1)^{\frac{n-1}{2}}}{M}\sqrt{\frac{\lambda}{k^n}} = \{\sin\operatorname{am}2\omega.\sin\operatorname{am}4\omega\ldots\sin\operatorname{am}(n-1)\omega\}^2$$

$$5)\quad \sqrt{\frac{\lambda k'^n}{\lambda' k^n}} = \{\cos\operatorname{am}2\omega\cos\operatorname{am}4\omega\ldots\cos\operatorname{am}(n-1)\omega\}^2$$

$$6)\quad \sqrt{\frac{k'^n}{\lambda'}} = \{\Delta\operatorname{am}2\omega\,\Delta\operatorname{am}4\omega\ldots\Delta\operatorname{am}(n-1)\omega\}^2$$

$$7)\quad \frac{(-1)^{\frac{n-1}{2}}}{M}\sqrt{\frac{\lambda'}{k'^n}} = \{\operatorname{tg}\operatorname{am}2\omega.\operatorname{tg}\operatorname{am}4\omega\ldots\operatorname{tg}\operatorname{am}(n-1)\omega\}^2$$

$$8)\quad \sqrt{\frac{\lambda}{k^n}} = \{\sin\operatorname{coam}2\omega.\sin\operatorname{coam}4\omega\ldots\sin\operatorname{coam}(n-1)\omega\}^2$$

$$9)\quad \frac{(-1)^{\frac{n-1}{2}}}{M}\sqrt{\frac{\lambda\lambda' k'^n}{k'k'k^n}} = \{\cos\operatorname{coam}2\omega\cos\operatorname{coam}4\omega\ldots\cos\operatorname{coam}(n-1)\omega\}^2$$

$$10)\qquad \sqrt{\lambda' k'^{n-2}} = \left\{\Delta \operatorname{coam} 2\omega\, \Delta \operatorname{coam} 4\omega \ldots \Delta \operatorname{coam}(n-1)\omega\right\}^2$$

$$11)\quad (-1)^{\frac{n-1}{2}} M \sqrt{\frac{1}{\lambda' k'^{n-2}}} = \left\{\operatorname{tg}\operatorname{coam} 2\omega\, \operatorname{tg}\operatorname{coam} 4\omega \ldots \operatorname{tg}\operatorname{coam}(n-1)\omega\right\}^2.$$

Harum formularum ope formulae 1), 4), 5) in sequentes abeunt:

$$12)\quad \sin\operatorname{am}\left(\frac{u}{M}, \lambda\right) = \sqrt{\frac{k^n}{\lambda}} \sin\operatorname{am} u \sin\operatorname{am}(u+4\omega) \sin\operatorname{am}(u+8\omega) \ldots \sin\operatorname{am}(u+4(n-1)\omega)$$

$$13)\quad \cos\operatorname{am}\left(\frac{u}{M}, \lambda\right) = \sqrt{\frac{\lambda' k^n}{\lambda k'^n}} \cos\operatorname{am} u \cos\operatorname{am}(u+4\omega) \cos\operatorname{am}(u+8\omega) \ldots \cos\operatorname{am}(u+4(n-1)\omega)$$

$$14)\quad \Delta\operatorname{am}\left(\frac{u}{M}, \lambda\right) = \sqrt{\frac{\lambda'}{k'^n}} \Delta\operatorname{am} u\, \Delta\operatorname{am}(u+4\omega)\, \Delta\operatorname{am}(u+8\omega) \ldots \Delta\operatorname{am}(u+4(n-1)\omega),$$

unde etiam:

$$15)\quad \operatorname{tg}\operatorname{am}\left(\frac{u}{M}, \lambda\right) = \sqrt{\frac{k'^n}{\lambda'}} \operatorname{tg}\operatorname{am} u \operatorname{tg}\operatorname{am}(u+4\omega) \operatorname{tg}\operatorname{am}(u+8\omega) \ldots \operatorname{tg}\operatorname{am}(u+4(n-1)\omega).$$

Aliud ita invenitur formularum systema. Ex aequatione 4) sequitur:

$$\frac{\lambda}{M^2 k^n} = \left\{\sin\operatorname{am} 2\omega \sin\operatorname{am} 4\omega \ldots \sin\operatorname{am}(n-1)\omega\right\}^2,$$

unde:

$$y = \sin\operatorname{am}\left(\frac{u}{M}, \lambda\right) = \frac{x}{M} \prod \frac{1 - \dfrac{xx}{\sin^2\operatorname{am} 2p\omega}}{1 - k^2 x^2 \sin^2\operatorname{am} 2p\omega} = \frac{kM}{\lambda} x \prod \frac{xx - \sin^2\operatorname{am} 2p\omega}{xx - \dfrac{1}{k^2 \sin^2\operatorname{am} 2p\omega}},$$

sive:

$$0 = x \prod (x^2 - \sin^2\operatorname{am} 2p\omega) - \frac{\lambda}{kM} \sin\operatorname{am}\left(\frac{u}{M}, \lambda\right) \prod \left(x^2 - \frac{1}{k^2 \sin^2\operatorname{am} 2p\omega}\right).$$

Radices huius aequationis n^{ti} ordinis sunt:

$$x = \sin\operatorname{am} u,\ \sin\operatorname{am}(u+4\omega),\ \sin\operatorname{am}(u+8\omega),\ \ldots,\ \sin\operatorname{am}(u+4(n-1)\omega),$$

unde aequationem nanciscimur identicam:

$$x \prod (x^2 - \sin^2\operatorname{am} 2p\omega) - \frac{\lambda}{kM} \sin\operatorname{am}\left(\frac{u}{M}, \lambda\right) \prod \left(x^2 - \frac{1}{k^2 \sin^2\operatorname{am} 2p\omega}\right) =$$

$$\left(x - \sin\operatorname{am} u\right)\left(x - \sin\operatorname{am}(u+4\omega)\right)\left(x - \sin\operatorname{am}(u+8\omega)\right) \ldots \left(x - \sin\operatorname{am}(u+4(n-1)\omega)\right).$$

Hinc prodit summa radicum

$$16)\quad \sum \sin \operatorname{am}(u+4q\omega) = \frac{\lambda}{kM} \sin \operatorname{am}\left(\frac{u}{M}, \lambda\right).$$

Eodem modo invenitur:

$$17)\quad \sum \cos \operatorname{am}(u+4q\omega) = \frac{(-1)^{\frac{n-1}{2}}\lambda}{kM} \cos \operatorname{am}\left(\frac{u}{M}, \lambda\right)$$

$$18)\quad \sum \Delta \operatorname{am}(u+4q\omega) = \frac{(-1)^{\frac{n-1}{2}}}{M} \Delta \operatorname{am}\left(\frac{u}{M}, \lambda\right)$$

$$19)\quad \sum \operatorname{tg} \operatorname{am}(u+4q\omega) = \frac{\lambda'}{k'M} \operatorname{tg} \operatorname{am}\left(\frac{u}{M}, \lambda\right),$$

in quibus formulis numero q tribuuntur valores 0, 1, 2, 3, ... $n-1$. Quas formulas etiam hunc in modum repraesentare convenit:

$$\frac{\lambda}{kM} \sin \operatorname{am}\left(\frac{u}{M}, \lambda\right) = \sin \operatorname{am} u + \sum \left\{\sin \operatorname{am}(u+4q\omega) + \sin \operatorname{am}(u-4q\omega)\right\}$$

$$\frac{(-1)^{\frac{n-1}{2}}\lambda}{kM} \cos \operatorname{am}\left(\frac{u}{M}, \lambda\right) = \cos \operatorname{am} u + \sum \left\{\cos \operatorname{am}(u+4q\omega) + \cos \operatorname{am}(u-4q\omega)\right\}$$

$$\frac{(-1)^{\frac{n-1}{2}}}{M} \Delta \operatorname{am}\left(\frac{u}{M}, \lambda\right) = \Delta \operatorname{am} u + \sum \left\{\Delta \operatorname{am}(u+4q\omega) + \Delta \operatorname{am}(u-4q\omega)\right\}$$

$$\frac{\lambda'}{k'M} \operatorname{tg} \operatorname{am}\left(\frac{u}{M}, \lambda\right) = \operatorname{tg} \operatorname{am} u + \sum \left\{\operatorname{tg} \operatorname{am}(u+4q\omega) + \operatorname{tg} \operatorname{am}(u-4q\omega)\right\},$$

ubi numero q tribuuntur valores 1, 2, 3, ... $\frac{n-1}{2}$. Iam adnotentur formulae:

$$\sin \operatorname{am}(u+4q\omega) + \sin \operatorname{am}(u-4q\omega) = \frac{2 \cos \operatorname{am} 4q\omega \,\Delta \operatorname{am} 4q\omega \sin \operatorname{am} u}{1-k^2 \sin^2 \operatorname{am} 4q\omega \sin^2 \operatorname{am} u}$$

$$\cos \operatorname{am}(u+4q\omega) + \cos \operatorname{am}(u-4q\omega) = \frac{2 \cos \operatorname{am} 4q\omega \cos \operatorname{am} u}{1-k^2 \sin^2 \operatorname{am} 4q\omega \sin^2 \operatorname{am} u}$$

$$\Delta \operatorname{am}(u+4q\omega) + \Delta \operatorname{am}(u-4q\omega) = \frac{2 \Delta \operatorname{am} 4q\omega \,\Delta \operatorname{am} u}{1-k^2 \sin^2 \operatorname{am} 4q\omega \sin^2 \operatorname{am} u}$$

$$\operatorname{tg} \operatorname{am}(u+4q\omega) + \operatorname{tg} \operatorname{am}(u-4q\omega) = \frac{2 \Delta \operatorname{am} 4q\omega \sin \operatorname{am} u \cos \operatorname{am} u}{\cos^2 \operatorname{am} 4q\omega - \Delta^2 \operatorname{am} 4q\omega \sin^2 \operatorname{am} u}\,{}^{*}),$$

---

*) cf. §. 18 formulas 1), 2), 3); formula postrema e formulis 10), 30) fluit, ubi reputas, esse $\operatorname{tg} \sigma + \operatorname{tg} d = \frac{\sin(\sigma + d)}{\cos \sigma \cos d}$.

quarum ope formulae 16) — 19) in has abeunt:

$$20)\quad \frac{\lambda}{kM}\sin\operatorname{am}\left(\frac{u}{M},\lambda\right)=\sin\operatorname{am}u+\sum\frac{2\cos\operatorname{am}4q\omega\,\Delta\operatorname{am}4q\omega\sin\operatorname{am}u}{1-k^2\sin^2\operatorname{am}4q\omega\sin^2\operatorname{am}u}$$

$$21)\quad \frac{(-1)^{\frac{n-1}{2}}\lambda}{kM}\cos\operatorname{am}\left(\frac{u}{M},\lambda\right)=\cos\operatorname{am}u+\sum\frac{2\cos\operatorname{am}4q\omega\cos\operatorname{am}u}{1-k^2\sin^2\operatorname{am}4q\omega\sin^2\operatorname{am}u}$$

$$22)\quad \frac{(-1)^{\frac{n-1}{2}}}{M}\Delta\operatorname{am}\left(\frac{u}{M},\lambda\right)=\Delta\operatorname{am}u+\sum\frac{2\Delta\operatorname{am}4q\omega\,\Delta\operatorname{am}u}{1-k^2\sin^2\operatorname{am}4q\omega\sin^2\operatorname{am}u}$$

$$23)\quad \frac{\lambda'}{k'M}\operatorname{tg}\operatorname{am}\left(\frac{u}{M},\lambda\right)=\operatorname{tg}\operatorname{am}u+\sum\frac{2\Delta\operatorname{am}4q\omega\sin\operatorname{am}u\cos\operatorname{am}u}{1-k^2\sin^2\operatorname{am}4q\omega\sin^2\operatorname{am}u},$$

quae etiam obtinentur, ubi formulae supra propositae e methodis notis in fractiones simplices resolvuntur.

DE VARIIS EIUSDEM ORDINIS TRANSFORMATIONIBUS. TRANSFORMATIONES DUAE REALES, MAIORIS MODULI IN MINOREM ET MINORIS IN MAIOREM.

24.

Elemento ω vidimus tribui posse valorem quemlibet schematis $\frac{mK+m'iK'}{n}$ designantibus m, m' numeros integros positivos s negativos, qui tamen, quoties n est numerus compositus, nullum ipsius n factorem communem habent. Facile autem patet, ubi q sit primus ad n, valores $\omega=\frac{qmK+qm'iK'}{n}$ substitutiones diversas non exhibituros esse. Hinc ubi ipse n est numerus primus, valores elementi ω, qui transformationes diversas suppeditant, erunt omnès:

$$\frac{K}{n},\ \frac{iK'}{n},\ \frac{K+iK'}{n},\ \frac{K+2iK'}{n},\ \frac{K+3iK'}{n},\ \dots\ \frac{K+(n-1)iK'}{n},$$

sive etiam:

$$\frac{K}{n},\ \frac{iK'}{n},\ \frac{K+iK'}{n},\ \frac{2K+iK'}{n},\ \frac{3K+iK'}{n},\ \dots\ \frac{(n-1)K+iK'}{n},$$

aut, si placet:

$$\frac{K}{n},\ \frac{iK'}{n},\ \frac{K\pm iK'}{n},\ \frac{K\pm 2iK'}{n},\ \frac{K\pm 3iK'}{n},\ \dots\ \frac{K\pm\frac{n-1}{2}iK}{n},$$

sive etiam:

$$\frac{K}{n},\ \frac{iK'}{n},\ \frac{K \pm iK'}{n},\ \frac{2K \pm iK'}{n},\ \frac{3K \pm iK'}{n},\ \ldots\ \frac{\frac{n-1}{2}K \pm iK'}{n},$$

quorum est numerus $n+1$. Ac reapse vidimus, in transformationibus tertii et quinti ordinis, supra tamquam exemplis propositis, aequationes inter $u = \sqrt[4]{k}$ et $v = \sqrt[4]{\lambda}$, quas *Aequationes Modulares* nuncupabimus, resp. ad quartum et sextum gradum ascendisse. Quoties vero n est numerus compositus, iste valde augetur numerus; accedunt enim casus, quibus sive m, sive m′ sive etiam uterque factorem habet cum n communem, modo ne utrisque m, m′ idem communis sit cum n. Generaliter autem valet theorema:

„*numerum substitutionem n^{ti} ordinis inter se diversarum, quarum ope transfor-*
„*mare liceat functiones ellipticas, aequare summam factorum ipsius n, qui ta-*
„*men numerus, quoties n per quadratum dividitur, et substisutiones amplectitur*
„*ex transformatione et multiplicatione mixtas; adeoque quoties n ipsum est qua-*
„*dratum ipsam multiplicationem.*"

Ista igitur factorum summa designabit gradum, ad quem pro dato numero n Aequatio Modularis ascendet, ubi adnotandum est, quoties n sit numerus quadratus, unam e radicum numero praebituram esse $k = \lambda$, ac generaliter, quoties $n = m^2 v$, designante m^2 quadratum minimum, per quod numerum n dividere licet, e numero radicum fore etiam omnes radices Aequationis Modularis, quae ad ipsum v pertinet.

Inter valores elementi ω supra propositos, qui casu, quo n est primus, quem, cum in eum reliqui redeant, sive unice sive prae ceteris considerare convenit, universam transformationum copiam suggerunt, duo tantum generaliter loquendo *) inveniuntur, qui transformationes reales suppeditant, hos dico $\omega = \frac{K}{n}$, $\omega = \frac{iK'}{n}$. Illam in sequentibus vocabimus transformationem *primam*, hanc *secundam*; modulosque qui his respondent, designabimus resp. per λ, $\lambda_{,}$ eorumque Complementa per λ', $\lambda'_{,}$. Argumenta amplitudinis $\frac{\pi}{2}$, quae his modulis respondent, (functiones integras vocat Cl. Legendre,) designabimus per Λ, $\Lambda_{,}$, Λ', $\Lambda'_{,}$. Formulae nostrae generales pro his casibus evadunt sequentes.

---

*) Nam infinitis casibus pro Modulis specialibus fit, ut par radicum imaginariarum Aequationum Modularium sibi aequale evadat ideoque reale fit.

I.

FORMULAE PRO TRANSFORMATIONE REALI PRIMA MODULI k IN MODULUM λ.

$$\lambda = k^n \left\{ \sin\operatorname{coam}\frac{2K}{n} \sin\operatorname{coam}\frac{4K}{n} \ldots\ldots \sin\operatorname{coam}\frac{(n-1)K}{n} \right\}^4$$

$$\lambda' = \frac{k'^n}{\left\{ \Delta\operatorname{am}\frac{2K}{n}\, \Delta\operatorname{am}\frac{4K}{n} \ldots\ldots \Delta\operatorname{am}\frac{(n-1)K}{n} \right\}^4}$$

$$M = \left\{ \frac{\sin\operatorname{coam}\frac{2K}{n} \sin\operatorname{coam}\frac{4K}{n} \ldots\ldots \sin\operatorname{coam}\frac{(n-1)K}{n}}{\sin\operatorname{am}\frac{2K}{n} \sin\operatorname{am}\frac{4K}{n} \ldots\ldots \sin\operatorname{am}\frac{(n-1)K}{n}} \right\}^2$$

$$\sin\operatorname{am}\left(\frac{u}{M}, \lambda\right) = \frac{\frac{\sin\operatorname{am}u}{M}\left(1 - \frac{\sin^2\operatorname{am}u}{\sin^2\operatorname{am}\frac{2K}{n}}\right)\left(1 - \frac{\sin^2\operatorname{am}u}{\sin^2\operatorname{am}\frac{4K}{n}}\right)\ldots\left(1 - \frac{\sin^2\operatorname{am}u}{\sin^2\operatorname{am}\frac{(n-1)K}{n}}\right)}{\left(1 - k^2\sin^2\operatorname{am}\frac{2K}{n}\sin^2\operatorname{am}u\right)\left(1 - k^2\sin^2\operatorname{am}\frac{4K}{n}\sin^2\operatorname{am}u\right)\ldots\left(1 - k^2\sin^2\operatorname{am}\frac{(n-1)K}{n}\sin^2\operatorname{am}u\right)}$$

$$= (-1)^{\frac{n-1}{2}} \sqrt{\frac{k^n}{\lambda}}\, \sin\operatorname{am}u \sin\operatorname{am}\left(u + \frac{4K}{n}\right) \sin\operatorname{am}\left(u + \frac{8K}{n}\right) \ldots \sin\operatorname{am}\left(u + \frac{4(n-1)K}{n}\right)$$

$$\cos\operatorname{am}\left(\frac{u}{M}, \lambda\right) = \sqrt{\frac{\lambda' k^n}{\lambda k'^n}} \cdot \frac{\cos\operatorname{am}u\left(1 - \frac{\sin^2\operatorname{am}u}{\sin^2\operatorname{coam}\frac{2K}{n}}\right)\left(1 - \frac{\sin^2\operatorname{am}u}{\sin^2\operatorname{coam}\frac{4K}{n}}\right)\ldots\left(1 - \frac{\sin^2\operatorname{am}u}{\sin^2\operatorname{coam}\frac{(n-1)K}{n}}\right)}{\left(1 - k^2\sin^2\operatorname{am}\frac{2K}{n}\sin^2\operatorname{am}u\right)\left(1 - k^2\sin^2\operatorname{am}\frac{4K}{n}\sin^2\operatorname{am}u\right)\ldots\left(1 - k^2\sin^2\operatorname{am}\frac{(n-1)K}{n}\sin^2\operatorname{am}u\right)}$$

$$\Delta\operatorname{am}\left(\frac{u}{M}, \lambda\right) = \sqrt{\frac{\lambda'}{k'^n}} \cdot \frac{\Delta\operatorname{am}u\left(1 - k^2\sin^2\operatorname{coam}\frac{2K}{n}\sin^2\operatorname{am}u\right)\left(1 - k^2\sin^2\operatorname{coam}\frac{2K}{n}\sin^2\operatorname{am}u\right)\ldots\left(1 - k^2\sin^2\operatorname{coam}\frac{(n-1)K}{n}\sin^2\operatorname{am}u\right)}{\left(1 - k^2\sin^2\operatorname{am}\frac{2K}{n}\sin^2\operatorname{am}u\right)\left(1 - k^2\sin^2\operatorname{am}\frac{4K}{n}\sin^2\operatorname{am}u\right)\ldots\left(1 - k^2\sin^2\operatorname{am}\frac{(n-1)K}{n}\sin^2\operatorname{am}u\right)}$$

$$\sqrt{\frac{1 \mp \sin\operatorname{am}\left(\frac{u}{M}, \lambda\right)}{1 \pm \sin\operatorname{am}\left(\frac{u}{M}, \lambda\right)}} = \sqrt{\frac{1 - \sin\operatorname{am}u}{1 + \sin\operatorname{am}u} \cdot \frac{\left(1 - \frac{\sin\operatorname{am}u}{\sin\operatorname{coam}\frac{4K}{n}}\right)\left(1 - \frac{\sin\operatorname{am}u}{\sin\operatorname{coam}\frac{8K}{n}}\right)\ldots\left(1 - \frac{\sin\operatorname{am}u}{\sin\operatorname{coam}\frac{2(n-1)K}{n}}\right)}{\left(1 + \frac{\sin\operatorname{am}u}{\sin\operatorname{coam}\frac{4K}{n}}\right)\left(1 + \frac{\sin\operatorname{am}u}{\sin\operatorname{coam}\frac{8K}{n}}\right)\ldots\left(1 + \frac{\sin\operatorname{am}u}{\sin\operatorname{coam}\frac{2(n-1)K}{n}}\right)}}$$

$$\sqrt{\frac{1 \mp \lambda\sin\operatorname{am}\left(\frac{u}{M}, \lambda\right)}{1 \pm \lambda\sin\operatorname{am}\left(\frac{u}{M}, \lambda\right)}} =$$

$$\sqrt{\frac{1 - k\sin\operatorname{am}u}{1 + k\sin\operatorname{am}u} \cdot \frac{\left(1 - k\sin\operatorname{coam}\frac{4K}{n}\sin\operatorname{am}u\right)\left(1 - k\sin\operatorname{coam}\frac{8K}{n}\sin\operatorname{am}u\right)\ldots\left(1 - k\sin\operatorname{coam}\frac{2(n-1)K}{n}\sin\operatorname{am}u\right)}{\left(1 + k\sin\operatorname{coam}\frac{4K}{n}\sin\operatorname{am}u\right)\left(1 + k\sin\operatorname{coam}\frac{8K}{n}\sin\operatorname{am}u\right)\ldots\left(1 + k\sin\operatorname{coam}\frac{2(n-1)K}{n}\sin\operatorname{am}u\right)}}$$

$$\frac{\lambda}{kM}\sin\operatorname{am}\left(\frac{u}{M},\lambda\right)=\sin\operatorname{am}u+2\sum\frac{(-1)^q\cos\operatorname{am}\frac{2qK}{n}\,\Delta\operatorname{am}\frac{2qK}{n}\sin\operatorname{am}u}{1-k^2\sin^2\operatorname{am}\frac{2qK}{n}\sin^2\operatorname{am}u}$$

$$\frac{\lambda}{kM}\cos\operatorname{am}\left(\frac{u}{M},\lambda\right)=\cos\operatorname{am}u+2\sum\frac{(-1)^q\cos\operatorname{am}\frac{2qK}{n}\cos\operatorname{am}u}{1-k^2\sin^2\operatorname{am}\frac{2qK}{n}\sin^2\operatorname{am}u}$$

$$\frac{1}{M}\Delta\operatorname{am}\left(\frac{u}{M},\lambda\right)=\Delta\operatorname{am}u+2\sum\frac{\Delta\operatorname{am}\frac{2qK}{n}\,\Delta\operatorname{am}u}{1-k^2\sin^2\operatorname{am}\frac{2qK}{n}\sin^2\operatorname{am}u}$$

$$\frac{\lambda'}{k'M}\operatorname{tg}\operatorname{am}\left(\frac{u}{M},\lambda\right)=\operatorname{tg}\operatorname{am}u+2\sum\frac{\Delta\operatorname{am}\frac{2qK}{n}\sin\operatorname{am}u\cos\operatorname{am}u}{\cos^2\operatorname{am}\frac{2qK}{n}-\Delta^2\operatorname{am}\frac{2qK}{n}\sin^2\operatorname{am}u}$$

II.

A. FORMULAE PRO TRANSFORMATIONE REALI SECUNDA, MODULI k IN MODULUM $\lambda_{,}$ SUB FORMA IMAGINARIA.

$$\lambda_{,}=k^n\left\{\sin\operatorname{coam}\frac{2iK'}{n}\sin\operatorname{coam}\frac{4iK'}{n}\ldots\ldots\sin\operatorname{coam}\frac{(n-1)iK'}{n}\right\}^4$$

$$\lambda'_{,}=\frac{k'^n}{\left\{\Delta\operatorname{am}\frac{2iK'}{n}\,\Delta\operatorname{am}\frac{4iK'}{n}\ldots\ldots\Delta\operatorname{am}\frac{(n-1)iK'}{n}\right\}^4}$$

$$M_{,}=(-1)^{\frac{n-1}{2}}\left\{\frac{\sin\operatorname{coam}\frac{2iK'}{n}\sin\operatorname{coam}\frac{4iK'}{n}\ldots\sin\operatorname{coam}\frac{(n-1)iK'}{n}}{\sin\operatorname{am}\frac{2iK'}{n}\sin\operatorname{am}\frac{4iK'}{n}\ldots\sin\operatorname{am}\frac{(n-1)iK'}{n}}\right\}^2$$

$$\sin\operatorname{am}\left(\frac{u}{M_{,}},\lambda_{,}\right)=\frac{\sin\operatorname{am}u\left(1-\frac{\sin^2\operatorname{am}u}{\sin^2\operatorname{am}\frac{2iK'}{n}}\right)\left(1-\frac{\sin^2\operatorname{am}u}{\sin^2\operatorname{am}\frac{4iK'}{n}}\right)\ldots\left(1-\frac{\sin^2\operatorname{am}u}{\sin^2\operatorname{am}\frac{(n-1)iK'}{n}}\right)}{\left(1-\frac{\sin^2\operatorname{am}u}{\sin^2\operatorname{am}\frac{iK'}{n}}\right)\left(1-\frac{\sin^2\operatorname{am}u}{\sin^2\operatorname{am}\frac{3iK'}{n}}\right)\ldots\left(1-\frac{\sin^2\operatorname{am}u}{\sin^2\operatorname{am}\frac{(n-2)iK'}{n}}\right)}$$

$$=\sqrt{\frac{k^n}{\lambda_{,}}}\cdot\sin\operatorname{am}u\sin\operatorname{am}(u+4iK')\sin\operatorname{am}(u+8iK')\ldots\sin\operatorname{am}(u+4(n-1)iK')$$

$$\cos \operatorname{am}\left(\frac{u}{M_{,}}, \lambda_{,}\right) = \frac{\cos \operatorname{am} u \left(1 - \dfrac{\sin^2 \operatorname{am} u}{\sin^2 \operatorname{coam} \dfrac{2iK'}{n}}\right)\left(1 - \dfrac{\sin^2 \operatorname{am} u}{\sin^2 \operatorname{coam} \dfrac{4iK'}{n}}\right) \cdots \left(1 - \dfrac{\sin^2 \operatorname{am} u}{\sin^2 \operatorname{coam} \dfrac{(n-1)iK}{n}}\right)}{\left(1 - \dfrac{\sin^2 \operatorname{am} u}{\sin^2 \operatorname{am} \dfrac{iK'}{n}}\right)\left(1 - \dfrac{\sin^2 \operatorname{am} u}{\sin^2 \operatorname{am} \dfrac{3iK'}{n}}\right) \cdots \left(1 - \dfrac{\sin^2 \operatorname{am} u}{\sin^2 \operatorname{am} \dfrac{(n-2)iK'}{n}}\right)}$$

$$= \sqrt{\frac{\lambda'_{,} k^n}{\lambda_{,} k'^n}} \cdot \cos \operatorname{am} u \cos \operatorname{am}\left(u + \frac{4iK'}{n}\right) \cos \operatorname{am}\left(u + \frac{8iK'}{n}\right) \cdots \cos \operatorname{am}\left(u + \frac{4(n-1)iK'}{n}\right)$$

$$\Delta \operatorname{am}\left(\frac{u}{M_{,}}, \lambda_{,}\right) = \frac{\Delta \operatorname{am} u \left(1 - \dfrac{\sin^2 \operatorname{am} u}{\sin^2 \operatorname{coam} \dfrac{iK'}{n}}\right)\left(1 - \dfrac{\sin^2 \operatorname{am} u}{\sin^2 \operatorname{coam} \dfrac{3iK'}{n}}\right) \cdots \left(1 - \dfrac{\sin^2 \operatorname{am} u}{\sin^2 \operatorname{coam} \dfrac{(n-2)iK'}{n}}\right)}{\left(1 - \dfrac{\sin^2 \operatorname{am} u}{\sin^2 \operatorname{am} \dfrac{iK'}{n}}\right)\left(1 - \dfrac{\sin^2 \operatorname{am} u}{\sin^2 \operatorname{am} \dfrac{3iK'}{n}}\right) \cdots \left(1 - \dfrac{\sin^2 \operatorname{am} u}{\sin^2 \operatorname{am} \dfrac{(n-2)iK'}{n}}\right)}$$

$$= \sqrt{\frac{\lambda'}{k'^n}}\, \Delta \operatorname{am} u\, \Delta \operatorname{am}(u + 4iK')\, \Delta \operatorname{am}(u + 8iK') \cdots \Delta \operatorname{am}(u + 4(n-1)iK')$$

$$\sqrt{\frac{1 - \sin \operatorname{am}\left(\dfrac{u}{M_{,}}, \lambda_{,}\right)}{1 + \sin \operatorname{am}\left(\dfrac{u}{M_{,}}, \lambda_{,}\right)}} =$$

$$\sqrt{\frac{1 - \sin \operatorname{am} u}{1 + \sin \operatorname{am} u}} \cdot \frac{\left(1 - \dfrac{\sin \operatorname{am} u}{\sin \operatorname{coam} \dfrac{2iK'}{n}}\right)\left(1 - \dfrac{\sin \operatorname{am} u}{\sin \operatorname{coam} \dfrac{4iK'}{n}}\right) \cdots \left(1 - \dfrac{\sin \operatorname{am} u}{\sin \operatorname{coam} \dfrac{(n-1)iK'}{n}}\right)}{\left(1 + \dfrac{\sin \operatorname{am} u}{\sin \operatorname{coam} \dfrac{2iK'}{n}}\right)\left(1 + \dfrac{\sin \operatorname{am} u}{\sin \operatorname{coam} \dfrac{4iK'}{n}}\right) \cdots \left(1 + \dfrac{\sin \operatorname{am} u}{\sin \operatorname{coam} \dfrac{(n-1)iK'}{n}}\right)}$$

$$\sqrt{\frac{1 - \lambda_{,} \sin \operatorname{am}\left(\dfrac{u}{M_{,}}, \lambda_{,}\right)}{1 + \lambda_{,} \sin \operatorname{am}\left(\dfrac{u}{M_{,}}, \lambda_{,}\right)}} =$$

$$\sqrt{\frac{1 - k \sin \operatorname{am} u}{1 + k \sin \operatorname{am} u}} \cdot \frac{\left(1 - \dfrac{\sin \operatorname{am} u}{\sin \operatorname{coam} \dfrac{iK'}{n}}\right)\left(1 - \dfrac{\sin \operatorname{am} u}{\sin \operatorname{coam} \dfrac{3iK'}{n}}\right) \cdots \left(1 - \dfrac{\sin \operatorname{am} u}{\sin \operatorname{coam} \dfrac{(n-2)iK'}{n}}\right)}{\left(1 + \dfrac{\sin \operatorname{am} u}{\sin \operatorname{coam} \dfrac{iK'}{n}}\right)\left(1 + \dfrac{\sin \operatorname{am} u}{\sin \operatorname{coam} \dfrac{3iK'}{n}}\right) \cdots \left(1 + \dfrac{\sin \operatorname{am} u}{\sin \operatorname{coam} \dfrac{(n-2)iK'}{n}}\right)}$$

$$\frac{\lambda_{,}}{kM_{,}} \sin \operatorname{am}\left(\frac{u}{M_{,}}, \lambda_{,}\right) = \sin \operatorname{am} u - \frac{2}{k} \sum \frac{\cos \operatorname{am} \dfrac{(2q-1)iK'}{n}\, \Delta \operatorname{am} \dfrac{(2q-1)iK'}{n} \sin \operatorname{am} u}{\sin^2 \operatorname{am} \dfrac{(2q-1)iK'}{n} - \sin^2 \operatorname{am} u}$$

$$\frac{(-1)^{\frac{n-1}{2}}\lambda_{,}}{k M_{,}}\cos\mathrm{am}\left(\frac{u}{M_{,}},\lambda_{,}\right)=\cos\mathrm{am}\,u+\frac{2(-1)^{\frac{n-1}{2}}}{ik}\sum\frac{(-1)^q\sin\mathrm{am}\frac{(2q-1)iK'}{n}\,\Delta\mathrm{am}\frac{(2q-1)iK'}{n}\cos\mathrm{am}\,u}{\sin^2\mathrm{am}\frac{(2q-1)iK'}{n}-\sin^2\mathrm{am}\,u}$$

$$\frac{(-1)^{\frac{n-1}{2}}}{M_{,}}\Delta\,\mathrm{am}\left(\frac{u}{M_{,}},\lambda_{,}\right)=\Delta\,\mathrm{am}\,u+\frac{2(-1)^{\frac{n-1}{2}}}{i}\sum\frac{(-1)^q\sin\mathrm{am}\frac{(2q-1)iK'}{n}\cos\mathrm{am}\frac{(2q-1)iK'}{n}\,\Delta\mathrm{am}\,u}{\sin^2\mathrm{am}\frac{(2q-1)iK'}{n}-\sin^2\mathrm{am}\,u}$$

$$\frac{\lambda'_{,}}{k'M_{,}}\mathrm{tg\,am}\left(\frac{u}{M_{,}},\lambda_{,}\right)=\mathrm{tg\,am}\,u+2\sum\frac{(-1)^q\,\Delta\,\mathrm{am}\frac{2qiK'}{n}\sin\mathrm{am}\,u\cos\mathrm{am}\,u}{\cos^2\mathrm{am}\frac{2qiK'}{n}-\Delta^2\mathrm{am}\frac{2qiK'}{n}\sin^2\mathrm{am}\,u}.$$

B. FORMULAE PRO TRANSFORMATIONE REALI SECUNDA SUB FORMA REALI.

$$\lambda_{,}=\frac{k^n}{\left\{\Delta\,\mathrm{am}\left(\frac{2K'}{n},k'\right)\Delta\,\mathrm{am}\left(\frac{4K'}{n},k'\right)\dots\Delta\,\mathrm{am}\left(\frac{(n-1)K'}{n},k'\right)\right\}^4}$$

$$\lambda'_{,}=k'^n\left\{\sin\mathrm{coam}\left(\frac{2K'}{n},k'\right)\sin\mathrm{coam}\left(\frac{4K'}{n},k'\right)\dots\sin\mathrm{coam}\left(\frac{(n-1)K'}{n},k'\right)\right\}^4$$

$$M_{,}=\left\{\frac{\sin\mathrm{coam}\left(\frac{2K'}{n},k'\right)\sin\mathrm{coam}\left(\frac{4K'}{n},k'\right)\dots\sin\mathrm{coam}\left(\frac{(n-1)K'}{n},k'\right)}{\sin\mathrm{am}\left(\frac{2K'}{n},k'\right)\sin\mathrm{am}\left(\frac{4K'}{n},k'\right)\dots\sin\mathrm{am}\left(\frac{(n-1)K'}{n},k'\right)}\right\}^2$$

$$\sin\mathrm{am}\left(\frac{u}{M_{,}},\lambda_{,}\right)=\frac{\frac{\sin\mathrm{am}\,u}{M_{,}}\left(1+\frac{\sin^2\mathrm{am}\,u}{\mathrm{tg}^2\mathrm{am}\left(\frac{2K'}{n},k'\right)}\right)\left(1+\frac{\sin^2\mathrm{am}\,u}{\mathrm{tg}^2\mathrm{am}\left(\frac{4K'}{n},k'\right)}\right)\dots\left(1+\frac{\sin^2\mathrm{am}\,u}{\mathrm{tg}^2\mathrm{am}\left(\frac{(n-1)K'}{n},k'\right)}\right)}{\left(1+\frac{\sin^2\mathrm{am}\,u}{\mathrm{tg}^2\mathrm{am}\left(\frac{K'}{n},k'\right)}\right)\left(1+\frac{\sin^2\mathrm{am}\,u}{\mathrm{tg}^2\mathrm{am}\left(\frac{3K'}{n},k'\right)}\right)\dots\left(1+\frac{\sin^2\mathrm{am}\,u}{\mathrm{tg}^2\mathrm{am}\left(\frac{(n-2)K'}{n},k\right)}\right)}$$

$$\cos\mathrm{am}\left(\frac{u}{M_{,}},\lambda_{,}\right)=\frac{\cos\mathrm{am}\,u\left(1+\sin^2\mathrm{am}\,u\,\Delta^2\mathrm{am}\left(\frac{2K'}{n},k'\right)\right)\left(1+\sin^2\mathrm{am}\,u\,\Delta^2\mathrm{am}\left(\frac{4K'}{n},k'\right)\right)\dots\left(1+\sin^2\mathrm{am}\,u\,\Delta^2\mathrm{am}\left(\frac{(n-1)K'}{n},k'\right)\right)}{\left(1+\frac{\sin^2\mathrm{am}\,u}{\mathrm{tg}^2\mathrm{am}\left(\frac{K'}{n},k'\right)}\right)\left(1+\frac{\sin^2\mathrm{am}\,u}{\mathrm{tg}^2\mathrm{am}\left(\frac{3K'}{n},k'\right)}\right)\dots\left(1+\frac{\sin^2\mathrm{am}\,u}{\mathrm{tg}^2\mathrm{am}\left(\frac{(n-2)K'}{n},k'\right)}\right)}$$

$$\Delta\,\mathrm{am}\left(\frac{u}{M_{,}},\lambda_{,}\right)=\frac{\Delta\,\mathrm{am}\,u\left(1+\sin^2\mathrm{am}\,u\,\Delta^2\mathrm{am}\left(\frac{K'}{n},k'\right)\right)\left(1+\sin^2\mathrm{am}\,u\,\Delta^2\mathrm{am}\left(\frac{3K'}{n},k'\right)\right)\dots\left(1+\sin^2\mathrm{am}\,u\,\Delta^2\mathrm{am}\left(\frac{(n-2)K'}{n},k\right)\right)}{\left(1+\frac{\sin^2\mathrm{am}\,u}{\mathrm{tg}^2\mathrm{am}\left(\frac{K'}{n},k'\right)}\right)\left(1+\frac{\sin^2\mathrm{am}\,u}{\mathrm{tg}^2\mathrm{am}\left(\frac{3K'}{n},k'\right)}\right)\dots\left(1+\frac{\sin^2\mathrm{am}\,u}{\mathrm{tg}^2\mathrm{am}\left(\frac{(n-2)K'}{n},k'\right)}\right)}$$

$$\sqrt{\frac{1 - \sin\,\mathrm{am}\left(\dfrac{u}{M_{,}}\,,\,\lambda_{,}\right)}{1 + \sin\,\mathrm{am}\left(\dfrac{u}{M_{,}}\,,\,\lambda_{,}\right)}} =$$

$$\sqrt{\frac{1 - \sin\,\mathrm{am}\,u}{1 + \sin\,\mathrm{am}\,u}} \cdot \frac{\left(1 - \sin\,\mathrm{am}\,u\,\triangle\,\mathrm{am}\left(\dfrac{2\,\mathrm{K}'}{n}\,,\,k'\right)\right)\left(1 - \sin\,\mathrm{am}\,u\,\triangle\,\mathrm{am}\left(\dfrac{4\,\mathrm{K}'}{n}\,,\,k'\right)\right)\cdots\left(1 - \sin\,\mathrm{am}\,u\,\triangle\,\mathrm{am}\left(\dfrac{(n-1)\,\mathrm{K}'}{n}\,,\,k'\right)\right)}{\left(1 + \sin\,\mathrm{am}\,u\,\triangle\,\mathrm{am}\left(\dfrac{2\,\mathrm{K}'}{u}\,,\,k'\right)\right)\left(1 + \sin\,\mathrm{am}\,u\,\triangle\,\mathrm{am}\left(\dfrac{4\,\mathrm{K}'}{n}\,,\,k'\right)\right)\quad\left(1 + \sin\,\mathrm{am}\,u\,\triangle\,\mathrm{am}\left(\dfrac{(n-1)\,\mathrm{K}'}{n}\,,\,k'\right)\right)}$$

$$\sqrt{\frac{1 - \lambda_{,}\sin\,\mathrm{am}\left(\dfrac{u}{M_{,}}\,,\,\lambda_{,}\right)}{1 + \lambda_{,}\sin\,\mathrm{am}\left(\dfrac{u}{M_{,}}\,,\,\lambda_{,}\right)}} =$$

$$\sqrt{\frac{1 - k\sin\,\mathrm{am}\,u}{1 + k\sin\,\mathrm{am}\,u}} \cdot \frac{\left(1 - \triangle\,\mathrm{am}\left(\dfrac{\mathrm{K}'}{n}\,,\,k'\right)\sin\,\mathrm{am}\,u\right)\left(1 - \triangle\,\mathrm{am}\left(\dfrac{3\,\mathrm{K}'}{n}\,,\,k'\right)\sin\,\mathrm{am}\,u\right)\cdots\left(1 - \triangle\,\mathrm{am}\left(\dfrac{(n-2)\,\mathrm{K}'}{n}\,,\,k'\right)\sin\,\mathrm{am}\,u\right)}{\left(1 + \triangle\,\mathrm{am}\left(\dfrac{\mathrm{K}'}{n}\,,\,k'\right)\sin\,\mathrm{am}\,u\right)\left(1 + \triangle\,\mathrm{am}\left(\dfrac{3\,\mathrm{K}'}{n}\,,\,k'\right)\sin\,\mathrm{am}\,u\right)\cdots\left(1 + \triangle\,\mathrm{am}\left(\dfrac{(n-2)\,\mathrm{K}'}{n}\,,\,k'\right)\sin\,\mathrm{am}\,u\right)}$$

$$\frac{\lambda_{,}}{k\,M_{,}}\sin\,\mathrm{am}\left(\frac{u}{M_{,}}\,,\,\lambda_{,}\right) = \sin\,\mathrm{am}\,u + \frac{2}{k}\sum\frac{\triangle\,\mathrm{am}\left(\dfrac{2\,(q-1)\,\mathrm{K}'}{n}\,,\,k'\right)\sin\,\mathrm{am}\,u}{\sin^2\,\mathrm{am}\left(\dfrac{2\,(q-1)\,\mathrm{K}'}{n}\,,\,k'\right) + \cos^2\,\mathrm{am}\left(\dfrac{2\,(q-1)\,\mathrm{K}'}{n}\,,\,k'\right)\sin^2\,\mathrm{am}\,u}$$

$$\frac{(-1)^{\frac{n-1}{2}}\lambda_{,}}{k\,M_{,}}\cos\,\mathrm{am}\left(\frac{u}{M_{,}}\,,\,\lambda_{,}\right) = \cos\,\mathrm{am}\,u - \frac{2\,(-1)^{\frac{n-1}{2}}}{k}\sum\frac{(-1)^q\sin\,\mathrm{am}\left(\dfrac{2\,(q-1)\,\mathrm{K}'}{n}\,,\,k'\right)\triangle\,\mathrm{am}\left(\dfrac{2\,(q-1)\,\mathrm{K}'}{n}\,,\,k'\right)\cos\,\mathrm{am}\,u}{\sin^2\,\mathrm{am}\left(\dfrac{2\,(q-1)\,\mathrm{K}'}{n}\,,\,k'\right) + \cos^2\,\mathrm{am}\left(\dfrac{2\,(q-1)\,\mathrm{K}'}{n}\,,\,k'\right)\sin^2\,\mathrm{am}\,u}$$

$$\frac{(-1)^{\frac{n-1}{2}}}{M_{,}}\triangle\,\mathrm{am}\left(\frac{u}{M_{,}}\,,\,\lambda_{,}\right) = \triangle\,\mathrm{am}\,u - 2\,(-1)^{\frac{n-1}{2}}\sum\frac{(-1)^q\sin\,\mathrm{am}\left(\dfrac{2\,(q-1)\,\mathrm{K}'}{n}\,,\,k'\right)\triangle\,\mathrm{am}\,u}{\sin^2\,\mathrm{am}\left(\dfrac{2\,(q-1)\,\mathrm{K}'}{n}\,,\,k'\right) + \cos^2\,\mathrm{am}\left(\dfrac{2\,(q-1)\,\mathrm{K}'}{n}\,,\,k'\right)\sin^2\,\mathrm{am}\,u}$$

$$\frac{\lambda'}{k'\,M_{,}}\,\mathrm{tg}\,\mathrm{am}\left(\frac{u}{M_{,}}\,,\,\lambda'\right) = \mathrm{tg}\,\mathrm{am}\,u + 2\sum\frac{(-1)^q\cos\,\mathrm{am}\left(\dfrac{2\,q\,\mathrm{K}'}{n}\,,\,k'\right)\triangle\,\mathrm{am}\left(\dfrac{2\,q\,\mathrm{K}'}{n}\,,\,k'\right)\sin\,\mathrm{am}\,u\,\cos\,\mathrm{am}\,u}{1 - \triangle^2\,\mathrm{am}\left(\dfrac{2\,q\,\mathrm{K}'}{n}\,,\,k'\right)\sin^2\,\mathrm{am}\,u}\,.$$

In formulis pro transformatione prima positum est $(-1)^{\frac{n-1}{2}}$ M loco M. Formulas pro transformatione secunda dupliciter exhibere placuit, et sub forma imaginaria et sub forma reali, in quibus praeterea loco $k \sin am \frac{2miK'}{n}$, $k \sin coam \frac{2miK'}{n}$, cet. ubique scriptum est $\frac{-1}{\sin am \frac{(n-2m)iK'}{n}}$, $\frac{1}{\sin coam \frac{(n-2m)iK}{n}}$ cet. Id quod, sicuti reductio in formam realem, ope formularum §[i] 19 facile transactum est. Ubi signum ambiguum $\pm$ positum est, alterum $+$ eligendum est, ubi $\frac{n-1}{2}$ est numerus par, alterum $-$, ubi $\frac{n-1}{2}$ est numerus impar; de signo $\mp$ contrarium valet. In summis praefixo Σ designatis, numero q valores $1, 2, 3, \ldots \frac{n-1}{2}$ tribuendi sunt.

E formulis pro transformatione prima propositis patet, quoties u fiat successive:

$$0, \frac{K}{n}, \frac{2K}{n}, \frac{3K}{n}, \frac{4K}{n}, \ldots,$$

fore $am\left(\frac{u}{M}, \lambda\right)$:

$$0, \frac{\pi}{2}, \pi, \frac{3\pi}{2}, 2\pi, \ldots,$$

unde obtinemus:

$$\frac{K}{nM} = \Lambda.$$

Contra vero videmus in transformatione secunda, quoties u fiat: $0, K, 2K, 3K, \ldots$ sive am u: $0, \frac{\pi}{2}, \pi, \frac{3\pi}{2}, \ldots$, fieri $am\left(\frac{u}{M_{,}}, \lambda_{,}\right)$ et ipsam $= 0, \frac{\pi}{2}, \pi, \frac{3\pi}{2}, \ldots$, unde hoc casu:

$$\frac{K}{M_{,}} = \Lambda_{,}$$

Ceterum e formulis pro Modulis λ, λ', $\lambda_{,}$, $\lambda'_{,}$ exhibitis elucet, crescente n, Modulos λ, $\lambda'_{,}$ rapide ad nihilum convergere, ideoque simul Modulos λ', $\lambda_{,}$ proxime accedere ad unitatem. Itaque transformationem Moduli primam dicere convenit *maioris in minorem*, secundam *minoris in maiorem*.

DE TRANSFORMATIONIBUS COMPLEMENTARIIS S. QUOMODO E TRANSFORMATIONE MODULI IN MODULUM ALIA DERIVATUR COMPLEMENTI IN COMPLEMENTUM.

25.

In formula supra inventa:

$$\operatorname{tg}\operatorname{am}\left(\frac{u}{M},\ \lambda\right)=\sqrt{\frac{k'^n}{\lambda'}}\operatorname{tg}\operatorname{am} u \operatorname{tg}\operatorname{am}(u+4\omega)\operatorname{tg}\operatorname{am}(u+8\omega)\ldots\operatorname{tg}\operatorname{am}(u+4(n-1)\omega)$$

ponamus $u=iu'$, $\omega=i\omega'$, ita ut sit $\omega=mK+m'iK'$, $\omega'=m'K'-miK$. Iam vero est (§. 19)

$$\operatorname{tg}\operatorname{am}(iu',\ k)=i\sin\operatorname{am}(u',\ k')$$
$$\operatorname{tg}\operatorname{am}(iu',\ \lambda)=i\sin\operatorname{am}(u',\ \lambda'),$$

unde formulam allegatam in sequentem abire videmus:

$$\sin\operatorname{am}\left(\frac{u'}{M},\ \lambda\right)=(-1)^{\frac{n-1}{2}}\sqrt{\frac{k'^n}{\lambda'}}\sin\operatorname{am} u'\sin\operatorname{am}(u'+4\omega')\sin\operatorname{am}(u'+8\omega')\ldots\sin\operatorname{am}(u'+4(n-1)\omega').\ \{\mathrm{Mod}\ k'\}.$$

Porro invenimus formulas:

$$\lambda'=\frac{k'^n}{\{\Delta\operatorname{am}2\omega\,\Delta\operatorname{am}4\omega\ldots\Delta\operatorname{am}(n-1)\omega\}^4}$$
$$M=(-1)^{\frac{n-1}{2}}\frac{\{\sin\operatorname{coam}2\omega\sin\operatorname{coam}4\omega\ldots\sin\operatorname{coam}(n-1)\omega\}^2}{\{\sin\operatorname{am}2\omega\sin\operatorname{am}4\omega\ldots\sin\operatorname{am}(n-1)\omega\}^2},$$

quae e formulis:

$$\Delta\operatorname{am}(iu,\ k)=\frac{1}{\sin\operatorname{coam}(u,\ k')}$$
$$\sin\operatorname{coam}(iu,\ k)=\frac{1}{\Delta\operatorname{am}(u,\ k')},$$

unde etiam sequitur:

$$\frac{\sin\operatorname{coam}(iu,\ k)}{\sin\operatorname{am}(iu,\ k)}=\frac{-i}{\operatorname{tg}\operatorname{am}(u,\ k')\,\Delta\operatorname{am}(u,\ k')}=\frac{-i\sin\operatorname{coam}(u,\ k')}{\sin\operatorname{am}(u,\ k')},$$

in sequentes abeunt:

$$\lambda'=k'^n\{\sin\operatorname{coam}2\omega'\sin\operatorname{coam}4\omega'\ldots\sin\operatorname{coam}(n-1)\omega'\}^4\quad\{\mathrm{Mod}\ k'\}$$
$$M=\frac{\{\sin\operatorname{coam}2\omega'\sin\operatorname{coam}4\omega'\ldots\sin\operatorname{coam}(n-1)\omega'\}^2}{\{\sin\operatorname{am}2\omega'\sin\operatorname{am}4\omega'\ldots\sin\operatorname{am}(n-1)\omega'\}^2}\quad\{\mathrm{Mod}\ k'\}.$$

His formulis comparatis cum illis, quae transformationi Moduli k in Modulum λ inserviunt:

$$\sin\operatorname{am}\left(\frac{u}{M}, \lambda\right) = \sqrt{\frac{k^n}{\lambda}} \sin\operatorname{am} u \sin\operatorname{am}(u+4\omega) \sin\operatorname{am}(u+8\omega) \ldots \sin\operatorname{am}(u+4(n-1)\omega)$$

$$\lambda = k^n\left\{\sin\operatorname{coam} 2\omega \sin\operatorname{coam} 4\omega \ldots \sin\operatorname{coam}(n-1)\omega\right\}^4$$

$$M = (-1)^{\frac{n-1}{2}}\left\{\frac{\sin\operatorname{coam} 2\omega \sin\operatorname{coam} 4\omega \ldots \sin\operatorname{coam}(n-1)\omega}{\sin\operatorname{am} 2\omega \sin\operatorname{am} 4\omega \ldots \sin\operatorname{am}(n-1)\omega}\right\}^2,$$

elucet Theorema, quod maximi momenti censeri debet in Theoria Transformationis:

„*Quaecunque de Transformatione Moduli* k *in Modulum* λ *proponi possint* „*formulae, easdam valere, mutato* k *in* k′, λ *in* λ′, ω *in* $\omega' = \frac{\omega}{i}$, M *in* „$(-1)^{\frac{n-1}{2}}$M."

Transformationem autem Complementi in Complementum, dicto modo e transformatione proposita derivatam, dicemus *Transformationem Complementariam.*

Facile patet, transformationum realium Moduli k transformationes reales Moduli k′ complementarias esse, ita tamen ut primae Moduli k secunda Moduli k′, secundae Moduli k prima Moduli k′ complementaria sit. Ubi enim in theoremate modo proposito ponitur $\omega = \frac{\pm K}{n}$, $\omega = \frac{\pm iK'}{n}$, quod transformationibus Moduli k primae et secundae respondet, fit $\omega' = \frac{\omega}{i} = \frac{\pm iK}{n}$, $\omega' = \frac{\omega}{i} = \frac{\pm K'}{n}$, quod transformationibus Moduli k′ respondet resp. secundae et primae. Nec non, cum crescente Modulo decrescat Complementum ac vice versâ, transformatio Moduli in Modulum ubi est maioris in minorem, transformatio Complementi in Complementum seu transformatio complementaria minoris in maiorem esse debet, ac vice versâ. Videmus igitur, mutato k in k′, abire λ in $\lambda'_{,}$, $\lambda_{,}$ in λ′. Nec non Multiplicator M, transformationi primae eiusque complementariae communis *), abibit

*) Hoc generaliter tantum neglecto signo valet; vidimus enim, quod in altera tr. erat M, in complementaria esse $(-1)^{\frac{n-1}{2}}$M; at nostris casibus eo, quod in transformatione prima loco M positum est $(-1)^{\frac{n-1}{2}}$M (v. supra), signi ambiguitas tollitur, ita ut transformationibus realibus complementariis omnino idem sit Multiplicator M.

in $M_{,}$, qui ad transformationem secundam eiusque complementariae pertinet, ac vice versâ $M_{,}$ in M. Hinc e formulis supra inventis:

$$\Lambda = \frac{K}{nM}, \quad \Lambda_{,} = \frac{K}{M_{,}}$$

sequuntur hae:

$$\Lambda'_{,} = \frac{K'}{nM_{,}}, \quad \Lambda' = \frac{K'}{M},$$

unde proveniunt formulae summi momenti in hac theoria:

$$\frac{\Lambda'}{\Lambda} = n\frac{K'}{K}; \quad \frac{\Lambda'_{,}}{\Lambda_{,}} = \frac{1}{n}\cdot\frac{K'}{K}.$$

Hae formulae genuinum transformationis propositae characterem constituunt, unde patet, bono iure singulas nos transformationes ad singulos numeros n retulisse. Adnotabo, quoties n sit numerus compositus $= n'n''$, e singulis radicibus realibus Aequationum Modularium, seu e singulis Modulis realibus, in quos datum Modulum k per substitutionem n^{ti} ordinis transformare liceat, provenire aequationes huiusmodi:

$$\frac{\Lambda'}{\Lambda} = \frac{n'}{n''}\cdot\frac{K'}{K}$$

quae singulis discerptionibus numeri n in duos factores respondent. E quarum igitur numero, quoties n est numerus quadratus, erit etiam haec:

$$\frac{\Lambda'}{\Lambda} = \frac{K'}{K}, \text{ unde } \lambda = k,$$

quae docet, casu quo n est quadratum, e numero substitutionum esse unam, quae multiplicationem suppeditet.

DE TRANSFORMATIONIBUS SUPPLEMENTARIIS AD MULTIPLICATIONEM.

26.

Revocemus formulas:

$$\frac{\Lambda'}{\Lambda} = n\frac{K'}{K}, \quad \frac{\Lambda'_{,}}{\Lambda_{,}} = \frac{1}{n}\frac{K'}{K},$$

quibus hunc in modum scriptis:

$$\frac{\Lambda'}{\Lambda} = n\frac{K'}{K}$$

$$\frac{K'}{K} = n\,.\,\frac{\Lambda'_{,}}{\Lambda_{,}},$$

elucet, *eodem modo pendere Modulum* λ *a Modulo* k *atque Modulum* k *a Modulo* $\lambda_{,}$, *sive eodem modo pendere Modulum* k *a Modulo* λ *atque Modulum* $\lambda_{,}$ *a Modulo* k. Itaque per transformationem primam s. maioris in minorem, qua k in λ, transformabitur $\lambda_{,}$ in k; per transformationem secundam seu minoris in maiorem, qua k in $\lambda_{,}$, transformabitur λ in k. Itaque *post transformationem primam adhibita secunda seu post secundam adhibita prima, Modulus* k *in se redit, seu transformationes prima et secunda successive adhibitae, utro ordine placet, Multiplicationem praebent.*

Vocemus M' Multiplicatorem, qui eodem modo a λ pendet atque $M_{,}$ a k; $M'_{,}$ Multiplicatorem qui eodem modo a $\lambda_{,}$ pendet atque M a k; ita ut obtineantur aequationes:

$$\frac{dy}{\sqrt{1-y^2}}\cdot\frac{1}{\sqrt{1-\lambda^2y^2}} = \frac{dx}{M\sqrt{1-x^2}\sqrt{1-k^2x^2}}$$

$$\frac{dz}{\sqrt{1-z^2}}\cdot\frac{1}{\sqrt{1-k^2z^2}} = \frac{dy}{M'\sqrt{1-y^2}\sqrt{1-\lambda^2z^2}},$$

quarum altera transformationi Moduli k in Modulum λ per transformationem primam, altera transformationi Moduli λ in Modulum k per transformationem secundam respondet. Ex his aequationibus provenit:

$$\frac{dz}{\sqrt{(1-z^2)(1-k^2z^2)}} = \frac{dx}{MM'\sqrt{(1-x^2)(1-k^2x^2)}}; \quad \text{unde } z = \sin\operatorname{am}\left(\frac{u}{MM'}\right).$$

At ex aequatione $\Lambda_{,} = \frac{K}{M_{,}}$ mutando k in λ, quo facto K in Λ, $\lambda_{,}$ in k, $\Lambda_{,}$ in K, $M_{,}$ in M' abit, obtinetur $K = \frac{\Lambda}{M'}$, qua aequatione comparata cum illa $\Lambda = \frac{K}{nM}$, provenit $\frac{1}{MM'} = n$, unde:

$$\frac{dz}{\sqrt{(1-z^2)(1-k^2z^2)}} = \frac{n\,dx}{\sqrt{(1-x^2)(1-k^2x^2)}}.$$

Eodem modo ex aequatione $\Lambda = \frac{K}{nM}$ mutando k in $\lambda_{,}$, quo facto K in $\Lambda_{,}$, λ in k, Λ in K, $M_{,}$ in $M'_{,}$ abit, provenit $K = \frac{\Lambda_{,}}{nM'_{,}}$, qua aequatione comparata cum hac $\Lambda_{,} = \frac{K}{M_{,}}$, provenit $\frac{1}{M_{,}M'_{,}} = n$; unde videmus, duobus illis casibus post binas transformationes successive adhibitas multiplicari Argumentum per numerum n.

Ubi post transformationem Moduli k in Modulum λ Modulus λ rursus in Modulum k transformatur, ita ut Multiplicatio proveniat, hanc transformationem illius *supplementariam ad multiplicationem* seu simpliciter *supplementariam* nuncupabimus.

Apponamus cum exempli causa tum in usum sequentium formulas pro transformatione *primae supplementaria*, s. Moduli λ in Modulum k, quae erit ipsius λ secunda, eas tamen sub altera tantum forma imaginaria, cum reductio ad realem in promtu sit. Quas confestim obtinemus formulas, ubi in iis, quae supra de transformatione Moduli k secunda propositae sunt, (v. tab. II. A. §. 24) loco k ponimus λ, k loco λ, $\frac{u}{M}$ loco u, $M' = \frac{1}{nM}$ loco $M_{,}$ unde $\frac{u}{MM'} = nu$ loco $\frac{u}{M}$. In his formulis, sed in his tantum, Modulus λ valebit, nisi diserte adiectus sit Modulus k; ceterum brevitatis causa positum $y = \sin am\left(\frac{u}{M}, \lambda\right)$; numero q, ut supra, tribuendi sunt valores: $1, 2, 3, \ldots, \frac{n-1}{2}$. —

FORMULAE PRO TRANSFORMATIONE MODULI λ IN MODULUM k, SEU PRIMAE SUPPLEMENTARIA.

27.

$$k = \lambda^n \left\{ \sin\operatorname{coam} \frac{2i\Lambda'}{n} \sin\operatorname{coam} \frac{4i\Lambda'}{n} \ldots \sin\operatorname{coam} \frac{(n-1)i\Lambda'}{n} \right\}^4$$

$$k' = \frac{\lambda'^n}{\left\{ \Delta\operatorname{am} \frac{2i\Lambda'}{n} \Delta\operatorname{am} \frac{4i\Lambda'}{n} \ldots \Delta\operatorname{am} \frac{(n-1)i\Lambda'}{n} \right\}^4}$$

$$\frac{1}{nM} = \left\{ \frac{\sin\operatorname{coam} \frac{2i\Lambda'}{n} \sin\operatorname{coam} \frac{4i\Lambda'}{n} \ldots \sin\operatorname{coam} \frac{(n-1)i\Lambda'}{n}}{\sin\operatorname{am} \frac{2i\Lambda'}{n} \sin\operatorname{am} \frac{4i\Lambda'}{n} \ldots \sin\operatorname{am} \frac{(n-1)i\Lambda'}{n}} \right\}^2$$

$$\sin\operatorname{am}(nu, k) = \frac{nMy\left(1 - \frac{yy}{\sin^2\operatorname{am}\frac{2i\Lambda'}{n}}\right)\left(1 - \frac{yy}{\sin^2\operatorname{am}\frac{4i\Lambda'}{n}}\right)\ldots\left(1 - \frac{yy}{\sin^2\operatorname{am}\frac{(n-1)i\Lambda'}{n}}\right)}{\left(1 - \frac{yy}{\sin^2\operatorname{am}\frac{i\Lambda'}{n}}\right)\left(1 - \frac{yy}{\sin^2\operatorname{am}\frac{3i\Lambda'}{n}}\right)\ldots\left(1 - \frac{yy}{\sin^2\operatorname{am}\frac{(n-2)i\Lambda'}{n}}\right)}$$

$$= \sqrt{\frac{\lambda^n}{k}} \sin\operatorname{am}\frac{u}{M} \sin\operatorname{am}\left(\frac{u}{M} + \frac{4i\Lambda'}{n}\right) \sin\operatorname{am}\left(\frac{u}{M} + \frac{8i\Lambda'}{n}\right) \ldots \sin\operatorname{am}\left(\frac{u}{M} + \frac{4(n-1)i\Lambda'}{n}\right)$$

$$\cos\operatorname{am}(nu, k) = \frac{\sqrt{1-yy}\left(1 - \frac{yy}{\sin^2\operatorname{coam}\frac{2i\Lambda'}{n}}\right)\left(1 - \frac{yy}{\sin^2\operatorname{coam}\frac{4i\Lambda'}{n}}\right)\ldots\left(1 - \frac{yy}{\sin^2\operatorname{coam}\frac{(n-1)i\Lambda'}{n}}\right)}{\left(1 - \frac{yy}{\sin^2\operatorname{am}\frac{i\Lambda'}{n}}\right)\left(1 - \frac{yy}{\sin^2\operatorname{am}\frac{3i\Lambda'}{n}}\right)\ldots\left(1 - \frac{yy}{\sin^2\operatorname{am}\frac{(n-2)i\Lambda'}{n}}\right)}$$

$$= \sqrt{\frac{k'\lambda^n}{k\lambda'^n}} \cos\operatorname{am}\frac{u}{M} \cos\operatorname{am}\left(\frac{u}{M} + \frac{4i\Lambda'}{n}\right) \cos\operatorname{am}\left(\frac{u}{M} + \frac{8i\Lambda'}{n}\right) \ldots \cos\operatorname{am}\left(\frac{u}{M} + \frac{4(n-1)i\Lambda'}{n}\right)$$

$$\Delta\operatorname{am}(nu, k) = \frac{\sqrt{1-\lambda^2 yy}\left(1 - \frac{yy}{\sin^2\operatorname{coam}\frac{i\Lambda'}{n}}\right)\left(1 - \frac{yy}{\sin^2\operatorname{coam}\frac{3i\Lambda'}{n}}\right)\ldots\left(1 - \frac{yy}{\sin^2\operatorname{coam}\frac{(n-2)i\Lambda'}{n}}\right)}{\left(1 - \frac{yy}{\sin^2\operatorname{am}\frac{i\Lambda'}{n}}\right)\left(1 - \frac{yy}{\sin^2\operatorname{am}\frac{3i\Lambda'}{n}}\right)\ldots\left(1 - \frac{yy}{\sin^2\operatorname{am}\frac{(n-2)i\Lambda'}{n}}\right)}$$

$$= \sqrt{\frac{k'}{\lambda'^n}} \Delta\operatorname{am}\frac{u}{M} \Delta\operatorname{am}\left(\frac{u}{M} + \frac{4i\Lambda'}{n}\right) \Delta\operatorname{am}\left(\frac{u}{M} + \frac{8i\Lambda'}{n}\right) \ldots \Delta\operatorname{am}\left(\frac{u}{M} + \frac{4(n-1)i\Lambda'}{n}\right)$$

$$\sqrt{\frac{1-\sin\operatorname{am}(nu,k)}{1+\sin\operatorname{am}(nu,k)}} = \sqrt{\frac{1-y}{1+y}} \cdot \frac{\left(1-\frac{y}{\sin\operatorname{coam}\frac{2i\Lambda'}{n}}\right)\left(1-\frac{y}{\sin\operatorname{coam}\frac{4i\Lambda'}{n}}\right)\cdots\left(1-\frac{y}{\sin\operatorname{coam}\frac{(n-1)i\Lambda'}{n}}\right)}{\left(1+\frac{y}{\sin\operatorname{coam}\frac{2i\Lambda'}{n}}\right)\left(1+\frac{y}{\sin\operatorname{coam}\frac{4i\Lambda'}{n}}\right)\cdots\left(1+\frac{y}{\sin\operatorname{coam}\frac{(n-1)i\Lambda'}{n}}\right)}$$

$$\sqrt{\frac{1-k\sin\operatorname{am}(nu,k)}{1+k\sin\operatorname{am}(nu,k)}} = \sqrt{\frac{1-\lambda y}{1+\lambda y}} \cdot \frac{\left(1-\frac{y}{\sin\operatorname{coam}\frac{i\Lambda'}{n}}\right)\left(1-\frac{y}{\sin\operatorname{coam}\frac{3i\Lambda'}{n}}\right)\cdots\left(1-\frac{y}{\sin\operatorname{coam}\frac{(n-2)i\Lambda'}{n}}\right)}{\left(1+\frac{y}{\sin\operatorname{coam}\frac{i\Lambda'}{n}}\right)\left(1+\frac{y}{\sin\operatorname{coam}\frac{3i\Lambda'}{n}}\right)\cdots\left(1+\frac{y}{\sin\operatorname{coam}\frac{(n-2)i\Lambda'}{n}}\right)}$$

$$\sin\operatorname{am}(nu,k) = \frac{\lambda y}{knM} - \frac{2y}{knM}\sum \frac{\cos\operatorname{am}\frac{(2q-1)i\Lambda'}{n}\,\Delta\operatorname{am}\frac{(2q-1)i\Lambda'}{n}}{\sin^2\operatorname{am}\frac{(2q-1)i\Lambda'}{n} - yy}$$

$$\cos\operatorname{am}(nu,k) = \frac{(-1)^{\frac{n-1}{2}}\lambda\sqrt{1-yy}}{knM} + \frac{2\sqrt{1-yy}}{iknM}\sum \frac{(-1)^q \sin\operatorname{am}\frac{(2q-1)i\Lambda'}{n}\,\Delta\operatorname{am}\frac{(2q-1)i\Lambda'}{n}}{\sin^2\operatorname{am}\frac{(2q-1)i\Lambda'}{n} - yy}$$

$$\Delta\operatorname{am}(nu,k) = \frac{(-1)^{\frac{n-1}{2}}}{nM}\sqrt{1-\lambda^2 yy} + \frac{2\sqrt{1-\lambda^2 yy}}{inM}\sum \frac{(-1)^q \sin\operatorname{am}\frac{(2q-1)i\Lambda'}{n}\cos\operatorname{am}\frac{(2q-1)i\Lambda'}{n}}{\sin^2\operatorname{am}\frac{(2q-1)i\Lambda'}{n} - yy}$$

$$\operatorname{tg}\operatorname{am}(nu,k) = \frac{\lambda'}{k'nM}\cdot\frac{y}{\sqrt{1-yy}} + \frac{2y\sqrt{1-yy}}{k'nM}\sum \frac{(-1)^q\,\Delta\operatorname{am}\frac{2qi\Lambda'}{n}}{\cos^2\operatorname{am}\frac{2qi\Lambda'}{n} - \Delta^2\operatorname{am}\frac{2qi\Lambda'}{n}\sin^2\operatorname{am}u}.$$

Theorema analyticum generale, transformationem illam primae supplementariam concernens, iam initio mensis Augusti a. 1827 cum Cl. Legendre communicavi, cuius etiam ille in Nota supra citata (Nova Astr. a. 1827. no. 130) mentionem iniicere voluit. Simile formularum systema pro transformatione altera secundae supplementaria s. transformatione Moduli λ in Modulum k stabiliri potuisset. Quae omnia ut dilucidiora fiant, adiecta tabula formulas fundamentales pro transformationibus prima et secunda earum complementariis et supplementariis conspectui exponere placuit.

Nec non e numero transformationum imaginariarum una quaeque suam habet supplementariam ad Multiplicationem. Supponamus, quod licet, numeros m, m′ §. 20 factorem communem non habere: sit porro $m\mu' - \mu m' = 1$, designantibus μ, μ' numeros integros positivos s. negativos. Iam si in formulis nostris generalibus de transformatione propositis §. 20 sqq. ponitur $\omega = \frac{\mu K + \mu' i K'}{nM}$, ac k et λ inter se commutantur, formulas obtines, quae ad supplementariam transformationis pertinent. Posito $m = 1$, $m' = 0$, fit $\mu = 0$, $\mu' = 1$, unde $\frac{\mu K + \mu' i K'}{nM} = \frac{iK'}{nM} = \frac{i\Lambda'}{n}$, quod primae supplementariam praebet, uti vidimus.

FORMULAE ANALYTICAE GENERALES PRO MULTIPLICATIONE FUNCTIONUM ELLIPTICARUM.

28.

E binis Transformationibus Supplementariis componere licet ipsas pro Multiplicatione formulas, s. formulas, quibus functiones ellipticae Argumenti nu per functiones ellipticas Argumenti u exprimuntur. Quod ut exemplo demonstretur, Multiplicationem e transformatione prima eiusque supplementaria componamus. Quem in finem revocetur formula:

$$\sin am\left(\frac{u}{M}, \lambda\right) = (-1)^{\frac{n-1}{2}} \sqrt{\frac{k^n}{\lambda}} \sin am\, u \sin am\left(u + \frac{4K}{n}\right) \sin am\left(u + \frac{8K}{n}\right) \ldots \sin am\left(u + \frac{4(n-1)K}{n}\right),$$

quam etiam hunc in modum repraesentare licet:

$$(-1)^{\frac{n-1}{2}} \sin am\left(\frac{u}{M}, \lambda\right) = \sqrt{\frac{k^n}{\lambda}} \prod \sin am\left(u + \frac{2mK}{n}\right),$$

designante m numeros $0, \pm 1, \pm 2, \ldots, \pm \frac{n-1}{2}$. In hac formula loco u ponamus $u + \frac{2m'iK'}{n}$, unde $\frac{u}{M}$ abit in $\frac{u}{M} + \frac{2m'iK'}{nM} = \frac{u}{M} + \frac{2m'i\Lambda'}{n}$: prodit

$$(-1)^{\frac{n-1}{2}} \sin am\left(\frac{u}{M} + \frac{2m'i\Lambda'}{n}, \lambda\right) = \sqrt{\frac{k^n}{\lambda}} \prod \sin am\left(u + \frac{2mK + 2m'iK'}{n}\right).$$

Iam ubi et ipsi m' tribuantur valores $0,\ \pm 1,\ \pm 2,\ \ldots,\ \pm\frac{n-1}{n}$, ita ut utrisque m, m' isti conveniant valores, facto producto obtinemus:

$$(-1)^{\frac{n-1}{2}} \prod \sin \operatorname{am}\left(\frac{u}{M}+\frac{2m'i\Lambda'}{n},\ \lambda\right)=\sqrt{\frac{k^{nn}}{\lambda^{n}}}\prod \sin \operatorname{am}\left(u+\frac{2mK+2m'iK'}{n}\right);$$

ubi in altero producto numero m', in altero utrique m, m' valores $0,\ \pm 1,\ \pm 2,\ \ldots,\ \pm\frac{n-1}{2}$ tribuendi sunt.

At vidimus §° praecedente, esse:

$$\sin \operatorname{am}(nu,\ k)=\sqrt{\frac{\lambda^{n}}{k}}\sin \operatorname{am}\left(\frac{u}{M}\right)\sin \operatorname{am}\left(\frac{u}{M}+\frac{4i\Lambda'}{n}\right)\sin \operatorname{am}\left(\frac{u}{M}+\frac{8i\Lambda'}{n}\right)\ldots \sin \operatorname{am}\left(\frac{u}{M}+\frac{4(n-1)i\Lambda'}{n}\right)\left\{\text{Mod } \lambda\right\},$$

quam ita quoque repraesentare licet formulam:

$$\sin \operatorname{am}(nu,\ k)=\sqrt{\frac{\lambda^{n}}{k}}\prod \sin \operatorname{am}\left(\frac{u}{M}+\frac{2m'i\Lambda'}{n},\ \lambda\right),$$

unde iam:

$$1)\quad \sin \operatorname{am} nu=(-1)^{\frac{n-1}{2}}\sqrt{k^{nn-1}}\prod \sin \operatorname{am}\left(u+\frac{2mK+2m'iK'}{n}\right).$$

Eodem modo invenitur:

$$2)\quad \cos \operatorname{am} nu=\sqrt{\left(\frac{k}{k'}\right)^{nn-1}}\prod \cos \operatorname{am}\left(u+\frac{2mK+2m'iK'}{n}\right)$$

$$3)\quad \Delta \operatorname{am} nu=\sqrt{\left(\frac{1}{k'}\right)^{nn-1}}\prod \Delta \operatorname{am}\left(u+\frac{2mK+2m'iK'}{n}\right).$$

Quae facile etiam in hanc formam rediguntur formulae:

$$4)\quad \sin \operatorname{am} nu=n \sin \operatorname{am} u\prod \frac{\left(1-\dfrac{\sin^2 \operatorname{am} u}{\sin^2 \operatorname{am}\frac{2mK+2m'iK'}{n}}\right)}{\left(1-k^2 \sin^2 \operatorname{am}\frac{2mK+2m'iK'}{n}\sin^2 \operatorname{am} u\right)}$$

$$5)\quad \cos \operatorname{am} nu=\cos \operatorname{am} u\prod \frac{1-\dfrac{\sin^2 \operatorname{am} u}{\sin^2 \operatorname{coam}\frac{2mK+2m'iK'}{n}}}{1-k^2 \sin^2 \operatorname{am}\frac{2mK+2m'iK'}{n}\sin^2 \operatorname{am} u}$$

$$6)\quad \Delta\,\mathrm{am}\,nu = \Delta\,\mathrm{am}\,u \prod \frac{1 - k^2 \sin^2 \mathrm{coam}\,\frac{2mK + 2m'iK'}{n}\,\sin^2 \mathrm{am}\,u}{1 - k^2 \sin^2 \mathrm{am}\,\frac{2mK + 2m'iK'}{n}\,\sin^2 \mathrm{am}\,u}$$

Quibus addere placet sequentes:

$$7)\quad \prod \sin^2 \mathrm{am}\,\frac{2mK + 2m'iK'}{n} = \frac{(-1)^{\frac{n-1}{2}}\,n}{k^{\frac{nn-1}{2}}}$$

$$8)\quad \prod \cos^2 \mathrm{am}\,\frac{2mK + 2m'iK'}{n} = \left(\frac{k'}{k}\right)^{\frac{nn-1}{2}}$$

$$9)\quad \prod \Delta^2 \mathrm{am}\,\frac{2mK + 2m'iK'}{n} = k'^{\frac{nn-1}{2}}.$$

In sex formulis postremis numero m valores tantum positivi $0, 1, 2, 3, \ldots, \frac{n-1}{2}$ conveniunt, ita tamen ut quoties $m = 0$ et ipsi m' valores tantum positivi $1, 2, 3, \ldots, \frac{n-1}{2}$ tribuantur. Et has et alias pro Multiplicatione formulas iam prius Cl. *Abel* mutatis mutandis proposuit, unde nobis breviores esse licuit.

DE AEQUATIONUM MODULARIUM AFFECTIBUS.

29.

Quia eodem modo λ a k atque k a $\lambda_,$ nec non $\lambda_,'$ a k', k' a λ' pendet; patet, ubi secundum eandem legem Modulorum scalas condas, qui in se invicem transformari possunt, alteram Modulum k, alteram Complementum eius k' continentem, in iis terminos fore eodem ordine se excipientes:

$$\ldots, \lambda, k, \lambda_,, \ldots$$
$$\ldots, \lambda', k', \lambda_,', \ldots$$

Id quod in transformationibus secundi et tertii ordinis iam prius a Cl. Legendre observatum et facto calculo confirmatum est. Similia cum de omnibus Modulis transformatis et imaginariis valeant, patet, designante λ Modulum transformatum quemlibet, aequationes algebraicas inter k et λ, seu inter $u = \sqrt[4]{k}$ et $v = \sqrt[4]{\lambda}$, quas *Aequationes Modulares* nuncupavimus, immutatas manere,

1) ubi k et λ inter se commutentur,

2) ubi k' loco k, λ' loco λ ponatur.

Alterum iam supra in aequationibus Modularibus, quae ad transformationes tertii et quinti ordinis pertinent:

$$1)\quad u^4 - v^4 + 2uv(1 - u^2v^2) = 0$$

$$2)\quad u^6 - v^6 + 5u^2v^2(u^2 - v^2) + 4uv(1 - u^4v^4) = 0$$

observavimus; eiusque observationis ope expressiones algebraicas pro transformationibus supplementariis exhibuimus. Ut alterum quoque his exemplis probetur, aequationes illas in alias transformemus inter $kk = u^8$ et $\lambda\lambda = v^8$, quod non sine calculo prolixo fit. Quo subducto obtinentur aequationes:

$$1)\quad (k^2 - \lambda^2)^4 = 128\,k^2\lambda^2(1 - k^2)(1 - \lambda^2)(2 - k^2 - \lambda^2 + 2k^2\lambda^2)$$

$$2)\quad (k^2 - \lambda^2)^6 = 512\,k^2\lambda^2(1 - k^2)(1 - \lambda^2)\left\{L - L'k^2 + L''k^4 - L'''k^6\right\},$$

siquidem in secunda ponitur:

$$\begin{aligned} L &= 128 - 192\lambda^2 + 78\lambda^4 - 7\lambda^6 \\ L' &= 192 + 252\lambda^2 - 423\lambda^4 - 78\lambda^6 \\ L'' &= 78 + 423\lambda^2 - 252\lambda^4 - 192\lambda^6 \\ L''' &= 7 - 78\lambda^2 - 192\lambda^4 - 128\lambda^6. \end{aligned}$$

Quae in formam multo commodiorem abeunt aequationes, introductis quantitatibus $q = 1 - 2k^2$, $l = 1 - 2\lambda^2$. Quo facto aequationes propositae evadunt:

$$1)\quad (q - l)^4 = 64(1 - qq)(1 - ll)\left\{3 + ql\right\}$$

$$\begin{aligned} 2)\quad (q - l)^6 &= 256(1 - qq)(1 - ll)\left\{16ql(9 - ql)^2 + 9(45 - ql)(q - l)^2\right\} \\ &= 256(1 - qq)(1 - ll)\left\{405(qq + ll) + 486ql - 9ql(qq + ll) - 270qqll + 16q^3l^3\right\}. \end{aligned}$$

Quae aequationes, ubi k' loco k, λ' loco λ ponitur, unde q in −q, l in −l abit, immutatae manent; id quod demonstrandum erat.

Corollarium. Quia Aequationes Modulares inter $q = 1 - 2k^2$ et $l = 1 - 2\lambda^2$ propositas formam satis commodam induere vidimus, interesse potest, et ipsas functiones K, K' secundum quantitatem q evolvere. Quod non ineleganter fit per series:

$$K = J\left(1 + \frac{q^2}{2.4} + \frac{5.5.q^4}{2.4.6.8} + \frac{5.5.9.9.q}{2.4.6.8.10.12} + \ldots\right)$$

$$- \frac{\pi}{2J}\left(\frac{q}{2} + \frac{3.3.q^3}{2.4.6} + \frac{3.3.7.7.q^5}{2.4.6.8.10} + \frac{3.3.7.7.11.11.q^7}{2.4.6.8.10.12.14} + \ldots\right)$$

$$K' = J\left(1 + \frac{q^2}{2.4} + \frac{5.5.q^4}{2.4.6.8} + \frac{5.5.9.9.q^6}{2.4.6.8.10.12} + \ldots\right)$$

$$+ \frac{\pi}{2J}\left(\frac{q}{2} + \frac{3.3.q^3}{2.4.6} + \frac{3.3.7.7.q^5}{2.4.6.8.10} + \frac{3.3.7.7.11.11.q^7}{2.4.6.8.10.12.14} + \ldots\right)$$

ubi brevitatis causa positum est

$$\int_0^{\frac{\pi}{2}} \frac{d\varphi}{\sqrt{1 - \frac{1}{2}\sin\varphi^2}} = J.$$

30.

Faciliori negotio pro transformatione tertii ordinis aequationem:

$$u^4 - v^4 + 2uv(1 - u^2v^2) = 0$$

ita transformare licet, ut correlatio illa inter Modulos et Complementa eluceat. Obtinemus enim ex illa:

$$(1 - u^4)(1 + v^4) = 1 - u^4v^4 + 2uv(1 - u^2v^2) = (1 - u^2v^2)(1 + uv)^2$$
$$(1 + u^4)(1 - v^4) = 1 - u^4v^4 - 2uv(1 - u^2v^2) = (1 - u^2v^2)(1 - uv)^2,$$

quibus in se ductis aequationibus prodit:

$$(1 - u^8)(1 - v^8) = (1 - u^2v^2)^4.$$

Iam sit:

$$1 - u^8 = k'k' = u'^8$$
$$1 - v^8 = \lambda'\lambda' = v'^8$$

extractis radicibus fit:

$$u'^2 v'^2 = 1 - u^2v^2,$$

sive

$$u^2v^2 + u'^2v'^2 = \sqrt{k\lambda} + \sqrt{k'\lambda'} = 1,$$

quam ipsam elegantissimam formulam iam Cl. Legendre exhibuit. Neque ineleganter illa per formulas nostras analyticas probatur. Quippe e quibus casu $n = 3$ fluit:

$$\lambda = k^3 \sin^4 \operatorname{coam} 4\omega; \quad \lambda' = \frac{k'^3}{\Delta^4 \operatorname{am} 4\omega},$$

unde:

$$\sqrt{k\lambda} = k^2 \sin^2 \operatorname{coam} 4\omega = \frac{k^2 \cos^2 \operatorname{am} 4\omega}{\Delta^2 \operatorname{am} 4\omega}$$

$$\sqrt{k'\lambda'} = \frac{k'}{\Delta^2 \operatorname{am} 4\omega},$$

unde cum sit:

$$k'k' + kk \cos^2 \operatorname{am} 4\omega = 1 - kk \sin^2 \operatorname{am} 4\omega = \Delta^2 \operatorname{am} 4\omega,$$

obtinemus, quod demonstrandum erat:

$$\sqrt{k\lambda} + \sqrt{k'\lambda'} = 1.$$

Ut exemplo secundo simpliciorem inter u, v, u', v' eruam aequationem, ita ago. Aequationem propositam:

$$u^6 - v^6 + 5u^2v^2(u^2 - v^2) + 4uv(1 - u^4v^4) = 0$$

exhibeo, ut sequitur:

$$(u^2 - v^2)(u^4 + 6u^2v^2 + v^4) + 4uv(1 - u^4v^4) = 0,$$

quam facile patet induere posse formas duas sequentes:

$$(u^2 - v^2)(u + v)^4 = -4uv(1 - u^4)(1 + v^4)$$
$$(u^2 - v^2)(u - v)^4 = -4uv(1 + u^4)(1 - v^4),$$

quibus in se ductis aequationibus prodit:

$$(u^2 - v^2)^6 = 16u^2v^2(1 - u^8)(1 - v^8) = 16u^2v^2u'^8v'^8.$$

Quia simul, ut supra probatum est, u^8 in u'^8, v^8 in v'^8 abit, obtinemus etiam:

$$(v'^2 - u'^2)^6 = 16u'^2v'^2(1 - u'^8)(1 - v'^8) = 16u'^2v'^2u^8v^8.$$

Hinc facta divisione et extractis radicibus, eruitur:

$$\frac{u^2 - v^2}{v'^2 - u'^2} = \frac{u'v'}{uv}, \quad \text{sive } uv(u^2 - v^2) = u'v'(v'^2 - u'^2),$$

sive

$$\sqrt[4]{k\lambda}(\sqrt{k} - \sqrt{\lambda}) = \sqrt[4]{k'\lambda'}(\sqrt{\lambda'} - \sqrt{k'}).$$

31.

Alia adhuc aequationum Modularium

$$u^4 - v^4 + 2uv(1 - u^2v^2) = 0$$

$$u^6 - v^6 + 5u^2v^2(u^2 - v^2) + 4uv(1 - u^4v^4) = 0$$

insignis proprietas vel ipso intuitu invenitur, viz. immutatas eas manere, siquidem loco u, v ponatur $\frac{1}{u}$, $\frac{1}{v}$. Quod ut generaliter de aequationibus Modularibus demonstretur, adnotentur sequentia, quae ad alias etiam quaestiones usui esse possunt.

Ubi ponitur $y = kx$, obtinetur:

$$\frac{dy}{\sqrt{(1-y^2)\left(1-\frac{y^2}{k^2}\right)}} = \frac{k\,dx}{\sqrt{(1-x^2)(1-k^2x^2)}},$$

unde cum simul $x = 0$, $y = 0$:

$$\int_0^y \frac{dy}{\sqrt{(1-y^2)\left(1-\frac{y^2}{k^2}\right)}} = k\int_0^x \frac{dx}{\sqrt{(1-x^2)(1-k^2x^2)}}$$

Hinc posito

$$\int_0^x \frac{dx}{\sqrt{(1-x^2)(1-k^2x^2)}} = u, \quad \text{fit:}$$

$$\int_0^y \frac{dy}{\sqrt{(1-y^2)\left(1-\frac{y^2}{k^2}\right)}} = ku,$$

unde $x = \sin\operatorname{am}(u, k)$, $y = \sin\operatorname{am}\left(ku, \frac{1}{k}\right)$. Hinc provenit aequatio:

$$\sin\operatorname{am}\left(ku, \frac{1}{k}\right) = k\sin\operatorname{am}(u, k), \quad \text{unde etiam}$$

$$\cos\operatorname{am}\left(ku, \frac{1}{k}\right) = \Delta\operatorname{am}(u, k)$$

$$\Delta\operatorname{am}\left(ku, \frac{1}{k}\right) = \cos\operatorname{am}(u, k)$$

$$\operatorname{tg}\operatorname{am}\left(ku, \frac{1}{k}\right) = \frac{k}{k'}\cos\operatorname{coam}(u, k)$$

$$\sin\operatorname{coam}\left(k u, \frac{1}{k}\right) = \frac{1}{\sin\operatorname{coam}(u, k)}$$

$$\cos\operatorname{coam}\left(k u, \frac{1}{k}\right) = i k' \operatorname{tg}\operatorname{am}(u, k)$$

$$\Delta\operatorname{coam}\left(k u, \frac{1}{k}\right) = \frac{i k'}{k \cos\operatorname{am}(u, k)}$$

$$\operatorname{tg}\operatorname{coam}\left(k u, \frac{1}{k}\right) = \frac{-i}{\cos\operatorname{coam}(u, k)}$$

Porro ponendo i u loco **u**, quia Complementum Moduli $\frac{1}{k}$ fit $\frac{i k'}{k}$, obtinemus adiumento formularum $§^{i}$ 19:

$$\sin\operatorname{am}\left(k u, \frac{i k'}{k}\right) = \cos\operatorname{coam}(u, k')$$

$$\cos\operatorname{am}\left(k u, \frac{i k'}{k}\right) = \sin\operatorname{coam}(u, k')$$

$$\Delta\operatorname{am}\left(k u, \frac{i k'}{k}\right) = \frac{1}{\Delta\operatorname{am}(u, k)}$$

$$\operatorname{tg}\operatorname{am}\left(k u, \frac{i k'}{k}\right) = \operatorname{cotg}\operatorname{coam}(u, k')$$

$$\sin\operatorname{coam}\left(k u, \frac{i k'}{k}\right) = \cos\operatorname{am}(u, k')$$

$$\cos\operatorname{coam}\left(k u, \frac{i k'}{k}\right) = \sin\operatorname{am}(u, k')$$

$$\Delta\operatorname{coam}\left(k u, \frac{i k'}{k}\right) = \frac{\Delta\operatorname{am}(u, k')}{k}$$

$$\operatorname{tg}\operatorname{coam}\left(k u, \frac{i k'}{k}\right) = \operatorname{cotg}\operatorname{am}(u, k').$$

Iam investigemus, quaenam evadant K, K' seu arg. am $\left(\frac{\pi}{2}, k\right)$, arg. am $\left(\frac{\pi}{2}, k'\right)$, siquidem loco k ponitur $\frac{1}{k}$; seu investigemus valorem expressionum arg. am $\left(\frac{\pi}{2}, \frac{1}{k}\right)$, arg. am $\left(\frac{\pi}{2}, \frac{i k'}{k}\right)$, quae expressiones e notatione a Cl. Legendre adhibita forent $F^{I}\left(\frac{1}{k}\right)$, $F^{I}\left(\frac{i k'}{k}\right)$. Fit autem primum:

$$\arg\operatorname{am}\left(\frac{\pi}{2}, \frac{1}{k}\right) = \int_0^1 \frac{dy}{\sqrt{(1-y^2)\left(1-\frac{y^2}{k^2}\right)}} = \int_0^k \frac{dy}{\sqrt{(1-y^2)\left(1-\frac{y^2}{k^2}\right)}} + \int_k^1 \frac{dy}{\sqrt{(1-y^2)\left(1-\frac{y^2}{k^2}\right)}}.$$

Posito $y = kx$, fit

$$\int_0^k \frac{dy}{\sqrt{(1-y^2)\left(1-\frac{y^2}{k^2}\right)}} = k\int_0^1 \frac{dx}{\sqrt{(1-x^2)(1-k^2x^2)}} = kK.$$

Ut alterum eruatur integrale $\int_k^1 \frac{dy}{\sqrt{(1-y^2)\left(1-\frac{y^2}{k^2}\right)}}$, ponamus $y = \sqrt{1-k'k'x^2}$, unde

$\frac{dy}{\sqrt{(1-y^2)\left(\frac{y^2}{k^2}-1\right)}} = \frac{-k\,dx}{\sqrt{(1-x^2)(1-k'k'x^2)}}$. Iam quia x inde a 0 usque ad 1 crescit, simul atque y inde a 1 usque k decrescit, obtinemus:

$$\int_k^1 \frac{dy}{\sqrt{(1-y^2)\left(1-\frac{y^2}{k^2}\right)}} = -i\int_k^1 \frac{dy}{\sqrt{(1-y^2)\left(\frac{y^2}{k^2}-1\right)}} = i\int_0^1 \frac{k\,dx}{\sqrt{(1-x^2)(1-k'k'x^2)}} = ikK'.$$

Hinc prodit $\arg.\operatorname{am}\left(\frac{\pi}{2}, \frac{1}{k}\right) = k\left\{\arg.\operatorname{am}\left(\frac{\pi}{2}, k\right) + i\arg.\operatorname{am}\left(\frac{\pi}{2}, k'\right)\right\} = k\{K+iK'\}$, sive ubi k in $\frac{1}{k}$ mutatur, abit K in $k\{K+iK'\}$.

Posito secundo loco $y = \cos\varphi$, fit:

$$\int_0^1 \frac{dy}{\sqrt{(1-y^2)\left(1+\frac{k'k'}{kk}y^2\right)}} = k\int_0^{\frac{\pi}{2}} \frac{d\varphi}{\sqrt{1-k'k'\sin\varphi^2}} = kK', \text{ unde:}$$

$$\arg.\operatorname{am}\left(\frac{\pi}{2}, \frac{ik'}{k}\right) = k\arg.\operatorname{am}\left(\frac{\pi}{2}, k'\right) = kK',$$

seu ubi k in $\frac{1}{k}$ mutatur, abit K' in kK'.

Generaliter igitur mutato k in $\frac{1}{k}$ abit $mK + im'K'$ in $k\{mK+(m+m')iK'\}$, unde $\sin\operatorname{coam}\left\{\frac{p(mK+m'iK')}{n}, k\right\}$ in $\sin\operatorname{coam}\left\{\frac{kp(mK+(m+m')iK')}{n}, \frac{1}{k}\right\}$, id quod e formula $\sin\operatorname{coam}\left(ku, \frac{1}{k}\right) = \frac{1}{\sin\operatorname{coam}(u, k)}$ fit:

$$\sin\operatorname{coam}\left\{\frac{kp(mK+(m+m')iK')}{n}, \frac{1}{k}\right\} = \frac{1}{\sin\operatorname{coam}\left\{\frac{p(mK+(m+m')iK')}{n}, k\right\}}$$

Iam igitur, posito $\frac{mK+m'iK'}{n} = \omega$, $\frac{mK+(m+m')iK'}{n} = \omega_{,}$, expressio

$$\lambda = k^n \left\{ \sin\text{coam}\, 2\,\omega \sin\text{coam}\, 4\,\omega \sin\text{coam}\, 6\,\omega \ldots \sin\text{coam}\,(n-1)\,\omega \right\}^4,$$

mutato k in $\frac{1}{k}$ in hanc abit:

$$\frac{1}{k^n \left\{ \sin\text{coam}\, 2\,\omega_{,} \sin\text{coam}\, 4\,\omega_{,} \sin\text{coam}\, 6\,\omega_{,} \ldots \sin\text{coam}\,(n-1)\,\omega \right\}^4} = \frac{1}{\mu},$$

ubi μ et ipsa est radix aequationis Modularis, seu e Modulorum numero, in quos per transformationem n^{ti} ordinis Modulum propositum k transformare licet. Namque e valoribus, quos ω induere potest, ut prodeat Modulus transformatus, erit etiam ille $\omega_{,}$. Unde iam causa patet, cur generaliter Aequationes Modulares mutato k in $\frac{1}{k}$, λ in $\frac{1}{\lambda}$ immutatae manere debeant.

Adnotabo adhuc, ubi secundum eandem transformationis legem quampiam simul transformatur k in $k^{(m)}$, λ in $\lambda^{(m)}$, quoties $k^{(m)}$ loco k ponatur, etiam λ in $\lambda^{(m)}$ abire; unde aequationes Modulares ubi simul k in $k^{(m)}$, λ in $\lambda^{(m)}$ mutatur, immutatae manere debent. Ita ex. g. aequatio $\sqrt{k\lambda} + \sqrt{k'\lambda'} = 1$, quae est pro transformatione tertii ordinis immutata manere debet, ubi loco k, λ resp. ponitur $\frac{1-k'}{1+k'}$, $\frac{1-\lambda'}{1+\lambda'}$, unde loco k', λ' ponetur $\frac{2\sqrt{k'}}{1+k'}$, $\frac{2\sqrt{\lambda'}}{1+\lambda'}$, id quod per transformationem secundi ordinis fieri notum est. Quippe aequatio $\sqrt{k\lambda} + \sqrt{k'\lambda'} = 1$ in hanc abit:

$$\sqrt{\frac{(1-k')(1-\lambda')}{(1+k')(1+\lambda')}} + \frac{2\sqrt[4]{k'\lambda'}}{\sqrt{(1+k')(1+\lambda')}} = 1, \quad \text{sive}$$

$$2\sqrt[4]{k'\lambda'} = \sqrt{(1+k')(1+\lambda')} - \sqrt{(1-k')(1-\lambda')}.$$

Qua in se ipsa ducta prodit:

$$4\sqrt{k'\lambda'} = 2(1+k'\lambda') - 2k\lambda, \quad \text{sive}\ k\lambda = 1 + k'\lambda' - 2\sqrt{k'\lambda'},$$

quae extractis radicibus in propositam redit:

$$\sqrt{k\lambda} = 1 - \sqrt{k'\lambda'} \quad \text{sive}\ \sqrt{k\lambda} + \sqrt{k'\lambda'} = 1.$$

Quod exemplum iam a Cl. Legendre propositum est. Generaliter autem de compositione transformationum probari potest, transformationibus duabus aut pluribus successive adhibitis, ad eandem perveniri, quocunque illae adhibeantur ordine.

K

32.

At inter affectus Aequationum Modularium id maxime memorabile ac singulare mihi videor animadvertere, *quod eidem omnes Aequationi Differentiali Tertii Ordinis satisfaciant.* Cuius tamen investigatio paullo longius repetenda erit.

Satis notum est *), posito $aK + bK' = Q$, fore:

$$k(1-k^2)\frac{d^2Q}{dk^2} + (1-3k^2)\frac{dQ}{dk} = kQ,$$

designantibus a, b Constantes quaslibet. Ita etiam posito $a'K + b'K' = Q'$, designantibus a′, b′ alias Constantes quaslibet, erit

$$k(1-k^2)\frac{d^2Q'}{dk^2} + (1-3k^2)\frac{dQ'}{dk} = kQ'.$$

Quibus combinatis aequationibus, obtinetur:

$$k(1-k^2)\left\{Q\frac{d^2Q'}{dk^2} - Q'\frac{d^2Q}{dk^2}\right\} + (1-3k^2)\left\{Q\frac{dQ'}{dk} - Q'\frac{d^2Q}{dk}\right\} = 0,$$

unde integratione facta:

$$k(1-k^2)\left\{Q\frac{dQ'}{dk} - Q'\frac{dQ}{dk}\right\} = (ab'-a'b)k(1-k^2)\left\{K\frac{dK'}{dk} - K'\frac{dK}{dk}\right\} = (ab'-a'b)C.$$

Constans C a Cl. Legendre e casu speciali inventa est $= -\frac{\pi}{2}$, unde iam

$$Q\frac{dQ'}{dk} - Q'\frac{dQ}{dk} = \frac{-\frac{1}{2}\pi(ab'-a'b)}{k(1-k^2)}, \quad \text{sive}$$

$$d\frac{Q'}{Q} = \frac{-\frac{1}{2}\pi(ab'-a'b)dk}{k(1-k^2)QQ}.$$

Similiter designante λ alium Modulum quemlibet, erit posito $\alpha\Lambda + \beta\Lambda' = L$, $\alpha'\Lambda + \beta'\Lambda' = L'$,

$$d\frac{L'}{L} = \frac{-\frac{1}{2}\pi(\alpha\beta'-\alpha'\beta)d\lambda}{\lambda(1-\lambda^2)LL}.$$

Sit λ Modulus in quem k per transformationem primam n^{ti} ordinis transformatur; sit porro $Q = K$, $Q' = K'$, $L = \Lambda$, $L' = \Lambda'$; erit:

$$\frac{L'}{L} = \frac{\Lambda'}{\Lambda} = \frac{nK'}{K} = \frac{nQ'}{Q},$$

*) Cf. Legendre Traité des F. E. Tom. I. Cap. XIII.

unde

$$\frac{n\,dk}{k(1-k^2)KK} = \frac{d\lambda}{\lambda(1-\lambda^2\,\Lambda\Lambda}.$$

Invenimus autem pro ea transformatione $\Lambda = \frac{K}{nM}$, unde iam:

$$MM = \frac{1}{n}\cdot\frac{\lambda(1-\lambda^2)dk}{k(1-k^2)d\lambda}.$$

In transformatione secunda vidimus esse $\frac{\Lambda'_{,}}{\Lambda_{,}} = \frac{1}{n}\frac{K'}{K}$, $\Lambda_{,} = \frac{K}{M_{,}}$, unde:

$$\frac{dk}{k(1-k^2)KK} = \frac{n\,d\lambda_{,}}{\lambda_{,}(1-\lambda_{,}^2)\Lambda_{,}\Lambda_{,}},$$

unde et hic:

$$M_{,}M_{,} = \frac{1}{n}\cdot\frac{\lambda_{,}(1-\lambda_{,}^2)dk}{k(1-k^2)d\lambda_{,}}.$$

Generaliter autem, quicunque sit Modulus λ, sive realis sive imaginarius, in quem per transformationem n^{ti} ordinis transformari potest Modulus propositus k, valebit aequatio:

$$MM = \frac{1}{n}\cdot\frac{k(1-k^2)d\lambda}{\lambda(1-\lambda^2)dk}.$$

Quod ut probetur, adnotabo generaliter obtineri aequationes formae:

$$\alpha\Lambda + i\beta\Lambda' = \frac{aK + ibK'}{nM}$$

$$\alpha'\Lambda' + i\beta'\Lambda = \frac{a'K' + ib'K}{nM},$$

designantibus a, a', α, α' numeros impares, b, b', β, β' numeros pares, utrosque positivos vel negativos eiusmodi, ut sit $aa' + bb' = 1$, $\alpha\alpha' + \beta\beta' = 1$ *). Hinc posito:

$$aK + ibK' = Q, \quad a'K' + ib'K = Q'$$
$$\alpha\Lambda + i\beta\Lambda' = L, \quad \alpha'\Lambda' + i\beta'\Lambda = L',$$

obtinemus, quia $aa' + bb' = 1$, $\alpha\alpha' + \beta\beta' = 1$:

$$d\frac{Q'}{Q} = \frac{-n\pi\,dk}{2k(1-k^2)QQ}, \quad d\frac{L'}{L} = \frac{-\pi\,d\lambda}{2\lambda(1-\lambda^2)LL},$$

*) Accuratior numerorum a, a', b, b' cet. cet. determinatio pro singulis eiusdem ordinis transformationibus gravibus laborare difficultatibus videtur. Immo haec determinatio, nisi egregie fallimur, maxime a limitibus pendet, inter quos Modulus k versatur; ita ut pro limitibus diversis plane alia evadat. Id quod quam intricatam reddat quaestionem, expertus cognoscet. Ante omnia autem accuratius in naturam Modulorum imaginariorum inquirendum esse videtur, quae adhuc tota iacet quaestio.

unde cum sit: $\frac{Q'}{Q} = \frac{L'}{L}$; $L = \frac{Q}{nM}$, generaliter fit:

$$MM = \frac{1}{n} \cdot \frac{\lambda(1-\lambda^2)\,dk}{k(1-k^2)\,d\lambda}.$$

Adnotabo adhuc, aequationem inventam ita quoque exhiberi posse:

$$MM = \frac{1}{n} \cdot \frac{\lambda^2(1-\lambda^2)\,d(k^2)}{k^2(1-k^2)\,d(\lambda^2)} = \frac{1}{n} \cdot \frac{\lambda'^2(1-\lambda'^2)\,d(k'^2)}{k'^2(1-k'^2)\,d(\lambda'^2)},$$

unde videmus, expressionem MM non mutari, ubi loco k, λ Complementa ponuntur k', λ', sive quod supra demonstravimus, transformationibus complementariis, signi ratione non habita, eundem esse multiplicatorem M. Porro mutando k in λ, λ in k, quo facto transformatio in supplementariam abit, mutatur MM in

$$\frac{1}{n} \cdot \frac{k(1-k^2)\,d\lambda}{\lambda(1-\lambda^2)\,dk} = \frac{1}{nnMM}, \quad \text{sive } M \text{ in } \frac{1}{nM},$$

quod et ipsum supra probatum est.

33.

Posito $Q = aK + bK'$, $L = \alpha\Lambda + \beta\Lambda'$, Constantes a, b, α, β ita semper determinare licet, ut sit $L = \frac{Q}{M}$, sive $Q = ML$. Porro habentur aequationes:

$$1)\quad (k-k^3)\frac{d^2Q}{dk^2} + (1-3k^2)\frac{dQ}{dk} - kQ = 0$$

$$2)\quad (\lambda-\lambda^3)\frac{d^2L}{d\lambda^2} + (1-3\lambda^2)\frac{dL}{d\lambda} - \lambda L = 0,$$

quas etiam hunc in modum repraesentare licet:

$$3)\quad d\,\frac{\frac{(k-k^3)\,dQ}{dk}}{dk} - kQ = 0$$

$$4)\quad d\,\frac{\frac{(\lambda-\lambda^3)\,dL}{d\lambda}}{d\lambda} - \lambda L = 0.$$

Substituamus in aequatione:

$$(k-k^3)\frac{d^2Q}{dk^2} + (1-3k^2)\frac{dQ}{dk} - kQ = 0$$

$Q = ML$, prodit:

$$L\left\{(k-k^3)\frac{d^2M}{dk^2} + (1-3k^2)\frac{dM}{dk} - kM\right\} + \frac{dL}{dk}\left\{2(k-k^3)\frac{dM}{dk} + (1-3k^2)M\right\} + (k-k^3)M\frac{d^2L}{dk^2} = 0,$$

qua per M multiplicata, obtinemus:

$$5)\quad LM\left\{(k-k^3)\frac{d^2M}{dk^2} + (1-3k^2)\frac{dM}{dk} - kM\right\} + d\,\frac{\frac{(k-k^3)M^2dL}{dk}}{dk} = 0.$$

At e §° antecedente fit:

$$M^2 = \frac{(\lambda-\lambda^3)dk}{n(k-k^3)d\lambda},\quad \text{unde}\quad \frac{(k-k^3)M^2dL}{dk} = \frac{(\lambda-\lambda^3)dL}{nd\lambda}.$$

Porro ex aequatione 4) fit:

$$d\left\{\frac{(\lambda-\lambda^3)dL}{d\lambda}\right\} = \lambda L d\lambda,\quad \text{unde}$$

$$d\,\frac{\frac{(k-k^3)M^2dL}{dk}}{dk} = d\,\frac{\frac{(\lambda-\lambda^3)dL}{d\lambda}}{ndk} = \frac{\lambda L d\lambda}{ndk}.$$

Hinc aequatio 5) divisa per L in hanc abit:

$$6)\quad M\left\{(k-k^3)\frac{d^2M}{dk^2} + (1-3k^2)\frac{dM}{dk} - kM\right\} + \frac{\lambda d\lambda}{ndk} = 0.$$

Ubi in hac aequatione valor ipsius M ex aequatione $M^2 = \frac{(\lambda-\lambda^3)dk}{n(k-k^3)d\lambda}$ substituitur, obtinetur aequatio differentialis inter ipsos Modulos k, λ, quam facile patet ad ordinem tertium ascendere. Facto calculo paullo molesto invenitur:

$$7)\quad \frac{3d^2\lambda^2}{dk^4} - \frac{2d\lambda}{dk}\cdot\frac{d^3\lambda}{dk^3} + \frac{d\lambda^2}{dk^2}\left\{\left(\frac{1+k^2}{k-k^3}\right)^2 - \left(\frac{1+\lambda^2}{\lambda-\lambda^3}\right)^2\cdot\frac{d\lambda^2}{dk^2}\right\} = 0.$$

In hac aequatione dk ut differentiale constans consideratum est. Quam ubi in aliam transformare placet, in qua differentiale nullum constans positum est, ponendum erit:

$$\frac{d^2\lambda}{dk^2} = \frac{d^2\lambda}{dk^2} - \frac{d\lambda d^2k}{dk^3}$$

$$\frac{d^3\lambda}{dk^3} = \frac{d^3\lambda}{dk^3} - \frac{3d^2\lambda d^2k}{dk^4} - \frac{d\lambda d^3k}{dk^4} + \frac{3d\lambda d^2k^2}{dk^5}$$

unde:

$$\frac{3d^2\lambda^2}{dk^4} - \frac{2d\lambda}{dk}\cdot\frac{d^3\lambda}{dk^3} = \frac{3d^2\lambda^2}{dk^4} - \frac{3d\lambda^2d^2k^2}{dk^6} + \frac{2d\lambda^2d^3k}{dk^5} - \frac{2d\lambda d^3\lambda}{dk^4}.$$

Hinc aequatio 7) multiplicata per dk^6 in sequentem abit, in qua differentiale nullum constans positum est, vel in qua ut tale, quodcunque placet, considerari potest:

$$8)\quad 3\left\{dk^2 d^2\lambda^2 - d\lambda^2 d^2 k^2\right\} - 2\,dk\,d\lambda\left\{dk\,d^3\lambda - d\lambda\,d^3 k\right\} + dk^2 d\lambda^2\left\{\left(\frac{1+k^2}{k-k^3}\right)^2 dk^2 - \left(\frac{1+\lambda^2}{\lambda-\lambda^3}\right)^2 d\lambda^2\right\} = 0.$$

Hanc patet, elementis k et λ inter se commutatis, immutatam manere aequationem, id quod supra de Aequationibus Modularibus probavimus.

Operae pretium est, alia adhuc methodo aequationem illam differentialem tertii ordinis investigare. Quem in finem introducamus in aequationem, unde proficiscimur:

$$(k-k^3)\frac{d^2Q}{dk^2} + (1-3k^2)\frac{dQ}{dk} - kQ = 0$$

quantitatem $(k-k^3)QQ = s$. Fit

$$\frac{ds}{dk} = (1-3k^2)QQ + 2(k-k^3)Q\frac{dQ}{dk}$$

$$\frac{d^2s}{dk^2} = -6kQQ + 4(1-3k^2)QdQ + 2(k-k^3)\left(\frac{dQ}{dk}\right)^2 + 2(k-k^3)Q\frac{d^2Q}{dk^2}.$$

Qua in aequatione ubi ponitur:

$$(k-k^3)\frac{d^2Q}{dk^2} = kQ - (1-3k^2)\frac{dQ}{dk},\ \text{prodit}$$

$$\frac{d^2s}{dk^2} = -4kQQ + 2(1-3k^2)Q\frac{dQ}{dk} + 2(k-k^3)\left(\frac{dQ}{dk}\right)^2$$

$$= 2\frac{dQ}{dk}\left\{(1-3k^2)Q + (k-k^3)\frac{dQ}{dk}\right\} - 4kQQ.$$

Qua aequatione ducta in $2s = 2(k-k^3)QQ$, obtinetur:

$$\frac{2s\,d^2s}{dk^2} = 2(k-k^3)Q\frac{dQ}{dk}\left\{2(1-3k^2)QQ + 2(k-k^3)Q\frac{dQ}{dk}\right\} - 8k^2(1-k^2)Q^4,$$

sive cum sit:

$$2(k-k^3)Q\frac{dQ}{dk} = \frac{ds}{dk} - (1-3k^2)QQ$$

$$2(1-3k^2)QQ + 2(k-k^3)Q\frac{dQ}{dk} = \frac{ds}{dk} + (1-3k^2)QQ,$$

obtinemus:

$$\frac{2s\,d^2s}{dk^2} = \left(\frac{ds}{dk}\right)^2 - (1-3k^2)^2Q^4 - 8k^2(1-k^2)Q^4 = \left(\frac{ds}{dk}\right)^2 - (1+k^2)^2Q^4,\ \text{seu}$$

$$9)\quad \frac{2s\,d^2s}{dk^2} - \left(\frac{ds}{dk}\right)^2 + \left(\frac{1+k^2}{k-k^3}\right)^2 ss = 0.$$

Iam vero posito $a K + b' K' = Q'$, $\frac{Q'}{Q} = t$, vidimus esse $\frac{dt}{dk} = \frac{m}{(k-k^3)QQ} = \frac{m}{s}$, designante m Constantem; unde $s = \frac{m\,dk}{dt}$. Aequationem 9) in aliam transformemus, in qua dt constans positum est. Erit $\frac{ds}{dk} = \frac{m\,d^2k}{dt\,dk}$, $\frac{d^2s}{dk^2} = \frac{m\,d^3k}{dt\,dk^2} - \frac{m\,d^2k^2}{dt\,dk^3}$; quibus substitutis ex aequatione 9) prodit:

$$\frac{2\,d^3k}{dt^2\,dk} - \frac{3\,d^2k^2}{dt^2\,dk^2} + \left(\frac{1+k^2}{k-k^3}\right)^2 \frac{dk^2}{dt^2} = 0, \text{ sive}$$

$$10) \quad 2\,d^3k\,dk - 3\,d^2k^2 + \left(\frac{1+k^2}{k-k^3}\right)^2 dk^4 = 0;$$

ubi secundum t, quod ex aequatione evasit, differentiandum est.

Ponendo $\frac{\alpha' \Lambda + \beta' \Lambda'}{\alpha \Lambda + \beta \Lambda'} = \omega$, Constantes α, β, α', β', quoties λ est Modulus transformatus, ita determinari poterunt, ut sit $t = \omega$; nec non simili modo obtinemus:

$$11) \quad 2\,d^3\lambda\,d\lambda - 3\,d^2\lambda^2 + \left(\frac{1+\lambda^2}{\lambda-\lambda^3}\right) d\lambda^4 = 0,$$

in qua aequatione et ipsa secundum $\omega = t$ differentiandum erit. Multiplicetur aequatio 10) per $d\lambda^2$, aequatio 11) per dk^2: subtractione facta obtinetur:

$$12) \quad 2\,dk\,d\lambda \left\{d\lambda\,d^3k - dk\,d^3\lambda\right\} - 3\left\{d\lambda^2\,d^2k^2 - dk^2\,d^2\lambda^2\right\} + dk^2\,d\lambda^2 \left\{\left(\frac{1+k^2}{k-k^3}\right)^2 dk^2 - \left(\frac{1+\lambda^2}{\lambda-\lambda^3}\right)^2 d\lambda^2\right\} = 0.$$

At haec aequatio cum aequatione 8) convenit, in qua scimus, differentiale quodcunque placeat tamquam constans considerari posse, ideoque etsi inventa sit suppositione facta, dt esse differentiale constans, valebit etiam, quodcunque aliud ut tale consideratur.

Ecce igitur aequationem differentialem tertii ordinis, quae innumeras habet solutiones algebraicas, particulares tamen, viz. Aequationes quas diximus Modulares. At Integrale completum a functionibus ellipticis pendet; quippe quod est $t = \omega$, sive $\frac{a'K + b'K'}{aK + bK'} = \frac{\alpha' \Lambda + \beta' \Lambda'}{\alpha \Lambda + \beta \Lambda'}$, quam ita etiam repraesentare licet aequationem:

$$m K \Lambda + m' K' \Lambda' + m'' K \Lambda' + m''' K' \Lambda = 0,$$

designantibus m, m', m'', m''' Constantes Arbitrarias. Quam integrationem altissimae indaginis esse censemus.

Inquirere possemus, an Aequationes Modulares pro transformationibus tertii et quinti ordinis reapse, quod debent, aequationi nostrae differentiali tertii ordinis satisfaciant. Quod vero cum nimis prolixos calculos sibi poscere videatur, idem de transformatione secundi ordinis, ubi $\lambda = \frac{1-k'}{1+k'}$, demonstrare sufficiat.

Consideretur $d\,k'$ ut constans, fit:

$$\lambda = \frac{1-k'}{1+k'} = -1 + \frac{2}{1+k'} \qquad k\,k + k'k' = 1$$

$$\frac{d\lambda}{dk'} = \frac{-2}{(1+k')^2} \qquad \frac{dk}{dk'} = \frac{-k'}{k}$$

$$\frac{d^2\lambda}{dk'^2} = \frac{4}{(1+k')^3} \qquad \frac{d^2k}{dk'^2} = \frac{-1}{k} - \frac{k'k'}{k^3} = \frac{-1}{k^3}$$

$$\frac{d^3\lambda}{dk'^3} = \frac{-12}{(1+k')^4} \qquad \frac{d^3k}{dk'^3} = \frac{3k'}{k^5}.$$

Hinc fit:

$$\frac{dk^2\,d^2\lambda^2 - d\lambda^2\,d^2k^2}{dk'^6} = \frac{16k'k'}{k^2(1+k')^6} - \frac{4}{k^6(1+k')^4}$$

$$= \frac{4\left\{k^4k'^2 - (1+k')^2\right\}}{k^6(1+k')^6} = \frac{4\left\{k'^2(1-k')^2 - 1\right\}}{k^6(1+k')^4}$$

Porro obtinetur:

$$\frac{dk\,d^3\lambda - d\lambda\,d^3k}{dk'^4} = \frac{12k'}{k(1+k')^4} + \frac{6k'}{k^5(1+k')^2} = \frac{6k'\left\{2(1-k')^2+1\right\}}{k^5(1-k')^2}$$

$$\frac{dk\,d\lambda\left\{dk\,d^3\lambda - d\lambda\,d^3k\right\}}{dk'^6} = \frac{12k'^2\left\{2(1-k')^2-1\right\}}{k^6(1+k')^4},$$

unde

$$\frac{3\left\{dk^2\,d^2\lambda^2 - d\lambda^2\,d^2k^2\right\} - 2\,dk\,d\lambda\left\{dk\,d^3\lambda - d\lambda\,d^3k\right\}}{dk'^6} = \frac{12(2k'^2-1)}{k^6(1+k')4}.$$

Porro fit

$$\left(\frac{1+k^2}{k-k^3}\right)^2 \frac{dk^2}{dk'^2} = \frac{(1+k^2)^2}{k^4k'^2}$$

$$\left(\frac{1+\lambda^2}{\lambda-\lambda^3}\right)^2 \frac{d\lambda^2}{dk'^2} = \frac{4}{(1+k')^4}\left\{\frac{1+k'}{1-k'}\right\}^2\left\{\frac{1+k'^2}{2k'}\right\}^2 = \frac{(1+k'^2)^2}{k'^2k^4}$$

unde:

$$\left\{\frac{1+k^2}{k-k^3}\right\}^2 \frac{dk^2}{dk'^2} - \left\{\frac{1+\lambda^2}{\lambda-\lambda^3}\right\}^2 \frac{d\lambda^2}{d\lambda'^2} = \frac{3(1-2k'^2)}{k^4k'^2}$$

$$\frac{dk^2\,d\lambda^2}{dk'^4}\left\{\left(\frac{1+k^2}{k-k^3}\right)^2 \frac{dk^2}{dk'^2} - \left(\frac{1+\lambda^2}{\lambda-\lambda^3}\right)^2 \frac{d\lambda^2}{d\lambda'^2}\right\} = \frac{12(1-2k'^2)}{k^6(1+k')^4}$$

Hinc tandem fit, quod debet:

$$\frac{3\left\{dk^2 d^2\lambda^2 - d\lambda^2 d^2k^2\right\} - 2\,dk\,d\lambda\left\{dk\,d^3\lambda - d\lambda\,d^3k\right\}}{dk'^6}$$

$$+\frac{dk^2 d\lambda^2}{dk'^4}\left\{\left(\frac{1+k^2}{k-k^3}\right)^2\frac{dk^2}{dk'^2} - \left(\frac{1+\lambda^2}{\lambda-\lambda^3}\right)^2\frac{d\lambda^2}{dk'^2}\right\} = \frac{12(2k'^2-1)}{k^6(1+k')^4} + \frac{12(1-2k'^2)}{k^6(1+k')^4} = 0.$$

Ubi methodi expeditae in promtu essent, si quas aequatio differentialis solutiones algebraicas habet, eas eruendi omnes: e sola aequatione differentiali a nobis proposita Aequationes Modulares, quae singulos transformationum ordines spectant, elicere possemus omnes. Quam tamen materiem arduam qui attigerit, praeter Cl. *Condorcet*, scio neminem, attentione Analystarum dignam.

34.

Aequatio supra inventa:

$$MM = \frac{1}{n}\cdot\frac{\lambda(1-\lambda\lambda)}{k(1-kk)}\cdot\frac{dk}{d\lambda},$$

cuius ope ex Aequatione Modulari inventa statim etiam quantitatem M determinare licet, digna esse videtur, cui adhuc paulisper immoremur. Non patet primo aspectu, quomodo valores quantitatis M in transformationibus tertii et quinti ordinis inventi cum aequatione illa conveniant. Quod igitur accuratius examinemus.

a) In transformatione *tertii* ordinis, posito $u = \sqrt[4]{k}$, $v = \sqrt[4]{\lambda}$ invenimus:

1) $u^4 - v^4 + 2uv(1-u^2v^2) = 0,$

quam ita quoque exhibuimus aequationem §. 16:

2) $\left(\frac{v+2u^3}{v}\right)\left(\frac{u-2v^3}{u}\right) = -3.$

Porro fieri vidimus:

3) $M = \frac{v}{v+2u^3} = \frac{2v^3-u}{3u}.$

Differentiata aequatione 1) obtinemus:

$$\frac{du}{dv} = \frac{2v^3 - u + 3u^3v^2}{2u^3 + v - 3u^2v^3},$$

sive loco 3 posito $\left(\frac{v+2u^3}{v}\right)\left(\frac{2v^3-u}{u}\right)$:

$$4)\quad \frac{du}{dv} = \frac{2v^3-u}{2u^3+v} \cdot \frac{1+u^2v^2+2u^5v}{1+u^2v^2-2uv^5}.$$

Ex aequatione 1) sequitur:

$$\begin{aligned} 1-u^8 &= (1+u^4)\left\{1-v^4+2uv(1-u^2v^2)\right\} \\ &= 1-u^4v^4+u^4-v^4+2uv(1+u^4)(1-u^2v^2) \\ &= 1-u^4v^4+2u^5v(1-u^2v^2) = (1-u^2v^2)(1+u^2v^2+2u^5v). \end{aligned}$$

Eodem modo invenitur:

$$1-v^8 = (1-u^2v^2)(1+u^2v^2-2uv^5),$$

unde

$$\frac{1-v^8}{1-u^8} = \frac{1+u^2v^2-2uv^5}{1+u^2v^2+2u^5v}, \text{ sive ex aequatione 4):}$$

$$\frac{1-v^8}{1-u^8} \cdot \frac{du}{dv} = \frac{2v^3-u}{2u^3+v}.$$

Qua aequatione ducta in

$$\frac{v}{3u} = \frac{vv}{(2u^3+v)(2v^3-u)},$$

prodit:

$$\frac{1}{3} \cdot \frac{v(1-v^8)}{u(1-u^8)} \cdot \frac{du}{dv} = \frac{1}{3} \cdot \frac{\lambda(1-\lambda\lambda)}{k(1-kk)} = \left(\frac{v}{v+2u^3}\right)^2 = MM,$$

Q. D. E.

b) In transformatione *quinti* ordinis, posito $u = \sqrt[4]{k}$, $v = \sqrt[4]{\lambda}$, invenimus:

$$1)\quad u^6 - v^6 + 5u^2v^2(u^2-v^2) + 4uv(1-u^4v^4) = 0,$$

quam his etiam modis exhibuimus aequationem §§. 16. 30:

$$2)\quad \frac{u+v^5}{u(1+u^3v)} \cdot \frac{v-u^5}{v(1-uv^3)} = 5$$

$$3)\quad (u^2-v^2)^6 = 16u^2v^2(1-u^8)(1-v^8).$$

Porro invenimus:

$$4)\quad M = \frac{v(1-uv^3)}{v-u^5} = \frac{u+v^5}{5u(1+u^3v)}.$$

Differentiata aequatione 3), obtinemus:

$$6uv(1-u^8)(1-v^8)(u\,du - v\,dv) =$$
$$u(u^2-v^2)(1-u^8)(1-5v^8)\,dv + v(u^2-v^2)(1-v^8)(1-5u^8)\,du,$$

sive:

$$5)\quad v(1-v^8)\left\{5u^2-u^{10}+v^2-5u^8v^2\right\}du = u(1-u^8)\left\{5v^2-v^{10}+u^2-5u^2v^8\right\}dv.$$

Aequatione 1) ducta in u^4, v^4, eruitur:

$$5u^2-u^{10}+v^2-5u^8v^2 = (1-u^4v^4)(v^2+5u^2+4u^5v)$$
$$5v^2-v^{10}+u^2-5u^2v^8 = (1-u^4v^4)(u^2+5v^2-4uv^5),$$

unde aequatio 5) in hanc abit:

$$6)\quad \frac{v(1-v^8)}{u(1-u^8)}\cdot\frac{du}{dv} = \frac{u^2+5v^2-4uv^5}{v^2+5u^2+4u^5v}.$$

Ponatur $u+v^5=A$, $u+u^4v=B$, $v-u^5=C$, $v-uv^4=D$, ita ut:

$$\frac{AC}{BD}=5,\quad \text{sive } AC=5BD$$

$$\frac{D}{C}=\frac{A}{5B}=M:$$

$$u^2+5v^2-4uv^5 = uA+5vD$$
$$v^2+5u^2+4u^5v = vC+5uB,$$

erit:

$$7)\quad \frac{v(1-v^8)}{u(1-u^8)}\cdot\frac{du}{dv} = \frac{uA+5vD}{vC+5uB} = \frac{uAB+vAC}{vCD+uAC}\cdot\frac{D}{B}$$
$$= \frac{uB+vC}{vD+uA}\cdot\frac{AD}{BC} = \frac{AD}{BC} = 5MM.$$

Fit enim:

$$uB+vC = vD+uA = uu+vv.$$

Unde etiam:

$$MM = \frac{1}{5}\cdot\frac{v(1-v^8)}{u(1-u^8)}\cdot\frac{du}{dv} = \frac{1}{5}\cdot\frac{\lambda(1-\lambda\lambda)}{k(1-kk)}\cdot\frac{dk}{d\lambda}.$$

Q. D. E.

THEORIA EVOLUTIONIS FUNCTIONUM ELLIPTICARUM.

DE EVOLUTIONE FUNCTIONUM ELLIPTICARUM IN PRODUCTA INFINITA.

35.

Proposito Modulo k reali, unitate minore, videmus Modulum

$$\lambda = k^n \left\{ \sin \operatorname{coam} \frac{2K}{n} \cdot \sin \operatorname{coam} \frac{4K}{n} \cdot \cdot \sin \operatorname{coam} \frac{(n-1)K}{n} \right\}^4,$$

in quem ille per transformationem primam n^{ti} ordinis mutatur, crescente numero n, celerrime ad nihilum convergere; adeoque pro limite $n = \infty$, fieri $\lambda = 0$. Tum erit $\Lambda = \frac{\pi}{2}$, $\operatorname{am}(u, \lambda) = u$, unde e formulis $\Lambda = \frac{K}{nM}$, $\Lambda' = \frac{K'}{M}$, obtinemus:

$$nM = \frac{2K}{\pi}, \quad \frac{\Lambda'}{n} = \frac{K'}{nM} = \frac{\pi K'}{2K}.$$

Ponamus iam in formulis pro transformatione primae supplementaria §. 26 $\frac{u}{n}$ loco u, $n = \infty$: abit $\operatorname{am}\left(\frac{u}{M}, \lambda\right)$ in $\operatorname{am}\left(\frac{u}{nM}, \lambda\right) = \frac{\pi u}{2K}$, $y = \sin \operatorname{am}\left(\frac{u}{M}, \lambda\right)$ in $\sin \frac{\pi u}{2K}$; porro $\operatorname{am}(nu)$ in $\operatorname{am}(u)$. Hinc e formulis illis nanciscimur sequentes:

$$\sin \operatorname{am} u = \frac{2Ky}{\pi} \cdot \frac{\left(1 - \frac{yy}{\sin^2 \cdot \frac{i\pi K'}{K}}\right)\left(1 - \frac{yy}{\sin^2 \cdot \frac{2i\pi K'}{K}}\right)\left(1 - \frac{yy}{\sin^2 \cdot \frac{3i\pi K'}{K}}\right) \cdots}{\left(1 - \frac{yy}{\sin^2 \cdot \frac{i\pi K'}{2K}}\right)\left(1 - \frac{yy}{\sin^2 \cdot \frac{3i\pi K'}{2K}}\right)\left(1 - \frac{yy}{\sin^2 \cdot \frac{5i\pi K'}{2K}}\right) \cdots}$$

$$\cos \operatorname{am} u = \sqrt{1 - yy} \cdot \frac{\left(1 - \frac{yy}{\cos^2 \cdot \frac{i\pi K'}{K}}\right)\left(1 - \frac{yy}{\cos^2 \cdot \frac{2i\pi K'}{K}}\right)\left(1 - \frac{yy}{\cos^2 \cdot \frac{3i\pi K'}{K}}\right) \cdots}{\left(1 - \frac{yy}{\sin^2 \cdot \frac{i\pi K'}{2K}}\right)\left(1 - \frac{yy}{\sin^2 \cdot \frac{3i\pi K'}{2K}}\right)\left(1 - \frac{yy}{\sin^2 \cdot \frac{5i\pi K'}{2K}}\right) \cdots}$$

$$\Delta \operatorname{am} u = \frac{\left(1-\frac{yy}{\cos^2 . \frac{i\pi K'}{2K}}\right)\left(1-\frac{yy}{\cos^2 . \frac{3i\pi K'}{2K}}\right)\left(1-\frac{yy}{\cos^2 . \frac{5i\pi K'}{2K}}\right)\cdots}{\left(1-\frac{yy}{\sin^2 . \frac{i\pi K'}{2K}}\right)\left(1-\frac{yy}{\sin^2 . \frac{3i\pi K'}{2K}}\right)\left(1-\frac{yy}{\sin^2 . \frac{5i\pi K'}{2K}}\right)\cdots}$$

$$\sqrt{\frac{1-\sin \operatorname{am} u}{1+\sin \operatorname{am} u}} = \sqrt{\frac{1-y}{1+y}} \cdot \frac{\left(1-\frac{y}{\cos . \frac{i\pi K'}{K}}\right)\left(1-\frac{y}{\cos . \frac{2i\pi K'}{K}}\right)\left(1-\frac{y}{\cos . \frac{3i\pi K'}{K}}\right)\cdots}{\left(1+\frac{y}{\cos . \frac{i\pi K'}{K}}\right)\left(1+\frac{y}{\cos . \frac{2i\pi K'}{K}}\right)\left(1+\frac{y}{\cos . \frac{3i\pi K'}{K}}\right)\cdots}$$

$$\sqrt{\frac{1-k\sin \operatorname{am} u}{1+k\sin \operatorname{am} u}} = \frac{\left(1-\frac{y}{\cos . \frac{i\pi K'}{2K}}\right)\left(1-\frac{y}{\cos . \frac{3i\pi K'}{2K}}\right)\left(1-\frac{y}{\cos . \frac{5i\pi K'}{2K}}\right)\cdots}{\left(1+\frac{y}{\cos . \frac{i\pi K'}{2K}}\right)\left(1+\frac{y}{\cos . \frac{3i\pi K'}{2K}}\right)\left(1+\frac{y}{\cos . \frac{5i\pi K'}{2K}}\right)\cdots}$$

$$\sin \operatorname{am} u = -\frac{\pi y}{kK}\left(\frac{\cos . \frac{i\pi K'}{2K}}{\sin^2 . \frac{i\pi K'}{2K} - yy} + \frac{\cos . \frac{3i\pi K'}{2K}}{\sin^2 . \frac{3i\pi K'}{2K} - yy} + \frac{\cos . \frac{5i\pi K'}{2K}}{\sin^2 . \frac{5i\pi K'}{2K} - yy} + \cdots\right)$$

$$\cos \operatorname{am} u = \frac{i\sqrt{1-yy} . \pi}{kK}\left(\frac{\sin . \frac{i\pi K'}{2K}}{\sin^2 . \frac{i\pi K'}{2K} - yy} - \frac{\sin . \frac{3i\pi K'}{2K}}{\sin^2 . \frac{3i\pi K'}{2K} - yy} + \frac{\sin . \frac{5i\pi K'}{2K}}{\sin^2 . \frac{5i\pi K'}{2K} - yy} - \cdots\right)$$

Ponamus in sequentibus $e^{\frac{-\pi K'}{K}} = q$, $\frac{\pi u}{2K} = x$, sive $u = \frac{2Kx}{\pi}$, unde $y = \sin\frac{\pi u}{2K} = \sin x$; fit:

$$\sin . \frac{mi\pi K'}{K} = \frac{q^m - q^{-m}}{2i} = \frac{i(1-q^{2m})}{2q^m}$$

$$\cos . \frac{mi\pi K'}{K} = \frac{q^m + q^{-m}}{2} = \frac{1+q^{2m}}{2q^m},$$

unde:

$$1 - \frac{yy}{\sin^2 . \frac{mi\pi K'}{K}} = 1 + \frac{4q^{2m}\sin x^2}{(1-q^{2m})^2} = \frac{1-2q^{2m}\cos 2x + q^{4m}}{(1-q^{2m})^2}$$

$$1 - \frac{yy}{\cos^2 . \frac{mi\pi K}{K}} = 1 - \frac{4q^{2m}\sin x^2}{(1+q^{2m})^2} = \frac{1+2q^{2m}\cos 2x + q^{4m}}{(1+q^{2m})^2}$$

$$1 \pm \frac{y}{\cos . \frac{mi\pi K'}{K}} = 1 \pm \frac{2q^m \sin x}{1+q^{2m}} = \frac{1 \pm 2q^m \sin x + q^{2m}}{1+q^{2m}}$$

$$\frac{-\cos . \frac{mi\pi K'}{K}}{\sin^2 . \frac{mi\pi K'}{K} - yy} = \frac{2q^m(1+q^{2m})}{1-2q^{2m}\cos 2x + q^{4m}}$$

$$\frac{i . \sin . \frac{mi\pi K'}{K}}{\sin^2 . \frac{mi\pi K'}{K} - yy} = \frac{2q^m(1-q^{2m})}{1-2q^{2m}\cos 2x + q^{4m}}$$

His praeparatis, atque posito brevitatis causa:

$$A = \left\{\frac{(1-q)(1-q^3)(1-q^5)\dots}{(1-q^2)(1-q^4)(1-q^6)\dots}\right\}^2$$

$$B = \left\{\frac{(1-q)(1-q^3)(1-q^5)\dots}{(1+q^2)(1+q^4)(1+q^6)\dots}\right\}^2$$

$$C = \left\{\frac{(1-q)(1-q^3)(1-q^5)\dots}{(1+q)(1+q^3)(1+q^5)\dots}\right\}^2,$$

prodeunt Functionum Ellipticarum evolutiones in Producta Infinita fundamentales:

1) $$\sin am \frac{2Kx}{\pi} = \frac{2AK}{\pi} \sin x . \frac{(1-2q^2\cos 2x+q^4)(1-2q^4\cos 2x+q^8)(1-2q^6\cos 2x+q^{12})\dots}{(1-2q\cos 2x+q^2)(1-2q^3\cos 2x+q^6)(1-2q^5\cos 2x+q^{10})\dots}$$

2) $$\cos am \frac{2Kx}{\pi} = B\cos x . \frac{(1+2q^2\cos 2x+q^4)(1+2q^4\cos 2x+q^8)(1+2q^6\cos 2x+q^{12})\dots}{(1-2q\cos 2x+q^2)(1-2q^3\cos 2x+q^6)(1-2q^5\cos 2x+q^{10})\dots}$$

3) $$\Delta\, am \frac{2Kx}{\pi} = C . \frac{(1+2q\cos 2x+q^2)(1+2q^3\cos 2x+q^6)(1+2q^5\cos 2x+q^{10})\dots}{(1-2q\cos 2x+q^2)(1-2q^3\cos 2x+q^6)(1-2q^5\cos 2x+q^{10})\dots}$$

4) $$\sqrt{\frac{1-\sin am \frac{2Kx}{\pi}}{1+\sin am \frac{2Kx}{\pi}}} = \sqrt{\frac{1-\sin x}{1+\sin x}} . \frac{(1-2q\sin x+q^2)(1-2q^2\sin x+q^4)(1-2q^3\sin x+q^6)\dots}{(1+2q\sin x+q^2)(1+2q^2\sin x+q^4)(1+2q^3\sin x+q^6)\dots}$$

5) $$\sqrt{\frac{1-k\sin am \frac{2Kx}{\pi}}{1+k\sin am \frac{2Kx}{\pi}}} = \frac{(1-2\sqrt{q}\sin x+q)(1-2\sqrt{q^3}\sin x+q^3)(1-2\sqrt{q^5}\sin x+q^5)\dots}{(1+2\sqrt{q}\sin x+q)(1+2\sqrt{q^3}\sin x+q^3)(1+2\sqrt{q^5}\sin x+q^5)\dots}$$

Nec non aliud formularum systema, quod resolutionem propositarum in fractiones simplices suppeditat:

$$6)\quad \sin\operatorname{am}\frac{2Kx}{\pi} = \frac{2\pi}{kK}\sin x\left(\frac{\sqrt{q}(1+q)}{1-2q\cos 2x+q^2} + \frac{\sqrt{q^3}(1+q^3)}{1-2q^3\cos 2x+q^6} + \frac{\sqrt{q^5}(1+q^5)}{1-2q^5\cos 2x+q^{10}} + \ldots\right)$$

$$7)\quad \cos\operatorname{am}\frac{2Kx}{\pi} = \frac{2\pi}{kK}\cos x\left(\frac{\sqrt{q}(1-q)}{1-2q\cos 2x+q^2} - \frac{\sqrt{q^3}(1-q^3)}{1-2q^3\cos 2x+q^6} + \frac{\sqrt{q^5}(1-q^5)}{1-2q^5\cos 2x+q^{10}} - \ldots\right)$$

Quibus addimus ex eodem fonte manantes:

$$8)\quad 1-\Delta\operatorname{am}\frac{2Kx}{\pi} = \frac{4\pi\sin x^2}{K}\left(\frac{q\left(\frac{1+q}{1-q}\right)}{1-2q\cos 2x+q^2} - \frac{q^3\left(\frac{1+q^3}{1-q^3}\right)}{1-2q^3\cos 2x+q^6} + \frac{q^5\left(\frac{1+q^5}{1-q^5}\right)}{1-2q^5\cos 2x+q^{10}} - \ldots\right)$$

$$9)\quad \operatorname{am}\frac{2Kx}{\pi} = \pm x + 2\operatorname{Arc}\operatorname{tg}.\frac{(1+q)\operatorname{tg}x}{1-q} - 2\operatorname{Arc}\operatorname{tg}.\frac{(1+q^3)\operatorname{tg}x}{1-q^3} + 2\operatorname{Arc}\operatorname{tg}.\frac{(1+q^5)\operatorname{tg}x}{1-q^5} - \ldots$$

In formula postrema signum superius eligendum est, quoties in termino negativo, inferius quoties in termino positivo computationem sistis.

36.

Contemplemur formulas 1) — 3), in quibus ante omnia quantitatum, quas per A, B, C designavimus valores eruendi sunt. Facile quidem invenitur ponendo $x = \frac{\pi}{2}$, e formulis 3), 1):

$$k' = C\left\{\frac{(1-q)(1-q^3)(1-q^5)\ldots}{(1+q)(1-q^3)(1+q^5)\ldots}\right\}^2 = CC,$$

unde $C = \sqrt{k'}$;

$$1 = \frac{2AK}{\pi}\left\{\frac{(1+q^2)(1+q^4)(1+q^6)\ldots}{(1+q)(1+q^3)(1+q^5)\ldots}\right\}^2 = \frac{2AK}{\pi}\cdot\frac{C}{B} = \frac{2\sqrt{k'}AK}{\pi B},$$

unde $B = \frac{2\sqrt{k'}AK}{\pi}$. At ut ipsius A eruatur valor, ad alia artificia confugiendum est.

Ponamus $e^{ix} = U$: ubi x in $x + \frac{i\pi K'}{2K}$ mutatur, abit U in $\sqrt{q}U$, $\sin\operatorname{am}\frac{2Kx}{\pi}$ in

$$\sin\operatorname{am}\left(\frac{2Kx}{\pi} + iK'\right) = \frac{1}{k\sin\operatorname{am}\frac{2Kx}{\pi}}.$$

E formula 1) autem obtinemus:

$$\sin\operatorname{am}\frac{2Kx}{\pi}=\frac{AK}{\pi}\left(\frac{U-U^{-1}}{i}\right)\frac{\{(1-q^2U^2)(1-q^4U^2)\,..\}\{(1-q^2U^{-2})(1-q^4U^{-2})\,..\}}{\{(1-qU^2)(1-q^3U^2)\,..\}\{(1-qU^{-2})(1-q^3U^{-2})\,..\}},$$

unde mutando x in $x+\frac{i\pi K'}{2K}$:

$$\frac{1}{k\sin\operatorname{am}\frac{2Kx}{\pi}}=\frac{AK}{\pi}\left(\frac{\sqrt{q}\,U-\sqrt{q^{-1}}\,U^{-1}}{i}\right)\frac{\{(1-q^3U^2)(1-q^5U^2)\,..\}\{(1-qU^{-2})(1-q^3U^{-2})\,..\}}{\{(1-q^2U^2)(1-q^4U^2)\,..\}\{(1-U^{-2})(1-q^2U^{-2})\,..\}},$$

quibus in se ductis aequationibus, cum sit:

$$\frac{\sqrt{q}\,U-\sqrt{q^{-1}}\,U^{-1}}{1-U^2}=\frac{-1}{\sqrt{q}}\cdot\frac{1-qU^2}{U-U^{-1}},$$

prodit:

$$\frac{1}{k}=\frac{1}{\sqrt{q}}\left(\frac{AK}{\pi}\right)^2,\ \text{sive}\ A=\frac{\pi\sqrt[4]{q}}{\sqrt{k}\,.\,K};\ \text{unde}\ \frac{2KA}{\pi}=\frac{2\sqrt[4]{q}}{\sqrt{k}}.$$

Hinc erit $B=\frac{2\sqrt{k'}AK}{\pi}=2\sqrt[4]{q}\sqrt{\frac{k'}{k}}$. Iam igitur fit:

$$\sin\operatorname{am}\frac{2Kx}{\pi}=\frac{1}{\sqrt{k}}\cdot\frac{2\sqrt[4]{q}\sin x(1-2q^2\cos 2x+q^4)(1-2q^4\cos 2x+q^8)(1-2q^6\cos 2x+q^{12})\dots}{(1-2q\cos 2x+q^2)(1-2q^3\cos 2x+q^6)(1-2q^5\cos 2x+q^{10})\dots}$$

$$\cos\operatorname{am}\frac{2Kx}{\pi}=\sqrt{\frac{k'}{k}}\cdot\frac{2\sqrt[4]{q}\cos x(1+2q^2\cos 2x+q^4)(1+2q^4\cos 2x+q^8)(1+2q^6\cos 2x+q^{12})\dots}{(1-2q\cos 2x+q^2)(1-2q^3\cos 2x+q^6)(1-q^5\cos 2x+q^{10})\dots}$$

$$\Delta\operatorname{am}\frac{2Kx}{\pi}=\sqrt{k'}\,.\,\frac{(1+2q\cos 2x+q^2)(1+2q^3\cos 2x+q^6)(1+2q^5\cos 2x+q^{10})\dots}{(1-2q\cos 2x+q^2)(1-2q^3\cos 2x+q^6)(1-2q^5\cos 2x+q^{10})\dots}.$$

Aequationibus in se ductis:

$$B=2\sqrt[4]{q}\sqrt{\frac{k'}{k}}=\left\{\frac{(1-q)(1-q^3)(1-q^5)\,..}{(1+q^2)(1+q^4)(1+q^6)\,..}\right\}^2$$

$$C=\sqrt{k'}=\left\{\frac{(1-q)(1-q^3)(1-q^5)\dots}{(1+q)(1+q^3)(1+q^5)\dots}\right\}^2.$$

prodit:

$$\frac{2\sqrt[4]{q}\,.\,k'}{\sqrt{k}}=\frac{\{(1-q)(1-q^3)(1-q^5)\,..\}^4}{\{(1+q)(1+q^2)(1+q^3)\,..\}^2}.$$

Iam vero secundum *Eulerum* in *Introd. (de Partitione Numerorum)* est:

$$(1+q)(1+q^2)(1+q^3)\ldots = \frac{(1-q^2)(1-q^4)(1-q^6)\ldots}{(1-q)(1-q^2)(1-q^3)\ldots}$$

$$= \frac{1}{(1-q)(1-q^3)(1-q^5)\ldots},$$

unde obtinemus:

$$1)\quad \left\{(1-q)(1-q^3)(1-q^5)(1-q^7)\ldots\right\}^6 = \frac{2\sqrt[4]{q}\,k'}{\sqrt{k}}.$$

Advocata formula:

$$A = \frac{\pi\sqrt[4]{q}}{\sqrt{k}.K} = \left\{\frac{(1-q)(1-q^3)(1-q^5)\ldots}{(1-q^2)(1-q^4)(1-q^6)\ldots}\right\}^2,$$

fit:

$$2)\quad \left\{(1-q^2)(1-q^4)(1-q^6)(1-q^8)\ldots\right\}^6 = \frac{2kk'K^3}{\pi^3\sqrt{q}}, \text{ unde etiam:}$$

$$3)\quad \left\{(1-q)(1-q^2)(1-q^3)(1-q^4)\ldots\right\}^6 = \frac{4\sqrt{k}\,k'k'K^3}{\pi^3\sqrt[4]{q}}.$$

Quibus addere licet, quae facile sequuntur, formulas:

$$4)\quad \left\{(1+q)(1+q^3)(1+q^5)(1+q^7)\ldots\right\}^6 = \frac{2\sqrt[4]{q}}{\sqrt{kk'}}$$

$$5)\quad \left\{(1+q^2)(1+q^4)(1+q^6)(1+q^8)\ldots\right\}^6 = \frac{k}{4\sqrt{k'}\sqrt{q}}$$

$$6)\quad \left\{(1+q)(1+q^2)(1+q^3)(1+q^4)\ldots\right\}^6 = \frac{\sqrt{k}}{2k'\sqrt[4]{q}}.$$

E quibus etiam colligitur:

$$7)\quad k = 4\sqrt{q}\left\{\frac{(1+q^2)(1+q^4)(1+q^6)\ldots}{(1+q)(1+q^3)(1+q^5)\ldots}\right\}^4$$

$$8)\quad k' = \left\{\frac{(1-q)(1-q^3)(1-q^5)\ldots}{(1+q)(1+q^3)(1+q^5)\ldots}\right\}^4$$

$$9)\quad \frac{2K}{\pi} = \left\{\frac{(1-q^2)(1-q^4)(1-q^6)\ldots}{(1-q)(1-q^3)(1-q^5)\ldots}\right\}^2\left\{\frac{(1+q)(1+q^3)(1+q^5)\ldots}{(1+q^2)(1+q^4)(1+q^6)\ldots}\right\}^2$$

$$10)\quad \frac{2kK}{\pi} = 4\sqrt{q}\left\{\frac{(1-q^4)(1-q^8)(1-q^{12})\ldots}{(1-q^2)(1-q^6)(1-q^{10})\ldots}\right\}^2$$

$$11)\quad \frac{2k'K}{\pi} = \left\{\frac{(1-q)(1-q^2)(1-q^3)\ldots}{(1+q)(1+q^2)(1+q^3)\ldots}\right\}^2$$

$$12)\quad \frac{2\sqrt{k}.K}{\pi} = 2\sqrt[4]{q}\left\{\frac{(1-q^2)(1-q^4)(1-q^6)\ldots}{(1-q)(1-q^3)(1-q^5)\ldots}\right\}^2$$

$$13)\quad \frac{2\sqrt{k'}K}{\pi} = \left\{\frac{(1-q^2)(1-q^4)(1-q^6)\ldots}{(1+q^2)(1+q^4)(1+q^6)\ldots}\right\}^2.$$

E formulis 7), 8) sequitur aequatio identica satis abstrusa:

$$14)\quad \left\{(1-q)(1-q^3)(1-q^5)\ldots\right\}^8 + 16q\left\{(1+q^2)(1+q^4)(1+q^6)\ldots\right\}^8$$
$$=$$
$$\left\{(1+q)(1+q^3)(1+q^5)\ldots\right\}^8.$$

37.

Vidimus supra, ubi de proprietatibus aequationum Modularium actum est, mutato k in $\frac{1}{k}$, abire K in k (K + iK'), K' in kK'; porro fieri:

$$\sin\mathrm{am}\left(ku, \frac{ik'}{k}\right) = \cos\mathrm{coam}(u, k')$$

$$\cos\mathrm{am}\left(ku, \frac{ik'}{k}\right) = \sin\mathrm{coam}(u, k')$$

$$\Delta\,\mathrm{am}\left(ku, \frac{ik'}{k}\right) = \frac{1}{\Delta\,\mathrm{am}(u, k')}.$$

Commutatis inter se k et k', hinc sequitur, ubi k' in $\frac{1}{k'}$ seu k in $\frac{ik}{k'}$ abeat, simul abire K in k'K, K' in k' (K' + iK); porro fieri:

$$\sin\mathrm{am}\left(k'u, \frac{ik}{k'}\right) = \cos\mathrm{coam}\, u$$

$$\cos\mathrm{am}\left(k'u, \frac{ik}{k'}\right) = \sin\mathrm{coam}\, u$$

$$\Delta\,\mathrm{am}\left(k'u, \frac{ik}{k'}\right) = \frac{1}{\Delta\,\mathrm{am}\, u},$$

unde etiam:

$$\mathrm{am}\left(k'u, \frac{ik}{k'}\right) = \frac{\pi}{2} - \mathrm{coam}\, u.$$

At mutato K in k'K, K' in k'(K' + i K), abit $q = e^{\frac{-\pi K'}{K}}$ in $-q$, unde vice versâ fluit

THEOREMA I.

Mutato q in $-q$ abit:

$$k \text{ in } \frac{ik}{k'}, \quad k' \text{ in } \frac{1}{k'}$$

$$K \text{ in } k'K, \quad K' \text{ in } k'(K' + iK)$$

$$\sin \text{am} \frac{2Kx}{\pi} \text{ in } \cos \text{coam} \frac{2Kx}{\pi}$$

$$\cos \text{am} \frac{2Kx}{\pi} \text{ in } \sin \text{coam} \frac{2Kx}{\pi}$$

$$\Delta \text{ am} \frac{2Kx}{\pi} \text{ in } \frac{1}{\Delta \text{ am} \frac{2Kx}{\pi}}$$

$$\text{am} \frac{2Kx}{\pi} \text{ in } \frac{\pi}{2} - \text{coam} \frac{2Kx}{\pi};$$

mutato simul q in $-q$, x in $\frac{\pi}{2} - x$, abit:

$$\text{am} \frac{2Kx}{\pi} \text{ in } \frac{\pi}{2} - \text{am} \frac{2Kx}{\pi}$$

$$\sin \text{am} \frac{2Kx}{\pi} \text{ in } \cos \text{am} \frac{2Kx}{\pi}$$

$$\cos \text{am} \frac{2Kx}{\pi} \text{ in } \sin \text{am} \frac{2Kx}{\pi}$$

$$\Delta \text{ am} \frac{2Kx}{\pi} \text{ in } \frac{1}{k'} \Delta \text{ am} \frac{2Kx}{\pi}$$

Inquiramus adhuc, quasnam Functiones Ellipticae, mutato q vel in q^2 vel in $\sqrt{q}$, subeant mutationes.

Vidimus supra, Modulum λ, per transformationem realem primam n^{ti} ordinis a Modulo k derivatum, ea insigni gaudere facultate, ut sit:

$$\frac{\Lambda'}{\Lambda} = n \cdot \frac{K'}{K};$$

unde mutato k in λ, abit $q = e^{-\frac{K'\pi}{K}}$ in q^n. Idem, a nobis de transformationibus imparis ordinis generaliter probatum, iam dudum a Cl. Legendre de transformatione secundi ordinis probatum est, videlicet posito $\lambda = \frac{1-k'}{1+k'}$ fieri:

$$\Lambda = \left(\frac{1+k'}{2}\right)K, \quad \Lambda' = (1+k')K', \quad \frac{\Lambda'}{\Lambda} = 2 . \frac{K'}{K},$$

unde videmus, mutato k in $\frac{1-k'}{1+k'}$ abire q in q^2. Hinc vice versâ obtinemus

THEOREMA II.

„Mutato q in q^2 abit k in $\frac{1-k'}{1+k'}$, K in $\left(\frac{1+k'}{2}\right)$ K,"

unde etiam:

k' in $\frac{2\sqrt{k'}}{1+k'}$	$1+k$ in $\frac{2}{1+k'}$
$k'K$ in $\sqrt{k'}K$	$1-k$ in $\frac{2k'}{1+k'}$
$\sqrt{k}$ in $\frac{k}{1+k'}$	$1+k'$ in $\frac{(1+\sqrt{k'})^2}{1+k'}$
$\sqrt{k}.K$ in $\frac{kK}{2}$	$1-k'$ in $\frac{(1-\sqrt{k'})^2}{1+k'}$.

Ex inversione huius theorematis obtinetur alterum

THEOREMA III.

„Mutato q in $\sqrt{q}$, abit k in $\frac{2\sqrt{k}}{1+k}$, K in $(1+k)$ K,"

unde etiam:

k' in $\frac{1-k}{1+k}$	$1+k$ in $\frac{(1+\sqrt{k})^2}{1+k}$
$\sqrt{k'}$ in $\frac{k'}{1+k}$	$1-k$ in $\frac{(1-\sqrt{k})^2}{1+k}$
kK in $2\sqrt{k}.K$	$1+k'$ in $\frac{2}{1+k}$
$\sqrt{k'}K$ in $k'K$	$1-k'$ in $\frac{2k}{1+k}$.

Quae tria theoremata evolutionibus §§. 35. 36 propositis multimodis confirmantur, suamque in sequentibus frequentissimam inveniunt applicationem. Quippe quorum ope vel ex aliis alias derivare licet formulas, vel aliunde inventae commode confirmantur.

38.

Quantitates, in quas posito q^m loco q abeunt k, k', K, designemus per $k^{(m)}$, $k^{(m)'}$, $K^{(m)}$, ita ut $k^{(m)}$ sit Modulus per transformationem realem primam n^{ti} ordinis erutus, eiusque complementum $k^{(m)'}$. Ponamus in aequatione:

$$\sqrt{k'} = \left\{\frac{(1-q)(1-q^3)(1-q^5)(1-q^7)\dots}{(1+q)(1+q^3)(1+q^5)(1+q^7)\dots}\right\}^2$$

loco q successive q^2, q^4, q^8, q^{16}, cet., prodit facta multiplicatione infinita:

$$\sqrt{k^{(2)'}\,k^{(4)'}\,k^{(8)'}\,k^{(16)'}\dots} = \left\{\frac{(1-q^2)(1-q^4)(1-q^6)(1-q^8)\dots}{(1+q^2)(1+q^4)(1+q^6)(1+q^8)\dots}\right\}^2;$$

at invenimus:

$$\left\{\frac{(1-q^2)(1-q^4)(1-q^6)(1-q^8)\dots}{(1+q^2)(1+q^4)(1+q^6)(1+q^8)\dots}\right\}^2 = \frac{2\sqrt{k'}K}{\pi},$$

unde:

$$1)\quad \frac{2K}{\pi} = \sqrt{\frac{k^{(2)'}\,k^{(4)'}\,k^{(8)'}\,k^{(16)'}\dots\dots}{k'}}.$$

Cum sit $k^{(2)'} = \frac{2\sqrt{k'}}{1+k'}$, fit ex 1):

$$\left(\frac{2K}{\pi}\right)^2 = \frac{1}{k'}\cdot\frac{2\sqrt{k'}}{1+k'}\cdot\frac{2\sqrt{k^{(2)'}}}{1+k^{(2)'}}\cdot\frac{2\sqrt{k^{(4)'}}}{1+k^{(4)'}}\cdot\frac{2\sqrt{k^{(8)'}}}{1+k^{(8)'}}\dots,$$

unde divisione facta per 1):

$$2)\quad \frac{2K}{\pi} = \frac{2}{1+k'}\cdot\frac{2}{1+k^{(2)'}}\cdot\frac{2}{1+k^{(4)'}}\cdot\frac{2}{1+k^{(8)'}}\dots$$

Quae etiam eo obtinetur formula, quod sit:

$$\frac{2K}{\pi} = \frac{2K^{(2)}}{\pi}\cdot\frac{2}{1+k'}$$

$$\frac{2K^{(2)}}{\pi} = \frac{2K^{(4)}}{\pi}\cdot\frac{2}{1+k^{(2)'}}$$

$$\frac{2K^{(4)}}{\pi} = \frac{2K^{(8)}}{\pi}\cdot\frac{2}{1+k^{(4)'}}$$

$$\dots\quad,$$

unde cum, crescente m in infinitum, limes expressionis $\frac{2K^{(m)}}{\pi}$ sit 1, facto producto infinito prodit 2). Posito:

$$m = 1 \;,\qquad n = k'$$

$$m' = \frac{m+n}{2},\quad n' = \sqrt{mn}$$

$$m'' = \frac{m'+n'}{2},\quad n'' = \sqrt{m'n'}$$

$$m''' = \frac{m''+n''}{2},\quad n''' = \sqrt{m''n''}$$

$$\cdot\quad\cdot\quad\cdot\quad,$$

fit:

$$k^{(2)'} = \frac{2\sqrt{k'}}{1+k'} = \frac{n'}{m'}$$

$$k^{(4)'} = \frac{2\sqrt{k^{(2)'}}}{1+k^{(2)'}} = \frac{n''}{m''}$$

$$k^{(8)'} = \frac{2\sqrt{k^{(4)'}}}{1+k^{(4)'}} = \frac{n'''}{m'''}$$

$$\cdot\quad\cdot\quad\cdot\quad,$$

unde:

$$\frac{2}{1+k'} = \frac{m}{m'},\quad \frac{2}{1+k^{(2)'}} = \frac{m'}{m''},\quad \frac{2}{1+k^{(4)'}} = \frac{m''}{m'''},\quad \dots$$

ideoque:

$$\frac{2K}{\pi} = \frac{m}{m'}\cdot\frac{m'}{m''}\cdot\frac{m''}{m'''}\cdot\frac{m'''}{m''''}\cdots;$$

seu designante μ limitem communem, ad quem $m^{(p)}$, $n^{(p)}$ convergunt, crescente n in infinitum:

$$3)\quad \frac{2K}{\pi} = \frac{1}{\mu}.$$

Quae abunde nota sunt.

Ponamus rursus in formula:

$$\Delta\,\mathrm{am}\,\frac{2Kx}{\pi} =$$

$$\sqrt{k'}\;\frac{(1+2q\cos 2x+q^2)(1+2q^3\cos 2x+q^6)(1+2q^5\cos 2x+q^{10})\dots}{(1-2q\cos 2x+q^2)(1-2q^3\cos 2x+q^6)(1-2q^5\cos 2x+q^{10})\dots}$$

loco q successive q^2, q^4, q^8, cet.; sit porro:

$$S = \Delta\,\mathrm{am}\left(\frac{2K^{(2)}x}{\pi},\ k^{(2)}\right)\Delta\,\mathrm{am}\left(\frac{2K^{(4)}x}{\pi},\ k^{(4)}\right)\Delta\,\mathrm{am}\left(\frac{2K^{(8)}x}{\pi},\ k^{(8)}\right)\ldots.$$

Facto producto infinito, cum sit:

$$\frac{2\sqrt{k'}K}{\pi} = \sqrt{k^{(2)\prime}\,k^{(4)\prime}\,k^{(8)\prime}\,k^{(16)\prime}\ldots},$$

obtinemus:

$$S = \frac{2\sqrt{k'}K}{\pi}\cdot\frac{(1+2q^2\cos 2x+q^4)(1+2q^4\cos 2x+q^8)(1+2q^6\cos 2x+q^{12})\ldots}{(1-2q^2\cos 2x+q^4)(1-2q^4\cos 2x+q^8)(1-2q^6\cos 2x+q^{12})\ldots}.$$

Iam vero e formulis:

$$\sin\mathrm{am}\frac{2Kx}{\pi} =$$
$$\frac{2}{\sqrt{k}}\cdot\frac{\sqrt[4]{q}\,\sin x(1-2q^2\cos 2x+q^4)(1-2q^4\cos 2x+q^8)(1-2q^6\cos 2x+q^{12})\ldots}{(1-2q\cos 2x+q^2)(1-2q^3\cos 2x+q^6)(1-2q^5\cos 2x+q^{10})\ldots}$$

$$\cos\mathrm{am}\frac{2Kx}{\pi} =$$
$$2\sqrt{\frac{k'}{k}}\;\frac{\sqrt[4]{q}\cos x(1+2q^2\cos 2x+q^4)(1+2q^4\cos 2x+q^8)(1+2q^6\cos 2x+q^{12})\ldots}{(1-2q\cos 2x+q^2)(1-2q^3\cos 2x+q^6)(1-q^5\cos 2x+q^{10})\ldots},$$

obtinemus:

$$\mathrm{tang\,am}\frac{2Kx}{\pi} =$$
$$\frac{1}{\sqrt{k'}}\;\frac{\mathrm{tang}.\,x(1-2q^2\cos 2x+q^4)(1-2q^4\cos 2x+q^8)(1-2q^6\cos 2x+q^{12})\ldots}{(1+2q^2\cos 2x+q^4)(1+2q^4\cos 2x+q^8)(1+2q^6\cos 2x+q^{12})\ldots}.$$

unde prodit formula memorabilis:

$$4)\quad \mathrm{tang}\,x = \frac{S.\ \mathrm{tg\,am}\dfrac{2Kx}{\pi}}{\dfrac{2K}{\pi}}.$$

Ut eandem per formulas notas demonstremus, advocemus formulam pro transformatione secundi ordinis, qualem Cl. *Gauss* exhibuit in Commentatione inscripta: „*Determinatio Attractionis*" cet.:

$$\sin\mathrm{am}\frac{2Kx}{\pi} = \frac{(1+k^{(2)})\sin\mathrm{am}\left(\dfrac{2K^{(2)}x}{\pi},\ k^{(2)}\right)}{1+k^{(2)}\sin^2\mathrm{am}\left(\dfrac{2K^{(2)}x}{\pi},\ k^{(2)}\right)},$$

quae brevitatis causa posito:

$$\mathrm{am}\left(\frac{2K^{(m)}x}{\pi},\ k^{(m)}\right) = \varphi^{(m)},\quad \Delta\,\mathrm{am}\left(\frac{2K^{(m)}x}{\pi},\ k^{(m)}\right) = \Delta^{(m)},$$

ita exhibetur:

$$\sin\varphi = \frac{(1+k^{(2)})\sin\varphi^{(2)}}{1+k^{(2)}\sin^2\varphi^{(2)}},$$

unde etiam:

$$\cos\varphi = \frac{\cos\varphi^{(2)}\,\Delta^{(2)}}{1+k^{(2)}\sin^2\varphi^{(2)}}$$

$$\Delta(\varphi) = \frac{1-k^{(2)}\sin^2\varphi^{(2)}}{1+k^{(2)}\sin^2\varphi^{(2)}}$$

$$\mathrm{tg}\,\varphi = \frac{(1+k^{(2)})\,\mathrm{tg}\,\varphi^{(2)}}{\Delta^{(2)}}.$$

Formula postrema ita quoque repraesentari potest:

$$\frac{\mathrm{tg}\,\varphi}{\frac{2K}{\pi}} = \frac{\mathrm{tg}\,\varphi^{(2)}}{\frac{2K^{(2)}}{\pi}}\cdot\frac{1}{\Delta^{(2)}}.$$

unde loco q successive posito q^2, q^4, q^8, ..., quo facto k, K, φ abeunt in $k^{(2)}$, $k^{(4)}$, $k^{(8)}$, ..; $K^{(2)}$, $K^{(4)}$, $K^{(8)}$, ...; $\varphi^{(2)}$, $\varphi^{(4)}$, $\varphi^{(8)}$, ..., obtinemus:

$$\frac{\mathrm{tg}\,\varphi^{(2)}}{\frac{2K^{(2)}}{\pi}} = \frac{\mathrm{tg}\,\varphi^{(4)}}{\frac{2K^{(4)}}{\pi}}\cdot\frac{1}{\Delta^{(4)}}$$

$$\frac{\mathrm{tg}\,\varphi^{(4)}}{\frac{2K^{(4)}}{\pi}} = \frac{\mathrm{tg}\,\varphi^{(8)}}{\frac{2K^{(8)}}{\pi}}\cdot\frac{1}{\Delta^{(8)}}$$

$$\frac{\mathrm{tg}\,\varphi^{(8)}}{\frac{2K^{(8)}}{\pi}} = \frac{\mathrm{tg}\,\varphi^{(16)}}{\frac{2K^{(16)}}{\pi}}\cdot\frac{1}{\Delta^{(16)}}$$

. . .

Iam limes expressionis

$$\frac{\mathrm{tg}\,\varphi^{(p)}}{\frac{2K^{(p)}}{\pi}} = \frac{\mathrm{tg}\,\mathrm{am}\left(\frac{2K^{(p)}x}{\pi},\ k^{(p)}\right)}{\frac{2K^{(p)}}{\pi}},$$

crescente p in infinitum, fit

tang x;

tum enim fit $k^{(p)} = 0$, $K^{(p)} = \frac{\pi}{2}$, $\operatorname{am}(u, k) = u$; unde iam facto producto infinito et posito, ut supra, $S = \Delta^{(2)} \Delta^{(4)} \Delta^{(8)} \ldots$, prodit:

$$\frac{\operatorname{tg} \phi}{\frac{2K}{\pi}} = \frac{\operatorname{tg} x}{S},$$

quae est formula demonstranda.

E formula:

$$\operatorname{tg} x = \frac{S \operatorname{tg} \phi}{\frac{2K}{\pi}}$$

Algorithmus non inelegans peti potest ad computanda Integralia Elliptica primae speciei *indefinita*; idque ope formulae, probatu facilis:

$$\Delta^{(2)} = \sqrt{\frac{2(\Delta + k')}{(1+k')(1+\Delta)}}.$$

Quem in finem proponimus

THEOREMA.

Posito

$$\int_0^{\phi} \frac{d\phi}{\sqrt{mm \operatorname{Cos} \phi^2 + nn \operatorname{Sin} \phi^2}} = \Phi,$$

$$\sqrt{mm \operatorname{Cos} \phi^2 + nn \operatorname{Sin} \phi^2} = \Delta,$$

formentur expressiones:

$$\frac{m+n}{2} = m' \qquad \sqrt{mn} = n' \qquad \Delta' = \sqrt{\frac{mm'(\Delta+n)}{m+\Delta}}$$

$$\frac{m'+n'}{2} = m'' \qquad \sqrt{m'n'} = n'' \qquad \Delta'' = \sqrt{\frac{m'm''(\Delta'+n')}{m'+\Delta'}}$$

$$\frac{m''+n''}{2} = m''' \qquad \sqrt{m''n''} = n''' \qquad \Delta''' = \sqrt{\frac{m''m'''(\Delta''+n'')}{m''+\Delta''}}$$

. . . . ,

N

designante μ limitem communem, ad quem quantitates $m^{(p)}$, $\Delta^{(p)}$, $n^{(p)}$ crescente p rapidissime convergunt, erit:

$$\operatorname{tang}\mu\Phi = \frac{\Delta'\Delta''\Delta'''\ldots}{m\,m'\,m''\ldots}\cdot\operatorname{tang}\varphi.$$

Iisdem methodis, quibus in antecedentibus usi sumus, invenitur etiam valor producti infiniti

$$\frac{2\sqrt[4]{q}}{\sqrt{k}}\cdot\frac{2\sqrt[4]{q^2}}{\sqrt{k^{(2)}}}\cdot\frac{2\sqrt[4]{q^4}}{\sqrt{k^{(4)}}}\cdot\frac{2\sqrt[4]{q^8}}{\sqrt{k^{(8)}}}\cdots$$

Quem in finem allegamus formulas §. 36, 4), 5):

$$\left\{(1+q)(1+q^3)(1+q^5)(1+q^7)\ldots\right\}^6 = \frac{2\sqrt[4]{q}}{\sqrt{kk'}}$$

$$\left\{(1+q^2)(1+q^4)(1+q^6)(1+q^8)\ldots\right\}^6 = \frac{k}{4\sqrt{k'}\sqrt{q}}.$$

quarum posterior e priori nascitur loco q posito successive q^2, q^4, q^8 cet. et facto producto infinito, unde obtinemus:

$$\frac{k}{4\sqrt{k'}\sqrt{q}} = \frac{2\sqrt[4]{q^2}}{\sqrt{k^{(2)}k^{(2)\prime}}}\cdot\frac{2\sqrt[4]{q^4}}{\sqrt{k^{(4)}k^{(4)\prime}}}\cdot\frac{2\sqrt[4]{q^8}}{\sqrt{k^{(8)}k^{(8)\prime}}}\cdots$$

Iam vero eruimus 1):

$$\frac{2K}{\pi} = \sqrt{\frac{k^{(2)\prime}k^{(4)\prime}k^{(8)\prime}\ldots}{k'}},$$

unde:

$$5)\quad \frac{\sqrt{k}}{2\sqrt[4]{q}}\cdot\frac{2K}{\pi} = \frac{2\sqrt[4]{q}}{\sqrt{k}}\cdot\frac{2\sqrt[4]{q^2}}{\sqrt{k^{(2)}}}\cdot\frac{2\sqrt[4]{q^4}}{\sqrt{k^{(4)}}}\cdot\frac{2\sqrt[4]{q^8}}{\sqrt{k^{(8)}}}\cdots$$

Quae licet aliena videri possint ab instituto nostro, cum nec elegantia careant, et magnopere faciant ad perspiciendam naturam evolutionum propositarum, opposuisse iuvat.

EVOLUTIO FUNCTIONUM ELLIPTICARUM IN SERIES SECUNDUM SINUS VEL COSINUS MULTIPLORUM ARGUMENTI PROGREDIENTES.

39.

E formulis supra traditis:

$$1)\quad \sin\mathrm{am}\frac{2Kx}{\pi} = \frac{2\sqrt[4]{q}}{\sqrt{k}}\sin x\,.\,\frac{(1-2q^2\cos 2x+q^4)(1-2q^4\cos 2x+q^8)(1-2q^6\cos 2x+q^{12})\ldots}{(1-2q\cos 2x+q^2)(1-2q^3\cos 2x+q^6)(1-2q^5\cos 2x+q^{10})\ldots}$$

$$2)\quad \cos\mathrm{am}\frac{2Kx}{\pi} = \frac{2\sqrt[4]{q}\,\sqrt{k'}}{\sqrt{k}}\cos x\,.\,\frac{(1+2q^2\cos 2x+q^4)(1+2q^4\cos 2x+q^8)(1+2q^6\cos 2x+q^{12})\ldots}{(1-2q\cos 2x+q^2)(1-2q^3\cos 2x+q^6)(1-2q^5\cos 2x+q^{10})\ldots}$$

$$3)\quad \Delta\,\mathrm{am}\frac{2Kx}{\pi} = \sqrt{k'}\,\frac{(1+2q\cos 2x+q^2)(1+2q^3\cos 2x+q^6)(1+2q^5\cos 2x+q^{10})\ldots}{(1-2q\cos 2x+q^2)(1-2q^3\cos 2x+q^6)(1-2q^5\cos 2x+q^{10})\ldots}$$

$$4)\quad \sqrt{\frac{1-\sin\mathrm{am}\frac{2Kx}{\pi}}{1+\sin\mathrm{am}\frac{2Kx}{\pi}}} = \sqrt{\frac{1-\sin x}{1+\sin x}}\,.\,\frac{(1-2q\sin x+q^2)(1-2q^2\sin x+q^4)(1-2q\sin x+q^6)\ldots}{(1+2q\sin x+q^2)(1+2q^2\sin x+q^4)(1+2q^3\sin x+q^6)\ldots}$$

$$5)\quad \sqrt{\frac{1-k\sin\mathrm{am}\frac{2Kx}{\pi}}{1+k\sin\mathrm{am}\frac{2Kx}{\pi}}} = \sqrt{k'}\,\frac{(1-2\sqrt{q}\sin x+q)(1-2\sqrt{q^3}\sin x+q^3)(1-2\sqrt{q^5}\sin x+q^5)\ldots}{(1+2\sqrt{q}\sin x+q)(1+2\sqrt{q^3}\sin x+q^3)(1+2\sqrt{q^5}\sin x+q^5)\ldots},$$

logarithmis singulorum factorum in altera aequationum parte evolutis, post reductiones obvias, sequuntur hae:

$$6)\quad \log\sin\mathrm{am}\frac{2Kx}{\pi} = \log\left\{\frac{2\sqrt[4]{q}\sin x}{\sqrt{k}}\right\} + \frac{2q\cos 2x}{1+q} + \frac{2q^2\cos 4x}{2(1+q^2)} + \frac{2q^3\cos 6x}{3(1+q^3)} + \ldots$$

$$7)\quad \log\cos\mathrm{am}\frac{2Kx}{\pi} = \log\left\{2\sqrt[4]{q}\sqrt{\frac{k'}{k}}\cos x\right\} + \frac{2q\cos 2x}{1-q} + \frac{2q^2\cos 4x}{2(1+q^2)} + \frac{2q^3\cos 6x}{3(1-q^3)} + \ldots$$

$$8)\quad \log\Delta\,\mathrm{am}\frac{2Kx}{\pi} = \log\sqrt{k'} + \frac{4q\cos 2x}{1-q^2} + \frac{4q^3\cos 6x}{3(1-q^6)} + \frac{4q^5\cos 10x}{5(1-q^{10})} + \ldots$$

$$9)\quad \log\sqrt{\frac{1+\sin\mathrm{am}\frac{2Kx}{\pi}}{1-\sin\mathrm{am}\frac{2Kx}{\pi}}} = \log\sqrt{\frac{1+\sin x}{1-\sin x}} + \frac{4q\sin x}{1-q} - \frac{4q^3\sin 3x}{3(1-q^3)} + \frac{4q^5\sin 5x}{5(1-q^5)} - \ldots$$

$$10)\quad \log\sqrt{\frac{1-k\sin\operatorname{am}\frac{2Kx}{\pi}}{1+k\sin\operatorname{am}\frac{2Kx}{\pi}}} = \frac{4\sqrt{q}\sin x}{1-q} - \frac{4\sqrt{q^3}\sin 3x}{3(1-q^3)} + \frac{4\sqrt{q^5}\sin 5x}{5(1-q^5)} - \dots$$

Quibus formulis differentiatis, ubi adnotamus formulas differentiales probatu faciles:

$$\frac{d\,.\log\sin\operatorname{am}\frac{2Kx}{\pi}}{dx} = \frac{2k'K}{\pi}\cdot\frac{\cos\operatorname{am}\frac{2Kx}{\pi}}{\cos\operatorname{coam}\frac{2Kx}{\pi}}$$

$$-\frac{d\,.\log\cos\operatorname{am}\frac{2Kx}{\pi}}{dx} = \frac{2K}{\pi}\cdot\frac{\sin\operatorname{am}\frac{2Kx}{\pi}}{\sin\operatorname{coam}\frac{2Kx}{\pi}} = \frac{2K}{\pi}\,.\operatorname{tg}\left(\frac{\operatorname{am}\frac{4Kx}{\pi}}{2}\right)$$

$$-\frac{d\,.\log\Delta\operatorname{am}\frac{2Kx}{\pi}}{dx} = \frac{2k^2K}{\pi}\,.\sin\operatorname{am}\frac{2Kx}{\pi}\sin\operatorname{coam}\frac{2Kx}{\pi}$$

$$\frac{d\,.\log\sqrt{\frac{1+\sin\operatorname{am}\frac{2Kx}{\pi}}{1-\sin\operatorname{am}\frac{2Kx}{\pi}}}}{dx} = \frac{2K}{\pi}\cdot\frac{1}{\sin\operatorname{coam}\frac{2Kx}{\pi}}$$

$$\frac{d\,.\log\sqrt{\frac{1+k\sin\operatorname{am}\frac{2Kx}{\pi}}{1-k\sin\operatorname{am}\frac{2Kx}{\pi}}}}{dx} = \frac{2kK}{\pi}\,.\sin\operatorname{coam}\frac{2Kx}{\pi},$$

eruimus sequentes:

$$11)\quad \frac{2k'K}{\pi}\cdot\frac{\cos\operatorname{am}\frac{2Kx}{\pi}}{\cos\operatorname{coam}\frac{2Kx}{\pi}} = \operatorname{cotg}x - \frac{4q\sin 2x}{1+q} - \frac{4q^2\sin 4x}{1+q^2} - \frac{4q^3\sin 6x}{1+q^3} - \dots$$

$$12)\quad \frac{2K}{\pi}\cdot\frac{\sin\operatorname{am}\frac{2Kx}{\pi}}{\sin\operatorname{coam}\frac{2Kx}{\pi}} = \operatorname{tg}x + \frac{4q\sin 2x}{1-q} + \frac{4q^2\sin 4x}{1+q^2} + \frac{4q^3\sin 6x}{1-q^3} + \dots$$

$$13)\quad \frac{2k^2K}{\pi}\,.\sin\operatorname{am}\frac{2Kx}{\pi}\sin\operatorname{coam}\frac{2Kx}{\pi} = \frac{8q\sin 2x}{1-q^2} + \frac{8q^3\sin 6x}{1-q^6} + \frac{8q^5\sin 10x}{1-q^{10}} + \dots$$

14) $$\frac{2K}{\pi \sin \operatorname{coam} \frac{2Kx}{\pi}} = \frac{1}{\cos x} + \frac{4q\cos x}{1-q} - \frac{4q^3\cos 3x}{1-q^3} + \frac{4q^5\cos 5x}{1-q^5} - \ldots$$

15) $$\frac{2kK}{\pi} \cdot \sin \operatorname{coam} \frac{2Kx}{\pi} = \frac{4\sqrt{q}\cos x}{1-q} - \frac{4\sqrt{q^3}\cos 3x}{1-q^3} + \frac{4\sqrt{q^5}\cos 5x}{1-q^5} - \ldots$$

Ubi in his formulis loco x ponitur $\frac{\pi}{2} - x$, eruitur:

16) $$\frac{2k'K}{\pi} \cdot \frac{\cos \operatorname{coam} \frac{2Kx}{\pi}}{\cos \operatorname{am} \frac{2Kx}{\pi}} = \operatorname{tg} x - \frac{4q\sin 2x}{1+q} + \frac{4q^2\sin 4x}{1+q^2} - \frac{4q^3\sin 6x}{1+q^3} + \ldots$$

17) $$\frac{2K}{\pi} \cdot \frac{\sin \operatorname{coam} \frac{2Kx}{\pi}}{\sin \operatorname{am} \frac{2Kx}{\pi}} = \operatorname{cotg} x + \frac{4q\sin 2x}{1-q} - \frac{4q^2\sin 4x}{1+q^2} + \frac{4q^3\sin 6x}{1-q^3} - \ldots$$

18) $$\frac{2K}{\pi \sin \operatorname{am} \frac{2Kx}{\pi}} = \frac{1}{\sin x} + \frac{4q\sin x}{1-q} + \frac{4q^3\sin 3x}{1-q^3} + \frac{4q^5\sin 5x}{1-q^5} + \ldots$$

19) $$\frac{2kK}{\pi} \cdot \sin \operatorname{am} \frac{2Kx}{\pi} = \frac{4\sqrt{q}\sin x}{1-q} + \frac{4\sqrt{q^3}\sin 3x}{1-q^3} + \frac{4\sqrt{q^5}\sin 5x}{1-q^5} + \ldots$$

Formula 13) ponendo $\frac{\pi}{2} - x$ loco x immutata manet.

Mutando q in $-q$ e theoremate I. §. 37 formulae 11), 12) in 17), 16) abeunt; 13) immutata manet; e formulis 14), 15), 18), 19) obtinemus:

20) $$\frac{2k'K}{\pi \cos \operatorname{am} \frac{2Kx}{\pi}} = \frac{1}{\cos x} - \frac{4q\cos x}{1+q} + \frac{4q^3\cos 3x}{1-q^3} - \frac{4q^5\cos 5x}{1+q^5} + \ldots$$

21) $$\frac{2kK}{\pi} \cdot \cos \operatorname{am} \frac{2Kx}{\pi} = \frac{4\sqrt{q}\cos x}{1+q} + \frac{4\sqrt{q^3}\cos 3x}{1+q^3} + \frac{4\sqrt{q^5}\cos 5x}{1+q^5} + \ldots$$

22) $$\frac{2k'K}{\pi \cos \operatorname{coam} \frac{2Kx}{\pi}} = \frac{1}{\sin x} - \frac{4q\sin x}{1+q} - \frac{4q^3\sin 3x}{1+q^3} - \frac{4q^5\sin 5x}{1+q^5} - \ldots$$

23) $$\frac{2kK}{\pi} \cdot \cos \operatorname{coam} \frac{2Kx}{\pi} = \frac{4\sqrt{q}\sin x}{1+q} - \frac{4\sqrt{q^3}\sin 3x}{1+q^3} + \frac{4\sqrt{q^5}\sin 5x}{1+q^5} - \ldots$$

Formulae 19), 21) per evolutiones notas ex iis etiam facile derivari possunt, quas supra attulimus §. 35. 6), 7):

$$\sin \operatorname{am} \frac{2Kx}{\pi} = \frac{2\pi}{kK} \sin x \left(\frac{\sqrt{q}(1+q)}{1-2q\cos 2x+q^2} + \frac{\sqrt{q^3}(1+q^3)}{1-2q^3\cos 2x+q^6} + \frac{\sqrt{q^5}(1+q^5)}{1-2q^5\cos 2x+q^{10}} + \dots \right)$$

$$\cos \operatorname{am} \frac{2Kx}{\pi} = \frac{2\pi}{kK} \cos x \left(\frac{\sqrt{q}(1-q)}{1-2q\cos 2x+q^2} - \frac{\sqrt{q^3}(1-q^3)}{1-2q^3\cos 2x+q^6} + \frac{\sqrt{q^5}(1-q^5)}{1-2q^5\cos 2x+q^{10}} - \dots \right),$$

E formula 9) §. 35:

$$\operatorname{am} \frac{2Kx}{\pi} =$$

$$\pm x + 2 \operatorname{Arc tg}\left(\left(\frac{1+q}{1-q}\right) \operatorname{tg} x\right) - 2 \operatorname{Arc tg}\left(\left(\frac{1+q^3}{1-q^3}\right) \operatorname{tg} x\right) + 2 \operatorname{Arc tg}\left(\left(\frac{1+q^5}{1-q}\right) \operatorname{tg} x\right) - \dots$$

sequitur adhuc:

$$24)\quad \operatorname{am} \frac{2Kx}{\pi} = x + \frac{2q\sin 2x}{1+q^2} + \frac{2q^2\sin 4x}{2(1+q^4)} + \frac{2q^3\sin 6x}{3(1+q^6)} + \dots$$

Eandem enim pro signi ambigui ratione ita repraesentare licet:

$$\begin{array}{llll} + x + 2 \operatorname{Arc tg}. \dfrac{(1+q)t}{1-q} & - 2 \operatorname{Arc tg}. \dfrac{(1+q^3)t}{1-q^3} & + 2 \operatorname{Arc tg}. \dfrac{(1+q^5)t}{1-q^5} & - \\ \quad - 2x & \quad + 2x & \quad - 2x & + \end{array}$$

siquidem brevitatis causa $t = \operatorname{tg} x$. Fit autem:

$$\operatorname{Arc tg}. \frac{(1+q)t}{1-q} - x = \operatorname{Arc tg}. \left\{ \frac{(1+q)t - (1-q)t}{1-q+(1+q)tt} \right\} =$$

$$\operatorname{Arc tg}. \left\{ \frac{2qt}{1+tt-q(1-tt)} \right\} = \operatorname{Arc tg}. \left\{ \frac{q\sin 2x}{1-q\cos 2x} \right\},$$

unde $\operatorname{am} \frac{2Kx}{\pi} =$

$$x + 2 \operatorname{Arc tg}. \frac{q\sin 2x}{1-q\cos 2x} - 2 \operatorname{Arc tg}. \frac{q^3\sin 2x}{1-q^3\cos 2x} + 2 \operatorname{Arc tg}. \frac{q^5\sin 2x}{1-q^5\cos 2x} - \dots,$$

sive cum sit:

$$\operatorname{Arc tg}. \frac{q\sin 2x}{1-q\cos 2x} = q\sin 2x + \frac{q^2\sin 4x}{2} + \frac{q^3\sin 6x}{3} + \dots,$$

fit $\operatorname{am} \frac{2Kx}{\pi} =$

$$x + \frac{2q\sin 2x}{1+q^2} + \frac{2q^2\sin 4x}{2(1+q^4)} + \frac{2q^3\sin 6x}{3(1+q^6)} + \dots,$$

quae est formula 24). E cuius differentiatione prodit:

$$25)\quad \frac{2K}{\pi}\cdot\Delta\,\mathrm{am}\,\frac{2Kx}{\pi} = 1 + \frac{4q\cos 2x}{1+q^2} + \frac{4q^2\cos 4x}{1+q^4} + \frac{4q^3\cos 6x}{1+q^6} + \ldots,$$

unde etiam, posito $-q$ loco q seu $\frac{\pi}{2} - x$ loco x:

$$26)\quad \frac{2k'K}{\pi\Delta\,\mathrm{am}\,\frac{2Kx}{\pi}} = 1 - \frac{4q\cos 2x}{1+q^2} + \frac{4q^2\cos 4x}{1+q^4} - \frac{4q^3\cos 6x}{1+q^6} + \ldots$$

40.

E formulis propositis, ponendo $x = 0$ vel aliis modis facile eruuntur sequentes:

$$1)\quad \log k = \log 4\sqrt{q} - \frac{4q}{1+q} + \frac{4q^2}{2(1+q^2)} - \frac{4q^3}{3(1+q^3)} + \frac{4q^4}{4(1+q^4)} - \ldots$$

$$2)\quad -\log k' = \frac{8q}{1-q^2} + \frac{8q^3}{3(1-q^6)} + \frac{8q^5}{5(1-q^{10})} + \frac{8q^7}{7(1-q^{14})} + \ldots$$

$$3)\quad \log\frac{2K}{\pi} = \frac{4q}{1+q} + \frac{4q^3}{3(1+q^3)} + \frac{4q^5}{5(1+q^5)} + \frac{4q^7}{7(1+q^7)} + \ldots$$

$$4)\quad \frac{2K}{\pi} = 1 + \frac{4q}{1-q} - \frac{4q^3}{1-q^3} + \frac{4q^5}{1-q^5} + \ldots$$

$$= 1 + \frac{4q}{1+q^2} + \frac{4q^2}{1+q^4} + \frac{4q^3}{1+q^6} + \ldots$$

$$5)\quad \frac{2kK}{\pi} = \frac{4\sqrt{q}}{1-q} - \frac{4\sqrt{q^3}}{1-q^3} + \frac{4\sqrt{q^5}}{1-q^5} - \ldots$$

$$= \frac{4\sqrt{q}}{1+q} + \frac{4\sqrt{q^3}}{1+q^3} + \frac{4\sqrt{q^5}}{1+q^5} + \ldots$$

$$6)\quad \frac{2k'K}{\pi} = 1 - \frac{4q}{1+q} + \frac{4q^3}{1+q^3} - \frac{4q^5}{1+q^5} + \ldots$$

$$= 1 - \frac{4q}{1+q^2} + \frac{4q^2}{1+q^4} - \frac{4q^3}{1+q^6} + \ldots$$

$$7)\quad \frac{2\sqrt{k'}K}{\pi} = 1 - \frac{4q^2}{1+q^2} + \frac{4q^6}{1+q^6} - \frac{4q^{10}}{1+q^{10}} + \ldots$$

$$= 1 - \frac{4q^2}{1+q^4} + \frac{4q^4}{1+q^8} - \frac{4q^6}{1+q^{12}} + \ldots$$

$$8)\quad \frac{4KK}{\pi\pi} = 1 + \frac{8q}{1-q} + \frac{16q^2}{1+q^2} + \frac{24q^3}{1-q^3} + \ldots$$

$$= 1 + \frac{8q}{(1-q)^2} + \frac{8q^2}{(1+q^2)^2} + \frac{8q^3}{(1-q^3)^2} + \ldots$$

$$9)\quad \frac{4kkKK}{\pi\pi} = \frac{16q}{1-q^2} + \frac{48q^3}{1-q^6} + \frac{80q^5}{1-q^{10}} + \ldots$$
$$= \frac{16q(1+q^2)}{(1-q^2)^2} + \frac{16q^3(1+q^6)}{(1-q^6)^2} + \frac{16q^5(1+q^{10})}{(1-q^{10})^2} + \ldots$$

$$10)\quad \frac{4k'k'KK}{\pi\pi} = 1 - \frac{8q}{1+q} + \frac{16q^2}{1+q^2} - \frac{24q^3}{1+q^3} + \ldots$$
$$= 1 - \frac{8q}{(1+q)^2} + \frac{8q^2}{(1+q^2)^2} - \frac{8q^3}{(1+q^3)^2} + \ldots$$

$$11)\quad \frac{4kk'KK}{\pi\pi} = \frac{4\sqrt{q}}{1+q} - \frac{12\sqrt{q^3}}{1+q^3} + \frac{20\sqrt{q^5}}{1+q^5} \ldots$$
$$= \frac{4\sqrt{q}(1+q)}{(1+q)^2} + \frac{4\sqrt{q^3}(1+q^3)}{(1+q^3)^2} + \frac{4\sqrt{q^5}(1+q^5)}{(1+q^5)^2} + \ldots$$

$$12)\quad \frac{4k'KK}{\pi\pi} = 1 - \frac{8q^2}{1+q^2} + \frac{16q^4}{1+q^4} - \frac{24q^6}{1+q^6} + \ldots$$
$$= 1 - \frac{8q^2}{(1+q^2)^2} + \frac{8q^4}{(1+q^4)^2} - \frac{8q^6}{(1+q^6)^2} + \ldots$$

$$13)\quad \frac{4kKK}{\pi\pi} = \frac{4\sqrt{q}}{1-q} + \frac{12\sqrt{q^3}}{1-q^3} + \frac{20\sqrt{q^5}}{1-q^5} - \ldots$$
$$= \frac{4\sqrt{q}(1+q)}{(1-q)^2} + \frac{4\sqrt{q^3}(1+q^3)}{(1-q^3)^2} + \frac{4\sqrt{q^5}(1+q^5)}{(1-q^5)^2} + .$$

Formulas 4) - 13) duplici modo repraesentavimus; facile autem repraesentatio altera ex altera sequitur, ubi singuli denominatores in seriem evolvantur. Adnotemus adhuc, secundum theoremata §. 37 proposita e duabus ex earum numero, 4ta et 8va, derivari posse omnes. Ponendo enim $\sqrt{q}$ loco q, cum abeat K in $(1+k)K$, subtrahendo e formula 4) prodit 5); deinde ponendo $-q$ loco q, abit K in $k'K$, unde e formulis 4), 8) prodeunt 6), 10); 5) immutata manet. Ponendo q^2 loco q abit $k'K$ in $\sqrt{k'}K$, unde e 6), 10) prodeunt 7), 12). Ex 8), 10), quia $kk+k'k'=1$, prodit 9). Ponendo $\sqrt{q}$ loco q, abit kK in $2\sqrt{k}\,K$, unde e 9) prodit 13). Ponendo $-q$ loco q, abit kKK in $ikk'KK$, unde e 13) prodit 11). Ceterum pro ipso Modulo vel Complemento eiusmodi series non extare videntur.

Formulis propositis ad dignitates ipsius q evolutis, obtinemus:

$$14)\quad \log k = \log 4\sqrt{q} - 4q + 6q^2 - \frac{16}{3}q^3 + 3q^4 - \frac{24}{5}q^5 + 8q^6 - \frac{32}{7}q^7 + \frac{3}{2}q^8 - \frac{52}{9}q^9 + \frac{36}{5}q^{10} \ldots$$

$$15)\quad -\log k' = 8q + \frac{32}{3}q^3 + \frac{48}{5}q^5 + \frac{64}{7}q^7 + \frac{104}{9}q^9 + \frac{96}{11}q^{11} + \frac{112}{13}q^{13} + \frac{192}{15}q^{15} \ldots$$

16) $$\log\frac{2K}{\pi} = 4q - 4q^2 + \frac{16}{3}q^3 - 4q^4 + \frac{24}{5}q^5 - \frac{16}{3}q^6 + \frac{32}{7}q^7 - 4q^8 + \frac{52}{9}q^9 - \frac{24}{10}q^{10} + \ldots$$

17) $$\frac{2K}{\pi} = 1 + 4q + 4q^2 + 4q^4 + 8q^5 + 4q^8 + 4q^9 + 8q^{10} + 8q^{13} + 4q^{16} + 8q^{17} + 4q^{18} + \ldots$$

18) $$\frac{2kK}{\pi} = 4\sqrt{q} + 8\sqrt{q^5} + 4\sqrt{q^9} + 8\sqrt{q^{13}} + 8\sqrt{q^{17}} + 12\sqrt{q^{25}} + 8\sqrt{q^{29}} + 8\sqrt{q^{37}} + \ldots$$

19) $$\frac{2k'K}{\pi} = 1 - 4q + 4q^2 + 4q^4 - 8q^5 + 4q^8 - 4q^9 + 8q^{10} - 8q^{13} + 4q^{16} - 8q^{17} + 4q^{18} \ldots$$

20) $$\frac{2\sqrt{k'}K}{\pi} = 1 - 4q^2 + 4q^4 + 4q^8 - 8q^{10} + 4q^{16} - 4q^{18} + 8q^{20} - 8q^{26} + 4q^{32} \ldots$$

21) $$\frac{4KK}{\pi\pi} = 1 + 8q + 24q^2 + 32q^3 + 24q^4 + 48q^5 + 96q^6 + 64q^7 + 24q^8 + \ldots$$

22) $$\frac{4kkKK}{\pi\pi} = 16q + 64q^3 + 96q^5 + 128q^7 + 208q^9 + 192q^{11} + 224q^{13} + 384q^{15} + \ldots$$

23) $$\frac{4k'k'KK}{\pi\pi} = 1 - 8q + 24q^2 - 32q^3 + 24q^4 - 48q^5 + 96q^6 - 64q^7 + 24q^8 \ldots$$

24) $$\frac{4kk'KK}{\pi\pi} = 4\sqrt{q} - 16\sqrt{q^3} + 24\sqrt{q^5} - 32\sqrt{q^7} + 52\sqrt{q^9} - 48\sqrt{q^{11}} + 56\sqrt{q^{13}} - \ldots$$

25) $$\frac{4k'KK}{\pi\pi} = 1 - 8q^2 + 24q^4 - 32q^6 + 24q^8 - 48q^{10} + 96q^{12} - 64q^{14} + 24q^{16} - 104q^{18} + \ldots$$

26) $$\frac{4kKK}{\pi\pi} = 4\sqrt{q} + 16\sqrt{q^3} + 24\sqrt{q^5} + 32\sqrt{q^7} + 52\sqrt{q^9} + 48\sqrt{q^{11}} + 56\sqrt{q^{13}} + \ldots$$

Quarum serierum lex et ratio quo melius perspiciatur, denotabimus eas signo summatorio Σ termino earum generali praefixo. Statuamus, p esse *numerum imparem*, $\varphi(p)$ *summam factorum ipsius* p. Tum fit:

27) $$\log k = \log 4\sqrt{q} - 4\,\Sigma\,\frac{\varphi(p)}{p}\left\{q^p - \frac{3q^{2p}}{2} - \frac{3}{4}q^{4p} - \frac{3}{8}q^{8p} - \frac{3}{16}q^{16p} - \ldots\right\}$$

28) $$-\log k' = 8\,\Sigma\,\frac{\varphi(p)}{p}\,q^p$$

29) $$\log\frac{2K}{\pi} = 4\,\Sigma\,\frac{\varphi(p)}{p}\left\{q^p - q^{2p} - q^{4p} - q^{8p} - q^{16p} - \ldots\right\}.$$

Porro sit n *numerus impar, cuius factores primi omnes formam* $4a+1$ *habent*, $\psi(n)$ *numerus factorum* ipsius n; l, m numeri omnes a 0 usque ad ∞: obtinemus:

30) $$\frac{2K}{\pi} = 1 + 4\,\Sigma\,\psi(n)\,q^{2^l(4m-1)^2 n}$$

$$31)\quad \frac{2kK}{\pi} = \qquad 4\,\Sigma\,\psi(n)\,q^{\frac{(4m-1)^2 n}{2}}$$

$$32)\quad \frac{2k'K}{\pi} = 1 - 4\,\Sigma\,\psi(n)\,q^{(4m-1)^2 n} + 4\,\Sigma\,\psi(n)\,q^{2^{l+1}(4m-1)^2 n}$$

$$33)\quad \frac{2\sqrt{k'}\,K}{\pi} = 1 - 4\,\Sigma\,\psi(n)\,q^{2(4m-1)^2 n} + 4\,\Sigma\,\psi(n)\,q^{2^{l+2}(4m-1)^2 n}.$$

Designante p rursus numerum imparem, $\varphi(p)$ summam factorum ipsius p: fit

$$34)\quad \frac{4KK}{\pi\pi} = 1 + 8\,\Sigma\,\varphi(p)\left\{q^p + 3q^{2p} + 3q^{4p} + 3q^{8p} + 3q^{16p} + \dots\right\}$$

$$35)\quad \frac{4kkKK}{\pi\pi} = \qquad 16\,\Sigma\,\varphi(p)\,q^p$$

$$36)\quad \frac{4k'k'KK}{\pi\pi} = 1 + 8\,\Sigma\,\varphi(p)\left\{-q^p + 3q^{2p} + 3q^{4p} + 3q^{8p} + 3q^{16p} + \dots\right\}$$

$$37)\quad \frac{4kk'KK}{\pi\pi} = \qquad 4\,\Sigma\,(-1)^{\frac{p-1}{2}}\,\varphi(p)\sqrt{q^p}$$

$$38)\quad \frac{4k'KK}{\pi\pi} = 1 + 8\,\Sigma\,\varphi(p)\left\{-q^{2p} + 3q^{4p} + 3q^{8p} + 3q^{16p} + 3q^{32p} + \dots\right\}$$

$$39)\quad \frac{4kKK}{\pi\pi} = \qquad 4\,\Sigma\,\varphi(p)\sqrt{q^p}\,.$$

Demonstremus formulam 27). Invenimus 1):

$$\log k = \log 4\sqrt{q} - \frac{4q}{1+q} + \frac{4q^2}{2(1+q^2)} - \frac{4q^3}{3(1+q^3)} + \dots,$$

quod ponamus $= \log 4\sqrt{q} + 4\,\Sigma\,A^{(x)} q^x$. Sit x numerus impar $p = m\,m'$, e quovis termino $-\frac{q^m}{m(1+q^m)}$, prodit $\frac{-q^p}{m}$, unde constat, fore $A^{(p)} = -\frac{\varphi(p)}{p}$. Iam sit x numerus par $= 2^l p = 2^l m\,m'$: e terminis

$$\frac{-q^m}{m(1+q^m)} + \frac{q^{2m}}{2m(1+q^{2m})} + \frac{q^{4m}}{4m(1+q^{4m})} + \frac{q^{8m}}{8m(1+q^{8m})} + \dots + \frac{q^{2^l m}}{2^l m(1+q^{2^l m})}$$

provenit

$$\frac{q^x}{m}\left\{1 - \frac{1}{2} - \frac{1}{4} - \frac{1}{8} \dots - \frac{1}{2^{l-1}} + \frac{1}{2^l}\right\} = \frac{3q^x}{2^l m},$$

unde $A^{(x)} = \frac{3\varphi(p)}{2^l p}$, id quod formulam propositam suppeditat.

Demonstremus formulam 30). Invenimus 4):

$$\frac{2K}{\pi} = 1 + \frac{4q}{1-q} - \frac{4q^3}{1-q^3} + \frac{4q^5}{1-q^5} - \ldots = 1 + 4\,\Sigma\, A^{(x)} q^x.$$

Sit $B^{(x)}$ numerus factorum ipsius x, qui formam $4m+1$ habent, $C^{(x)}$ numerus factorum, qui formam $4m+3$ habent, facile patet, fore $A^{(x)} = B^{(x)} - C^{(x)}$. Sit $x = 2^l n n'$, ita ut n sit numerus impar, cuius factores primi omnes formam $4m+1$, n' numerus impar, cuius factores primi omnes formam $4m-1$ habent, facile probatur, nisi sit n' numerus quadratus, semper fore $B^{(x)} - C^{(x)} = 0$, ubi vero n' est numerus quadratus, fore $B^{(x)} - C^{(x)} = B^{(n)} = \psi(n)$, formula 30) fluit.

Postremo probemus formulam 34). Invenimus 8):

$$\frac{4KK}{\pi\pi} = 1 + \frac{8q}{1-q} + \frac{16q^2}{1+q^2} + \frac{24q^3}{1-q^3} + \frac{32q^4}{1+q^4} + \ldots = 1 + 8\,\Sigma\, A^{(x)} q^x.$$

Designante x numerum imparem, facile patet, fore $A^{(x)} = \varphi(x)$; ubi vero x numerus par $= 2^l p$, designante p numerum imparem, quoties m factor ipsius p, e terminis

$$8\left\{\frac{mq^m}{1-q^m} + \frac{2mq^{2m}}{1+q^{2m}} + \frac{4mq^{4m}}{1+q^{4m}} + \frac{8mq^{8m}}{1+q^{8m}} + \ldots + \frac{2^l m q^{2^l m}}{1+q^{2^l m}}\right\}$$

prodit $8mq^x\{1 - 2 - 4 - 8 - \ldots - 2^{l-1} + 2^l\} = 24 m q^x$, unde eo casu $A^{(x)} = 3\varphi(p)$, id quod formulam propositam suggerit. Reliquae similiter demonstrantur vel ex his deduci possunt.

Expressiones $\cos\operatorname{am}\frac{2Kx}{\pi}$, $\Delta\operatorname{am}\frac{2Kx}{\pi}$, $\frac{1}{\cos\operatorname{am}\frac{2Kx}{\pi}}$ ad dignitates ipsius x evolutas, Coëfficientem ipsius x^2 nanciscimur resp. $-\frac{1}{2}\left(\frac{2K}{\pi}\right)^2$, $-\frac{1}{2}\left(\frac{2kK}{\pi}\right)^2$, $+\frac{1}{2}\left(\frac{2K}{\pi}\right)^2$, unde e formulis $\S^i$ antecedentis 21), 20), 24) prodire videmus sequentes:

40) $$k\left(\frac{2K}{\pi}\right)^3 = 4\left\{\frac{\sqrt{q}}{1+q} + \frac{9\sqrt{q^3}}{1+q^3} + \frac{25\sqrt{q^5}}{1+q^5} + \frac{49\sqrt{q^7}}{1+q^7} + \ldots\right\} =$$
$$4\left\{\frac{\sqrt{q}(1+6q+q^2)}{(1-q)^3} - \frac{\sqrt{q^3}(1+6q^3+q^6)}{(1-q^3)^3} + \frac{\sqrt{q^5}(1+6q^5+q^{10})}{(1-q^5)^3} - \ldots\right\}$$

41) $$k'\left(\frac{2K}{\pi}\right)^3 = 1 + 4\left\{\frac{q}{1+q} - \frac{9q^3}{1+q^3} + \frac{25q^5}{1+q^5} - \frac{49q^7}{1+q^7} + \ldots\right\} =$$
$$1 + 4\left\{\frac{q(1-6q^2+q^4)}{(1+q^2)^3} - \frac{q^2(1-6q^4+q^8)}{(1+q^4)^3} + \frac{q^3(1-6q^6+q^{12})}{(1+q^6)^3} - \ldots\right\}$$

$$42)\quad kk\left(\frac{2K}{\pi}\right)^3 = 16\left\{\frac{q}{1+q^2}+\frac{4q^2}{1+q^4}+\frac{9q^3}{1+q^6}+\frac{16q^4}{1+q^8}+\ldots\right\} =$$
$$16\left\{\frac{q(1+q)}{(1-q)^3}-\frac{q^3(1+q^3)}{(1-q^3)^3}+\frac{q^5(1+q^5)}{(1-q^5)^3}+\ldots\right\}.$$

Ex his posito $-q$ loco q obtinemus:

$$43)\quad kk'k'\left(\frac{2K}{\pi}\right)^3 = 4\left\{\frac{\sqrt{q}}{1-q}-\frac{9\sqrt{q^3}}{1-q^3}+\frac{25\sqrt{q^5}}{1-q^5}-\frac{49\sqrt{q^7}}{1-q^7}+\ldots\right\}$$

$$44)\quad k'k'\left(\frac{2K}{\pi}\right)^3 = 1-4\left\{\frac{q}{1-q}-\frac{9q^3}{1-q^3}+\frac{25q^5}{1-q^5}-\frac{49q^7}{1-q^7}+\ldots\right\}$$

$$45)\quad k'kk\left(\frac{2K}{\pi}\right)^3 = 16\left\{\frac{q}{1+q^2}-\frac{4q^2}{1+q^4}+\frac{9q^3}{1+q^6}-\frac{16q^4}{1+q^8}+\ldots\right\}.$$

Formulis 42), 44) additis, obtinemus $\left(\frac{2K}{\pi}\right)^3$; 40) et 43), 41) et 45) subductis obtinemus $\left(\frac{2kK}{\pi}\right)^3$, $\left(\frac{2k'K}{\pi}\right)^3$, e quibus posito resp. $\sqrt{q}$, q^2 loco q prodit $\left(\frac{4\sqrt{kK}}{\pi}\right)^3$, $\left(\frac{2\sqrt{k'K}}{\pi}\right)^3$; e $\left(\frac{4\sqrt{kK}}{\pi}\right)^3$ posito $-q$ loco q obtinetur $\left(\frac{4\sqrt{kk'}K}{\pi}\right)^3$.

Sub finem, posito $k = \sin\vartheta$, evolvamus ipsum $\vartheta = \text{Arc.}\sin k$. Vidimus, posito $\sqrt{q}$ loco q abire k' in $\frac{1-k}{1+k}$; ponamus rursus $-q$ loco q, abit k in $\frac{ik}{k'}$, sive in $i.\text{tang}\,\vartheta$; ita ut posito $i\sqrt{q}$ loco q, expressio $\frac{-\log k'}{2i}$ mutetur in

$$-\frac{1}{2i}\log\left(\frac{1-i\,\text{tang}\,\vartheta}{1+i\,\text{tang}\,\vartheta}\right) = \vartheta.$$

Hinc e formula 2)

$$-\log k' = \frac{8q}{1-q^2}+\frac{8q^3}{3(1-q^6)}+\frac{8q^5}{5(1-q^{10})}+\frac{8q^7}{7(1-q^{14})}+\ldots$$

eruimus:

$$46)\quad \vartheta = \text{Arc}\sin k = \frac{4\sqrt{q}}{1+q}-\frac{4\sqrt{q^3}}{3(1+q^3)}+\frac{4\sqrt{q^5}}{5(1+q^5)}-\frac{4\sqrt{q^7}}{7(1+q^7)}+\ldots,$$

quae in hanc facile transformatur:

$$47)\quad \frac{\vartheta}{4} = \text{Arc tg}\sqrt{q}-\text{Arc tg}\sqrt{q^3}+\text{Arc tg}\sqrt{q^5}-\text{Arc tg}\sqrt{q^7}+\ldots,$$

quae inter formulas elegantissimas censeri debet.

41.

Aequationem supra exhibitam:

$$\frac{2kK}{\pi}\sin\mathrm{am}\frac{2Kx}{\pi}=\frac{4\sqrt{q}\sin x}{1-q}+\frac{4\sqrt{q^3}\sin 3x}{1-q^3}+\frac{4\sqrt{q^5}\sin 5x}{1-q^5}+$$

in se ipsam ducamus. Loco $2\sin mx\sin nx$ ubique substituto $\cos(m-n)x-\cos(m+n)x$, factum induit formam:

$$\left(\frac{2kK}{\pi}\right)^2\sin^2\mathrm{am}\frac{2Kx}{\pi}=A+A'\cos 2x+A''\cos 4x+A'''\cos 6x+\ldots.$$

Invenitur:

$$A=\frac{8q}{(1-q)^2}+\frac{8q^3}{(1-q^3)^2}+\frac{8q^5}{(1-q^5)^2}+.$$

Porro fit:

$$A^{(n)}=16B^{(n)}-8C^{(n)}=8\left\{2B^{(n)}-C^{(n)}\right\},$$

siquidem ponitur:

$$B^{(n)}=\frac{q^{n+1}}{(1-q)(1-q^{2n+1})}+\frac{q^{n+3}}{(1-q^3)(1-q^{2n+3})}+\frac{q^{n+5}}{(1-q^5)(1-q^{2n+5})}+\text{cet. in inf.}$$

$$C^{(n)}=\frac{q^n}{(1-q)(1-q^{2n-1})}+\frac{q^n}{(1-q^3)(1-q^{2n-3})}+\frac{q^n}{(1-q^5)(1-q^{2n-5})}+\ldots+\frac{q^n}{(1-q^{2n-1})(1-q)}.$$

Iam cum sit:

$$\frac{q^{n+m}}{(1-q^m)(1-q^{2n+m})}=\frac{q^n}{1-q^{2n}}\left\{\frac{q^m}{1-q^m}-\frac{q^{2n+m}}{1-q^{2n+m}}\right\},$$

fit $B^{(n)}=$

$$\frac{q^n}{1-q^{2n}}\left\{\frac{q}{1-q}+\frac{q^3}{1-q^3}+\frac{q^5}{1-q^5}+\ldots\right\}$$
$$-\frac{q^n}{1-q^{2n}}\left\{\frac{q^{2n+1}}{1-q^{2n+1}}+\frac{q^{2n+3}}{1-q^{2n+3}}+\frac{q^{2n+5}}{1-q^{2n+5}}+\ldots\right\},$$

sive sublatis, qui se destruunt, terminis:

$$B^{(n)}=\frac{q^n}{1-q^{2n}}\left\{\frac{q}{1-q}+\frac{q^3}{1-q^3}+\ldots+\frac{q^{2n-1}}{1-q^{2n-1}}\right\}.$$

Porro fit:

$$\frac{q^n}{(1-q^m)(1-q^{2n-m})} = \frac{q^n}{1-q^{2n}}\left\{\frac{q^m}{1-q^m} + \frac{q^{2n-m}}{1-q^{2n-m}} + 1\right\},$$

unde

$$C^{(n)} = \frac{n q^n}{1-q^{2n}} + \frac{2q^n}{1-q^{2n}}\left\{\frac{q}{1-q} + \frac{q^3}{1-q^3} + \ldots + \frac{q^{2n-1}}{1-q^{2n-1}}\right\}.$$

Hinc tandem prodit:

$$A^{(n)} = 8\left\{2B^{(n)} - C^{(n)}\right\} = \frac{-8nq^n}{1-q^{2n}},$$

unde iam:

$$1)\quad \left(\frac{2kK}{\pi}\right)^2 \sin^2 \operatorname{am} \frac{2Kx}{\pi} = A - 8\left\{\frac{q\cos 2x}{1-q^2} + \frac{2q^2\cos 4x}{1-q^4} + \frac{3q^3\cos 6x}{1-q^6} + \ldots\right\}.$$

Simili modo vel ex 1) invenitur:

$$2)\quad \left(\frac{2kK}{\pi}\right)^2 \cos^2 \operatorname{am} \frac{2Kx}{\pi} = B + 8\left\{\frac{q\cos 2x}{1-q^2} + \frac{2q^2\cos 4x}{1-q^4} + \frac{3q^3\cos 6x}{1-q^6} + \ldots\right\},$$

siquidem:

$$A = 8\left\{\frac{q}{(1-q)^2} + \frac{q^3}{(1-q^3)^2} + \frac{q^5}{(1-q^5)^2} + \ldots\right\}$$

$$B = 8\left\{\frac{q}{(1+q)^2} + \frac{q^3}{(1+q^3)^2} + \frac{q^5}{(1+q^5)^2} + \ldots\right\}.$$

E noto Calculi Integralis theoremate fit, quoties

$$\varphi x = A + A'\cos 2x + A''\cos 4x + A'''\cos 6x + \ldots,$$

terminus primus seu constans:

$$A = \frac{2}{\pi}\int_0^{\frac{\pi}{2}} \varphi(x)\,.\,dx,$$

unde nanciscimur hoc loco:

$$A = \frac{2}{\pi}\cdot\left(\frac{2kK}{\pi}\right)^2 \int_0^{\frac{\pi}{2}} \sin^2 \operatorname{am} \frac{2Kx}{\pi}\,.\,dx.$$

$$B = \frac{2}{\pi}\left(\frac{2kK}{\pi}\right)^2 \int_0^{\frac{\pi}{2}} \cos^2 \operatorname{am} \frac{2Kx}{\pi}\,.\,dx.$$

Ponamus cum Cl. Legendre

$$E^{\mathrm{I}} = \int_0^{\frac{\pi}{2}} d\varphi \Delta(\varphi) = \frac{2K}{\pi} \int_0^{\frac{\pi}{2}} dx \,.\, \Delta^2 \mathrm{am} \frac{2Kx}{\pi},$$

erit:

$$A = \frac{2K}{\pi} \cdot \frac{2K}{\pi} - \frac{2K}{\pi} \cdot \frac{2E^{\mathrm{I}}}{\pi}$$

$$B = \frac{2K}{\pi} \cdot \frac{2E^{\mathrm{I}}}{\pi} - \left(\frac{2k'K}{\pi}\right)^2.$$

Hinc etiam, cum mutato q in $-q$, abeat A in $-B$, K in $k'K$, sequitur simul abire E^{I} in $\frac{E^{\mathrm{I}}}{k'}$.

Adnotemus adhuc e formula 1) sequi:

$$3) \quad kk\left(\frac{2K}{\pi}\right)^4 = 16\left\{\frac{q}{1-q^2} + \frac{2^3 q^2}{1-q^4} + \frac{3^3 q^3}{1-q^6} + \frac{4^3 q^4}{1-q^8} + \dots\right\}$$

$$= 16\left\{\frac{q(1+4q+q^2)}{(1-q)^4} + \frac{q^3(1+4q^3+q^6)}{(1-q^3)^4} + \frac{q^5(1+4q^5+q^{10})}{(1-q^5)^4} + \dots\right\},$$

unde etiam mutato q in $-q$:

$$4) \quad k^2 k'^2 \left(\frac{2K}{\pi}\right)^4 = 16\left\{\frac{q}{1-q^2} - \frac{2^3 q^2}{1-q^4} + \frac{3^3 q^3}{1-q^6} - \frac{4^3 q^4}{1-q^8} + \dots\right\}$$

$$= 16\left\{\frac{q(1-4q+q^2)}{(1+q)^4} + \frac{q^3(1-4q^3+q^6)}{(1+q^3)^4} + \frac{q^5(1-4q^5+q^{10})}{(1-q^5)^4} + \dots\right\}.$$

Subtracta formula 4) a 3), prodit:

$$5) \quad \left(\frac{2kK}{\pi}\right)^4 = 256\left\{\frac{q^2}{1-q^4} + \frac{2^3 q^4}{1-q^8} + \frac{3^3 q^6}{1-q^{12}} + \frac{4^3 q^8}{1-q^{16}} + \dots\right\}$$

$$= 256\left\{\frac{q^2(1+4q^2+q^4)}{(1-q^2)^4} + \frac{q^6(1+4q^6+q^{12})}{(1-q^6)^4} + \frac{q^{10}(1+4q^{10}+q^{20})}{(1-q^{10})^4} + \dots\right\},$$

quem etiam e 3), mutato q in q^2, obtines.

42.

Methodo simili atque formula 1) inventa est, in expressionem

$$\frac{\left(\frac{2K}{\pi}\right)^2}{\sin^2 \operatorname{am} \frac{2Kx}{\pi}}$$

in seriem evolvendam inquirere possemus, siquidem formula 18) §. 39 in se ipsam ducatur. Id quod tamen facilius ex ipsa 1) absolvitur consideratione sequente.

Etenim formula:

$$\frac{d \,.\, \log \sin \operatorname{am} \frac{2Kx}{\pi}}{dx} = \frac{2K}{\pi} \cdot \frac{\sqrt{1-(1+kk)\sin^2 \operatorname{am} \frac{2Kx}{\pi} + kk \sin^4 \operatorname{am} \frac{2Kx}{\pi}}}{\sin \operatorname{am} \frac{2Kx}{\pi}}$$

iterum differentiata, factis reductionibus, obtinemus:

$$1) \quad \frac{d^2 \,.\, \log \sin \operatorname{am} \frac{2Kx}{\pi}}{dx^2} = \left(\frac{2K}{\pi}\right)^2 \left\{ kk \sin^2 \operatorname{am} \frac{2Kx}{\pi} - \frac{1}{\sin^2 \operatorname{am} \frac{2Kx}{\pi}} \right\}.$$

Iam vero invenimus §. 39, 6):

$$\log \sin \operatorname{am} \frac{2Kx}{\pi} = \log\left(\frac{2\sqrt[4]{q}}{\sqrt{k}}\right) + \log \sin x + 2\left\{ \frac{q \cos 2x}{1+q} + \frac{q^2 \cos 4x}{2(1+q^2)} + \frac{q^3 \cos 6x}{3(1+q^3)} + \ldots \right\},$$

unde:

$$\frac{d^2 \log \sin \operatorname{am} \frac{2Kx}{\pi}}{dx^2} = -\frac{1}{\sin^2 x} - 8\left\{ \frac{q \cos 2x}{1+q} + \frac{2q^2 \cos 4x}{1+q^2} + \frac{3q^3 \cos 6x}{1+q^3} + \ldots \right\}.$$

Porro est §. 41, 1):

$$\left(\frac{2kK}{\pi}\right)^2 \sin^2 \operatorname{am} \frac{2Kx}{\pi} =$$

$$\frac{2K}{\pi} \cdot \frac{2K}{\pi} - \frac{2K}{\pi} \cdot \frac{2E^{\mathrm{I}}}{\pi} - 8\left\{ \frac{q \cos 2x}{1-q^2} + \frac{2q^2 \cos 4x}{1-q^4} + \frac{3q^3 \cos 6x}{1-q^6} + \ldots \right\},$$

unde cum e formula 1) sit:

$$\frac{\left(\frac{2K}{\pi}\right)^2}{\sin^2 \operatorname{am} \frac{2Kx}{\pi}} = \left(\frac{2kK}{\pi}\right)^2 \sin^2 \operatorname{am} \frac{2Kx}{\pi} - \frac{d^2 \log \sin \operatorname{am} \frac{2Kx}{\pi}}{dx^2},$$

provenit, quod quaerimus:

$$2)\quad \frac{\left(\frac{2K}{\pi}\right)^2}{\sin^2 \operatorname{am} \frac{2Kx}{\pi}} =$$

$$\frac{2K}{\pi}\cdot\frac{2K}{\pi} - \frac{2K}{\pi}\cdot\frac{2E^I}{\pi} + \frac{1}{\sin^2 x} - 8\left\{\frac{q^2\cos 2x}{1-q^2} + \frac{2q^4\cos 4x}{1-q^4} + \frac{3q^6\cos 6x}{1-q^6} + \ldots\right\}.$$

Mutatis simul q in $-q$ et x in $\frac{\pi}{2} - x$, unde K in $k'K$, E^I in $\frac{E^I}{k'}$ §. 41, $\sin \operatorname{am} \frac{2Kx}{\pi}$ in $\cos \operatorname{am} \frac{2Kx}{\pi}$ abit, e 2) prodit:

$$3)\quad \frac{\left(\frac{2k'K}{\pi}\right)^2}{\cos^2 \operatorname{am} \frac{2Kx}{\pi}} =$$

$$\left(\frac{2k'K}{\pi}\right)^2 - \frac{2K}{\pi}\cdot\frac{2E^I}{\pi} + \frac{1}{\cos^2 x} + 8\left\{\frac{q^2\cos 2x}{1-q^2} - \frac{2q^4\cos 4x}{1-q^4} + \frac{3q^6\cos 6x}{1-q^6} - \ldots\right\}.$$

His adiungo, quae facile e §. 41. 1) sequuntur, hasce:

$$4)\quad \left(\frac{2K}{\pi}\right)^2 \Delta^2 \operatorname{am} \frac{2Kx}{\pi} = \frac{2K}{\pi}\cdot\frac{2E^I}{\pi} + 8\left\{\frac{q\cos 2x}{1-q^2} + \frac{2q^2\cos 4x}{1-q^4} + \frac{3q^3\cos 6x}{1-q^6} + \ldots\right\}$$

$$5)\quad \frac{\left(\frac{2k'K}{\pi}\right)^2}{\Delta^2 \operatorname{am} \frac{2Kx}{\pi}} = \frac{2K}{\pi}\cdot\frac{2E^I}{\pi} - 8\left\{\frac{q\cos 2x}{1-q^2} - \frac{2q^2\cos 4x}{1-q^4} + \frac{3q^3\cos 6x}{1-q^6} - \ldots\right\},$$

quarum 5) e 4) sequitur, mutato x in $\frac{\pi}{2} - x$ seu q in $-q$.

Posito $y = \sin \operatorname{am} \frac{2Kx}{\pi}$, $\sqrt{(1-yy)(1-k^2yy)} = R$, fit:

$$\frac{dy}{dx} = \frac{2K}{\pi}.R$$

$$\frac{d^2y}{dx^2} = -\left(\frac{2K}{\pi}\right)^2 y(1+kk-2k^2y^2)$$

$$\frac{d^3y}{dx^3} = -\left(\frac{2K}{\pi}\right)^3(1+kk-6k^2y^2)R$$

$$\frac{d^4y}{dx^4} = \left(\frac{2K}{\pi}\right)^4 y\left(1+14kk+k^4-20k^2(1+k^2)y^2+24k^4y^4\right)R$$

$$\frac{d^5y}{dx^5} = \left(\frac{2K}{\pi}\right)^5\left(1+14kk+k^4-60k^2(1+k^2)y^2+120k^4y^4\right)R$$

cet. cet. ,

unde:

$$y = \sin\operatorname{am}\frac{2Kx}{\pi} = \frac{2Kx}{\pi} - \frac{(1+k^2)}{2.3}\left(\frac{2Kx}{\pi}\right)^3 + \frac{1+14k^2+k^4}{2.3.4.5}\left(\frac{2Kx}{\pi}\right)^5 - \ldots,$$

ideoque:

$$\frac{\left(\frac{2K}{\pi}\right)^2}{\sin^2\operatorname{am}\frac{2Kx}{\pi}} = \frac{1}{xx} + \left(\frac{1+kk}{3}\right)\left(\frac{2K}{\pi}\right)^2 + \frac{1-kk+k^4}{15}\left(\frac{2K}{\pi}\right)^4 xx + \ldots,$$

qua formula comparata cum 2), eruitur:

$$\left(\frac{1+kk}{3}\right)\left(\frac{2K}{\pi}\right)^2 = \frac{1}{3} + \left(\frac{2K}{\pi}\right)^2 - \frac{2K}{\pi}\cdot\frac{2E^I}{\pi} - 8\left\{\frac{q^2}{1-q^2} + \frac{2q^4}{1-q^4} + \frac{3q^6}{1-q^6} + \ldots\right\},$$

sive:

$$6)\quad \frac{q^2}{1-q^2} + \frac{2q^4}{1-q^4} + \frac{3q^6}{1-q^6} + \frac{4q^8}{1-q^8} + \ldots = \frac{1+\left(\frac{2K}{\pi}\right)^2(2-kk) - \frac{2K}{\pi}\cdot\frac{2E^I}{\pi}}{2.3.4}.$$

Porro fit:

$$\left(\frac{1-k^2+k^4}{15}\right)\left(\frac{2K}{\pi}\right)^4 = \frac{1}{15} + 16\left\{\frac{q^2}{1-q^2} + \frac{2^3q^4}{1-q^4} + \frac{3^3q^6}{1-q^6} + \frac{4^3q^8}{1-q^8} + \ldots\right\},$$

sive cum sit: $15 = 2.2^3 - 1$:

$$(1-k^2+k^4)\left(\frac{2K}{\pi}\right)^4 = 1 + 2.16\left\{\frac{2^3q^2}{1-q^2} + \frac{4^3q^4}{1-q^4} + \frac{6^3q^6}{1-q^6} + \frac{8^3q^8}{1-q^8} + \ldots\right\}$$
$$- 16\left\{\frac{q^2}{1-q^2} + \frac{2^3q^4}{1-q^4} + \frac{3^3q^6}{1-q^6} + \frac{4^3q^8}{1-q^8} + \ldots\right\}.$$

De hac formula detrahatur sequens §. 41. 3):

$$k^2\left(\frac{2K}{\pi}\right)^4 = 16\left\{\frac{q}{1-q^2} + \frac{2^3q^2}{1-q^4} + \frac{3^3q^3}{1-q^6} + \frac{4^3q^4}{1-q^8} + \ldots\right\},$$

fit residuum:

$$7)\quad \left(\frac{2k'K}{\pi}\right)^4 = 1 - 16\left\{\frac{q}{1+q} - \frac{2^3q^2}{1-q^2} + \frac{3^3q^3}{1-q^3} - \frac{4^3q^4}{1-q^4} + \dots\right\},$$

unde etiam, mutato q in — q:

$$8)\quad \left(\frac{2K}{\pi}\right)^4 = 1 + 16\left\{\frac{q}{1+q} + \frac{2^3q^2}{1-q^2} + \frac{3^3q^3}{1+q^3} + \frac{4^3q^4}{1-q^4} + \dots\right\},$$

quae difficiliores indagatu erant formulae. Quas si iis iungis, quas supra invenimus, iam quatuor primas dignitates ipsorum $\frac{2K}{\pi}$, $\frac{2kK}{\pi}$ in series satis concinnas evolutas habes.

FORMULAE GENERALES PRO FUNCTIONIBUS

$$\sin^n \operatorname{am} \frac{2Kx}{\pi}, \quad \frac{1}{\sin^n \operatorname{am} \frac{2Kx}{\pi}}$$

IN SERIES EVOLVENDIS, SECUNDUM SINUS VEL COSINUS MULTIPLORUM IPSIUS x PROGREDIENTES.

43.

Inventis evolutionibus functionum:

$$\sin \operatorname{am} \frac{2Kx}{\pi}, \quad \sin^2 \operatorname{am} \frac{2Kx}{\pi}, \quad \frac{1}{\sin \operatorname{am} \frac{2Kx}{\pi}}, \quad \frac{1}{\sin^2 \operatorname{am} \frac{2Kx}{\pi}},$$

iam quaestio se offert de evolutionibus altiorum dignitatum ipsius

$$\sin \operatorname{am} \frac{2Kx}{\pi}, \quad \frac{1}{\sin \operatorname{am} \frac{2Kx}{\pi}}$$

peragendis. Facilis quidem in Trigonometria Analytica via constat, qua, evolutione inventa ipsorum $\sin x$, $\cos x$, progredi possis ad evolutionem expressionum $\sin^n x$, $\cos^n x$; nimirum id succedit formularum notarum ope, quibus $\sin^n x$, $\cos^n x$ per sinus vel cosinus multiplorum ipsius x lineariter exhibentur. At in theoria Functionum Ellipticarum illud deficit subsidium; ad aliud confugiendum erit, quod in sequentibus exponemus.

Formula, quae ex elementis patet:

$$\frac{d \sin^n \operatorname{am} u}{du} = n \sin^{n-1} \operatorname{am} u \sqrt{1 - (1+kk)\sin^2 \operatorname{am} u + kk \sin^4 \operatorname{am} u},$$

iterum differentiata, prodit:

$$1) \quad \frac{d^2 \sin^n \operatorname{am} u}{du^2} = n(n-1)\sin^{n-2} \operatorname{am} u - nn(1+k^2)\sin^n \operatorname{am} u + n(n+1)k^2 \sin^{n+2} \operatorname{am} u.$$

Posito successive $n = 1, 3, 5, 7 \ldots$, $n = 2, 4, 6, 8 \ldots$, hinc duplex formetur aequationum series:

I.

$$\begin{aligned}
\frac{d^2 \sin \operatorname{am} u}{du^2} &= & &- (1+k^2)\sin \operatorname{am} u + 2k^2 \sin^3 \operatorname{am} u \\
\frac{d^2 \sin^3 \operatorname{am} u}{du^2} &= 6 \sin \operatorname{am} u & &- 9(1+k^2)\sin^3 \operatorname{am} u + 12k^2 \sin^5 \operatorname{am} u \\
\frac{d^2 \sin^5 \operatorname{am} u}{du^2} &= 20 \sin^3 \operatorname{am} u & &- 25(1+k^2)\sin^5 \operatorname{am} u + 30k^2 \sin^7 \operatorname{am} u \\
\frac{d^2 \sin^7 \operatorname{am} u}{du^2} &= 42 \sin^5 \operatorname{am} u & &- 49(1+k^2)\sin^7 \operatorname{am} u + 56k^2 \sin^9 \operatorname{am} u
\end{aligned}$$

cet. cet.

II.

$$\begin{aligned}
\frac{d^2 \sin^2 \operatorname{am} u}{du^2} &= 2 & &- 4(1+k^2)\sin^2 \operatorname{am} u + 6k^2 \sin^4 \operatorname{am} u \\
\frac{d^2 \sin^4 \operatorname{am} u}{du^2} &= 12 \sin^2 \operatorname{am} u & &- 16(1+k^2)\sin^4 \operatorname{am} u + 20k^2 \sin^6 \operatorname{am} u \\
\frac{d^2 \sin^6 \operatorname{am} u}{du^2} &= 30 \sin^4 \operatorname{am} u & &- 36(1+k^2)\sin^6 \operatorname{am} u + 42k^2 \sin^8 \operatorname{am} u \\
\frac{d^2 \sin^8 \operatorname{am} u}{du^2} &= 56 \sin^6 \operatorname{am} u & &- 64(1+k^2)\sin^8 \operatorname{am} u + 72k^2 \sin^{10} \operatorname{am} u
\end{aligned}$$

cet. cet.

Ex aequationibus I. eruis successive, posito $\Pi n = 1 . 2 . 3 \, . \, . \, n$:

I. a.

$$\Pi 2 \, . \, k^2 \sin^3 \mathrm{am}\, u = \frac{d^2 . \sin \mathrm{am}\, u}{d u^2} + (1+k^2) \sin \mathrm{am}\, u$$

$$\Pi 4 \, . \, k^4 \sin^5 \mathrm{am}\, u = \frac{d^4 . \sin \mathrm{am}\, u}{d u^4} + 10(1+k^2) \frac{d^2 . \sin \mathrm{am}\, u}{d u^2} + 3(3+2k^2+3k^4) \sin \mathrm{am}\, u$$

$$\Pi 6 \, . \, k^6 \sin^7 \mathrm{am}\, u = \frac{d^6 . \sin \mathrm{am}\, u}{d u^6} + 35(1+k^2) \frac{d^4 . \sin \mathrm{am}\, u}{d u^4} + 7(37+38k^2+37k^4) \frac{d^2 . \sin \mathrm{am}\, u}{d u^2}$$
$$+ 45(5+3k^2+3k^4+5k^6) \sin \mathrm{am}\, u$$

$$\Pi 8 \, . \, k^8 \sin^9 \mathrm{am}\, u = \frac{d^8 . \sin \mathrm{am}\, u}{d u^8} + 84(1+k^2) \frac{d^6 . \sin \mathrm{am}\, u}{d u^6} + 42(47+58k^2+47k^4) \frac{d^4 . \sin \mathrm{am}\, u}{d u^4}$$
$$+ 4(3229+3315k^2+3315k^4+3329k^6) \frac{d^2 . \sin \mathrm{am}\, u}{d u^2}$$
$$+ 315(35+20k^2+18k^4+20k^6+35k^8) \sin \mathrm{am}\, u$$

cet. cet.

II. a.

$$\Pi 3 \, . \, k^2 \sin^4 \mathrm{am}\, u = \frac{d^2 . \sin^2 \mathrm{am}\, u}{d u^2} + 4(1+k^2) \sin^2 \mathrm{am}\, u - 2$$

$$\Pi 5 \, . \, k^4 \sin^6 \mathrm{am}\, u = \frac{d^4 . \sin^2 \mathrm{am}\, u}{d u^4} + 20(1+k^2) \frac{d^2 . \sin^2 \mathrm{am}\, u}{d u^2} + 8(8+7k^2+8k^4) \sin^2 \mathrm{am}\, u - 32(1+k^2)$$

$$\Pi 7 \, . \, k^6 \sin^8 \mathrm{am}\, u = \frac{d^6 . \sin^2 \mathrm{am}\, u}{d u^6} + 56(1+k^2) \frac{d^4 . \sin^2 \mathrm{am}\, u}{d u^4} + 112(7+8k^2+7k^4) \frac{d^2 . \sin^2 \mathrm{am}\, u}{d u^2}$$
$$+ 128(18+15k^2+15k^4+18k^6) \sin^2 \mathrm{am}\, u - 48(24+32k^2+24k^4)$$

cet. cet.

Ita videmus, generaliter poni posse:

2) $\Pi 2n \, . \, k^{2n} \sin^{2n+1} \mathrm{am}\, u =$

$$\frac{d^{2n} . \sin \mathrm{am}\, u}{d u^{2n}} + A_n^{(1)} \frac{d^{2n-2} . \sin \mathrm{am}\, u}{d u^{2n-2}} + A_n^{(2)} \frac{d^{2n-4} . \sin \mathrm{am}\, u}{d u^{2n-4}} + \, . \, . + A_n^{(n)} \sin \mathrm{am}\, u$$

3) $\Pi(2n-2) \, . \, k^{2n-2} \sin^{2n} \mathrm{am}\, u =$

$$\frac{d^{2n-2} . \sin^2 \mathrm{am}\, u}{d u^{2n-2}} + B_n^{(1)} \frac{d^{2n-4} . \sin^2 \mathrm{am}\, u}{d u^{2n-4}} + B_n^{(2)} \frac{d^{2n-6} . \sin^2 \mathrm{am}\, u}{d u^{2n-6}} + \, . \, . + B_n^{(n-1)} \sin^2 \mathrm{am}\, u + B_n^{(n)},$$

designantibus $A_n^{(m)}$, $B_n^{(m)}$ functiones ipsius kk integras rationales m^{ti} ordinis, excepta $B_n^{(n)}$, quae est $(n-2)^{ti}$. Porro e formula, unde profecti sumus, generali:

$$\frac{d^2 \sin \mathrm{am}\, u}{d u^2} = n(n-1) \sin^{n-2} \mathrm{am}\, u - nn(1+k^2) \sin^n \mathrm{am}\, u + n(n+1) k^2 \sin^{n+2} \mathrm{am}\, u$$

patet, fore:

$$4)\quad A^{(m)}_{n} = A^{(m)}_{n-1} + (2n-1)^2(1+k^2)A^{(m-1)}_{n-1} - (2n-2)^2(2n-1)(2n-3)k^2A^{(m-2)}_{n-2}$$

$$5)\quad B^{(m)}_{n} = B^{(m)}_{n-1} + (2n-2)^2(1+k^2)B^{(m-1)}_{n-1} - (2n-3)^2(2n-2)(2n-4)k^2B^{(m-2)}_{n-2},$$

quibus in formulis, quoties $m > n$, poni debet $A^{(m)}_{n} = 0$, $B^{(m)}_{n} = 0$.

Mutato u in $u + iK'$ cum sin am u abeat in $\frac{1}{k \sin am u}$, in formulis propositis loco sin am u poni poterit $\frac{1}{k \sin am u}$, unde proveniunt sequentes:

$$\frac{\Pi 2}{\sin^3 am u} = \frac{d^2 . \frac{1}{\sin am u}}{du^2} + (1+k^2)\frac{1}{\sin am u}$$

$$\frac{\Pi 3}{\sin^4 am u} = \frac{d^2 . \frac{1}{\sin^2 am u}}{du^2} + 4(1+k^2) . \frac{1}{\sin^2 am u} - 2$$

$$\frac{\Pi 4}{\sin^5 am u} = \frac{d^4 . \frac{1}{\sin am u}}{du^4} + 10(1+k^2)\frac{d^2 . \frac{1}{\sin am u}}{du^2} + \frac{3(3+2k^2+3k^4)}{\sin am u}$$

$$\frac{\Pi 5}{\sin^6 am u} = \frac{d^4 . \frac{1}{\sin^2 am u}}{du^4} + 20(1+k^2)\frac{d^2 . \frac{1}{\sin^2 am u}}{du^2} + \frac{8(8+7k^2+8k^4)}{\sin^2 am u} - 32(1+k^2)$$

cet. cet.,

ac generaliter:

$$6)\quad \frac{\Pi 2n}{\sin^{2n+1} am u} =$$

$$\frac{d^{2n} . \frac{1}{\sin am u}}{du^{2n}} + A^{(1)}_{n}\frac{d^{2n-2} . \frac{1}{\sin am u}}{du^{2n-2}} + A^{(2)}_{n}\frac{d^{2n-4} . \frac{1}{\sin am u}}{du^{2n-4}} + \ldots + \frac{A^{(n)}_{n}}{\sin am u}$$

$$7)\quad \frac{\Pi(2n-1)}{\sin^{2n} am u} =$$

$$\frac{d^{2n-2} . \frac{1}{\sin^2 am u}}{du^{2n-2}} + B^{(1)}_{n}\frac{d^{2n-4} . \frac{1}{\sin^2 am u}}{du^{2n-4}} + B^{(2)}_{n}\frac{d^{2n-6} . \frac{1}{\sin^2 am u}}{du^{2n-6}} + \ldots + \frac{B^{(n-1)}_{n}}{\sin^2 am u} + k^2 B^{(n)}_{n}.$$

44.

Quum inventum sit antecedentibus, siquidem ponitur $u = \frac{2Kx}{\pi}$, expressiones

$$\sin^n \mathrm{am} \frac{2Kx}{\pi}, \quad \frac{1}{\sin^n \mathrm{am} \frac{2Kx}{\pi}}$$

per hasce:

$$\sin \mathrm{am} \frac{2Kx}{\pi}, \quad \sin^2 \mathrm{am} \frac{2Kx}{\pi}, \quad \frac{1}{\sin \mathrm{am} \frac{2Kx}{\pi}}, \quad \frac{1}{\sin^2 \mathrm{am} \frac{2Kx}{\pi}}$$

earumque differentialia, secundum argumentum u seu x sumta, lineariter exprimi posse, iam ex harum evolutionibus, secundum sinus vel cosinus multiplorum ipsius x progredientibus, illarum sponte demanant.

Ita nanciscimur:

I.

e formula:

$$\frac{2kK}{\pi} \cdot \sin \mathrm{am} \frac{2Kx}{\pi} = 4\left\{\frac{\sqrt{q}\sin x}{1-q} + \frac{\sqrt{q^3}\sin 3x}{1-q^3} + \frac{\sqrt{q^5}\sin 5x}{1-q^5} + \ldots\right\}$$

sequentes:

$$2\left(\frac{2kK}{\pi}\right)^3 \sin^3 \mathrm{am} \frac{2Kx}{\pi} =$$

$$4\left\{(1+k^2)\left(\frac{2K}{\pi}\right)^2 - 1\right\} \frac{\sqrt{q}\sin x}{1-q} +$$

$$4\left\{(1+k^2)\left(\frac{2K}{\pi}\right)^2 - 3^2\right\} \frac{\sqrt{q^3}\sin 3x}{1-q^3} +$$

$$4\left\{(1+k^2)\left(\frac{2K}{\pi}\right)^2 - 5^2\right\} \frac{\sqrt{q^5}\sin 5x}{1-q^5} +$$

. . .

$$2.3.4\left(\frac{2kK}{\pi}\right)^5 \sin^5 \mathrm{am} \frac{2Kx}{\pi} =$$

$$4\left\{3(3+2k^2+3k^4)\left(\frac{2K}{\pi}\right)^4 - 10(1+k^2)\left(\frac{2K}{\pi}\right)^2 + 1\right\} \frac{\sqrt{q}\sin x}{1-q} +$$

$$4\left\{3(3+2k^2+3k^4)\left(\frac{2K}{\pi}\right)^4 - 3^2.10(1+k^2)\left(\frac{2K}{\pi}\right)^2 + 3^4\right\}\frac{\sqrt{q^3}\sin 3x}{1-q^3} +$$

$$4\left\{3(3+2k^2+3k^4)\left(\frac{2K}{\pi}\right)^4 - 5^2.10(1+k^2)\left(\frac{2K}{\pi}\right)^2 + 5^4\right\}\frac{\sqrt{q^5}\sin 5x}{1-q^5} +$$

$$\cdot \qquad \cdot \qquad \cdot \qquad \cdot$$

cet. cet. ;

II.

e formula:

$$\left(\frac{2kK}{\pi}\right)^2 \sin^2 \mathrm{am}\,\frac{2Kx}{\pi} =$$

$$\frac{2K}{\pi}\cdot\frac{2K}{\pi} - \frac{2K}{\pi}\cdot\frac{2E^{\mathrm{I}}}{\pi} - 4\left\{\frac{2q\cos 2x}{1-q^2} + \frac{4q^2\cos 4x}{1-q^4} + \frac{6q^3\cos 6x}{1-q^6} + \ldots\right\}$$

sequentes:

$$2.3\left(\frac{2kK}{\pi}\right)^4 \sin^4 \mathrm{am}\,\frac{2Kx}{\pi} =$$

$$4(1+k^2)\left(\frac{2K}{\pi}\right)^3\left(\frac{2K}{\pi} - \frac{2E^{\mathrm{I}}}{\pi}\right) - 2k^2\left(\frac{2K}{\pi}\right)^4$$

$$-4\left\{2.4(1+k^2)\left(\frac{2K}{\pi}\right)^2 - 2^3\right\}\frac{q\cos 2x}{1-q^2}$$

$$-4\left\{4.4(1+k^2)\left(\frac{2K}{\pi}\right)^2 - 4^3\right\}\frac{q^2\cos 4x}{1-q^4}$$

$$-4\left\{6.4(1+k^2)\left(\frac{2K}{\pi}\right)^2 - 6^3\right\}\frac{q^3\cos 6x}{1-q^6}$$

$$\cdot \qquad \cdot \qquad \cdot$$

$$2.3.4.5\left(\frac{2kK}{\pi}\right)^6 \sin^6 \mathrm{am}\,\frac{2Kx}{\pi} =$$

$$8(8+7k^2+8k^4)\left(\frac{2K}{\pi}\right)^5\left(\frac{2K}{\pi}\cdot\frac{2K}{\pi} - \frac{2K}{\pi}\cdot\frac{2E^{\mathrm{I}}}{\pi}\right) - 32k^2(1+k^2)\left(\frac{2K}{\pi}\right)^6$$

$$-4\left\{2.8(8+7k^2+8k^4)\left(\frac{2K}{\pi}\right)^4 - 2^3.20(1+k^2)\left(\frac{2K}{\pi}\right)^2 + 2^5\right\}\frac{q\cos 2x}{1-q^2}$$

$$-4\left\{4.8(8+7k^2+8k^4)\left(\frac{2K}{\pi}\right)^4 - 4^3.20(1+k^2)\left(\frac{2K}{\pi}\right)^2 + 4^5\right\}\frac{q^2\cos 4x}{1-q^4}$$

$$-4\left\{6.8(8+7k^2+8k^4)\left(\frac{2K}{\pi}\right)^4 - 6^3.20(1+k^2)\left(\frac{2K}{\pi}\right)^2 + 6^5\right\}\frac{q^3\cos 6x}{1-q^6}$$

$$\cdot \qquad \cdot \qquad \cdot \qquad \cdot$$

cet. cet. ;

III.

e formula:

$$\frac{\frac{2K}{\pi}}{\sin \operatorname{am} \frac{2Kx}{\pi}} = \frac{1}{\sin x} + \frac{4q\sin x}{1-q} + \frac{4q^3\sin 3x}{1-q^3} + \frac{4q^5\sin 5x}{1-q^5} + \ldots$$

sequentes:

$$\frac{2\left(\frac{2K}{\pi}\right)^3}{\sin^2 \operatorname{am} \frac{2Kx}{\pi}} =$$

$$(1+k^2)\left(\frac{2K}{\pi}\right)^2 \frac{1}{\sin x} + \frac{d^2 . \frac{1}{\sin x}}{dx^2} +$$

$$4\left\{(1+k^2)\left(\frac{2K}{\pi}\right)^2 - 1\right\} \frac{q\sin x}{1-q} +$$

$$4\left\{(1+k^2)\left(\frac{2K}{\pi}\right)^2 - 3^2\right\} \frac{q^3\sin 3x}{1-q^3} +$$

$$4\left\{(1+k^2)\left(\frac{2K}{\pi}\right)^2 - 5^2\right\} \frac{q^5\sin 5x}{1-q^5} +$$

. . .

$$\frac{2.3.4\left(\frac{2K}{\pi}\right)^5}{\sin^5 \operatorname{am} \frac{2Kx}{\pi}} =$$

$$\frac{3(3+2k^2+3k^4)\left(\frac{2K}{\pi}\right)^4}{\sin x} + 10(1+k^2)\left(\frac{2K}{\pi}\right)^2 \frac{d^2 . \frac{1}{\sin x}}{dx^2} + \frac{d^4 . \frac{1}{\sin x}}{dx^4} +$$

$$4\left\{3(3+2k^2+3k^4)\left(\frac{2K}{\pi}\right)^4 - 10(1+k^2)\left(\frac{2K}{\pi}\right)^2 + 1\right\} \frac{q\sin x}{1-q} +$$

$$4\left\{3(3+2k^2+3k^4)\left(\frac{2K}{\pi}\right)^4 - 3^2 . 10(1+k^2)\left(\frac{2K}{\pi}\right)^2 + 3^4\right\} \frac{q^3\sin 3x}{1-q^3} +$$

$$4\left\{3(3+2k^2+3k^4)\left(\frac{2K}{\pi}\right)^4 - 5^2 . 10(1+k^2)\left(\frac{2K}{\pi}\right)^2 + 5^4\right\} \frac{q^5\sin 5x}{1-q^5} +$$

cet. cet. ;

IV.

e formula:

$$\frac{\left(\frac{2K}{\pi}\right)^2}{\sin^2 \operatorname{am} \frac{2Kx}{\pi}} =$$

$$\frac{2K}{\pi}\left(\frac{2K}{\pi} - \frac{2E^1}{\pi}\right) + \frac{1}{\sin^2 x} - 4\left\{\frac{2q^2 \cos 2x}{1-q^2} + \frac{4q^4 \cos 4x}{1-q^4} + \frac{6q^6 \cos 6x}{1-q^6} + \right\}$$

sequentes:

$$\frac{2 \cdot 3\left(\frac{2K}{\pi}\right)^4}{\sin^4 \operatorname{am} \frac{2Kx}{\pi}} =$$

$$4(1+k^2)\left(\frac{2K}{\pi}\right)^3\left(\frac{2K}{\pi} - \frac{2E^I}{\pi}\right) - 2k^2\left(\frac{2K}{\pi}\right)^4 +$$

$$\frac{4(1+k^2)\left(\frac{2K}{\pi}\right)^2}{\sin^2 x} + \frac{d^2 \cdot \frac{1}{\sin^2 x}}{dx^2}$$

$$- 4\left\{2 \cdot 4(1+k^2)\left(\frac{2K}{\pi}\right)^2 - 2^3\right\} \frac{q^2 \cos 2x}{1-q^2}$$

$$- 4\left\{4 \cdot 4(1+k^2)\left(\frac{2K}{\pi}\right)^2 - 4^3\right\} \frac{q^4 \cos 4x}{1-q^4}$$

$$- 4\left\{4 \cdot 6(1+k^2)\left(\frac{2K}{\pi}\right)^2 - 6^3\right\} \frac{q^6 \cos 6x}{1-q^6}$$

. . .

$$\frac{2 \cdot 3 \cdot 4 \cdot 5\left(\frac{2K}{\pi}\right)^6}{\sin^6 \operatorname{am} \frac{2Kx}{\pi}} =$$

$$8(8+7k^2+8k^4)\left(\frac{2K}{\pi}\right)^5\left(\frac{2K}{\pi} - \frac{2E^I}{\pi}\right) - 32k^2(1+k^2)\left(\frac{2K}{\pi}\right)^6$$

$$+ \frac{8(8+7k^2+8k^4)\left(\frac{2K}{\pi}\right)^4}{\sin^2 x} + 20(1+k^2)\left(\frac{2K}{\pi}\right)^2 \frac{d^2 \frac{1}{\sin^2 x}}{dx^2} + \frac{d^4 \cdot \frac{1}{\sin^2 x}}{dx^4}$$

$$- 4\left\{2 \cdot 8(8+7k^2+8k^4)\left(\frac{2K}{\pi}\right)^4 - 2^3 \cdot 20(1+k^2)\left(\frac{2K}{\pi}\right)^2 + 2^5\right\} \frac{q^2 \cos 2x}{1-q^2}$$

$$-4\left\{4\,.\,8(8+7k^2+8k\ )\left(\frac{2K}{\pi}\right)^4-4^3.20(1+k^2)\left(\frac{2K}{\pi}\right)^2+4^5\right\}\frac{q^4\cos 4x}{1-q^4}$$

$$-4\left\{6\,.\,8(8+7k^2+8k^4)\left(\frac{2K}{\pi}\right)^4-6^3.20(1+k^2)\left(\frac{2K}{\pi}\right)^2+6^5\right\}\frac{q^6\cos 6x}{1-q^6}$$

cet. cet.

45.

Exempla antecedentibus proposita docent, quomodo e formulis 2), 3), 6), 7) §. 43 evolutiones functionum $\sin^n \mathrm{am}\,\frac{2Kx}{\pi}$, $\frac{1}{\sin^n \mathrm{am}\,\frac{2Kx}{\pi}}$ inveniantur. Quantitates $A_n^{(m)}$, $B_n^{(m)}$, a quibus illae pendent, ope formularum 4), 5) ibid. successive eruere licet. At expressiones earum generales indagandi quaestio, cum nimis illae complicatae evadant, quam ut eas per inductionem assequi liceat, paullo altius est repetenda. Quem in finem sequentia antemittimus.

Nota est formula elementaris:

$$\sin \mathrm{am}\,(u+v)-\sin \mathrm{am}\,(u-v)=\frac{2\sin \mathrm{am}\,v\,.\cos \mathrm{am}\,u\,\Delta\,\mathrm{am}\,u}{1-k^2\sin^2 \mathrm{am}\,u\sin^2 \mathrm{am}\,v},$$

qua integrata secundum u, prodit:

$$1)\quad \int_0^u du\left\{\sin \mathrm{am}\,(u+v)-\sin \mathrm{am}\,(u-v)\right\}=\frac{1}{k}\log\left(\frac{1+k\sin \mathrm{am}\,u\sin \mathrm{am}\,v}{1-k\sin \mathrm{am}\,u\sin \mathrm{am}\,v}\right).$$

E theoremate Tayloriano fit:

$$\sin \mathrm{am}\,(u+v)-\sin \mathrm{am}\,(u-v)=$$

$$2\left\{\frac{d\,.\sin \mathrm{am}\,u}{du}\,.\,v+\frac{d^3.\sin \mathrm{am}\,u}{du^3}\,.\,\frac{v^3}{\Pi 3}+\frac{d^5.\sin \mathrm{am}\,u}{du^5}\,.\,\frac{v^5}{\Pi 5}+\dots\right\},$$

unde:

$$\int_0^u du\left\{\sin \mathrm{am}\,(u+v)-\sin \mathrm{am}\,(u-v)\right\}=$$

$$2\left\{\sin \mathrm{am}\,u\,.\,v+\frac{d^2.\sin \mathrm{am}\,u}{du^2}\,.\,\frac{v^3}{\Pi 3}+\frac{d^4.\sin \mathrm{am}\,u}{du^4}\,.\,\frac{v^5}{\Pi 5}+\dots\right\}.$$

Facile enim constat, posito $u = 0$, et $\sin am\, u$ et generaliter $\frac{d^{2m} \sin am\, u}{d u^{2m}}$ evanescere. Hinc aequatio 1), etiam altera eius parte evoluta, in hanc abit:

$$2)\quad \sin am\, u \,.\, v + \frac{d^2 . \sin am\, u}{d u^2} \,.\, \frac{v^3}{\Pi 3} + \frac{d^4 . \sin am\, u}{d u^4} \,.\, \frac{v^5}{\Pi 5} + \ldots =$$

$$\sin am\, u \sin am\, v + \frac{k^2}{3} \,.\, \sin^3 am\, u \sin^3 am\, v + \frac{k^4}{5} \sin^5 am\, u \sin^5 am\, v + \ldots$$

Porro aequationibus notis:

$$\sin am\,(u+v) + \sin am\,(u-v) = \frac{2 \sin am\, u \,.\, \cos am\, v\, \Delta am\, v}{1 - k^2 \sin^2 am\, u \sin^2 am\, v}$$

$$\sin am\,(u-v) - \sin am\,(u-v) = \frac{2 \sin am\, v \,.\, \cos am\, u\, \Delta am\, u}{1 - k^2 \sin^2 am\, u \sin^2 am\, v}$$

in se ductis, obtinemus:

$$3)\quad \sin^2 am\,(u+v) - \sin^2 am\,(u-v) =$$

$$\frac{4 \sin am\, u \cos am\, u\, \Delta am\, u \,.\, \sin am\, v \cos am\, v\, \Delta am\, v}{\left\{1 - k^2 \sin^2 am\, u \sin^2 am\, v\right\}^2} =$$

$$\frac{d \,.\, \sin^2 am\, u \,.\, d \,.\, \sin^2 am\, v}{\left\{1 - k^2 \sin^2 am\, u \sin^2 am\, v\right\}^2 d u\, d v}.$$

Integratione facta secundum v, provenit:

$$\int_0^v d v \left\{\sin^2 am\,(u+v) - \sin^2 am\,(u-v)\right\} =$$

$$\frac{2 \sin am\, u \cos am\, u\, \Delta am\, u \,.\, \sin^2 am\, v}{1 - k^2 \sin^2 am\, u \sin^2 am\, v} = \frac{\sin^2 am\, v \,.\, d \,.\, \sin^2 am\, u}{(1 - k^2 \sin^2 am\, u \sin^2 am\, v)\, d u}.$$

Qua denuo integrata secundum alterum elementum u, obtinemus:

$$4)\quad \int_0^u d u \int_0^v d v \left\{\sin^2 am\,(u+v) - \sin^2 am\,(u-v)\right\} =$$

$$-\frac{1}{k^2} \log\,(1 - k^2 \sin^2 am\, u \sin^2 am\, v).$$

E theoremate Tayloriana fit:

$$\sin^2 am\,(u+v) - \sin^2 am\,(u-v) =$$

$$2\left\{\frac{d \,.\, \sin^2 am\, u}{d u} \,.\, v + \frac{d^3 . \sin^2 am\, u}{d u^3} \,.\, \frac{v^3}{\Pi 3} + \frac{d^5 . \sin^2 am\, u}{d u^5} \,.\, \frac{v^5}{\Pi 5} + \ldots\right\},$$

unde:

$$\int_0^v d v \left\{\sin^2 am (u+v) - \sin^2 am (u-v)\right\} =$$

$$2\left\{\frac{d \,.\, \sin^2 am\, u}{d u} \cdot \frac{v^2}{\Pi 2} + \frac{d^3 \,.\, \sin^2 am\, u}{d u^3} \cdot \frac{v^4}{\Pi 4} + \frac{d^5 \,.\, \sin^2 am\, u}{d u^5} \cdot \frac{v^6}{\Pi 6} + \ldots\right\}$$

$$\int_0^u d u \int_0^v d v \left\{\sin^2 am (u+v) - \sin^2 am (u-v)\right\} =$$

$$2\left\{\sin^2 am\, u \,.\, \frac{v^2}{\Pi 2} + \frac{d^2 \,.\, \sin^2 am\, u}{d u^2} \cdot \frac{v^4}{\Pi 4} + \frac{d^4 \,.\, \sin^2 am\, u}{d u^4} \cdot \frac{v^6}{\Pi 6} + \ldots\right\}$$
$$- 2\left\{U^{(2)} \frac{v^4}{\Pi 4} + U^{(4)} \frac{v^6}{\Pi 6} + \ldots\right\},$$

siquidem per characterem $U^{(2m)}$ valorem expressionis $\frac{d^{2m} \,.\, \sin^2 am\, u}{d u^{2m}}$ denotamus, quem obtinet posito $u = 0$. Hinc aequatio 4), etiam altera eius parte evoluta, in hanc abit:

$$5) \quad \sin^2 am\, u \,.\, \frac{v^2}{\Pi 2} + \frac{d^2 \,.\, \sin^2 am\, u}{d u^2} \cdot \frac{v^4}{\Pi 4} + \frac{d^4 \,.\, \sin^2 am\, u}{d u^4} \cdot \frac{v^6}{\Pi 6} + \ldots$$
$$- 2\left\{U^{(2)} \frac{v^4}{\Pi 4} + U^{(4)} \frac{v^6}{\Pi 6} + \ldots\right\}$$
$$=$$
$$\frac{1}{2} \,.\, \sin^2 am\, u \sin^2 am\, v + \frac{k^2}{4} \,.\, \sin^4 am\, u \sin^4 am\, v + \frac{k^4}{6} \sin^6 am\, u \sin^6 am\, v + \ldots$$

His rite praeparatis, ponatur:

$$u = \sin am\, u + R_1 \sin^3 am\, u + R_2 \sin^5 am\, u + R_3 \sin^7 am\, u + \ldots,$$

ac generaliter:

$$u^n = \left\{\sin am\, u + R_1 \sin^3 am\, u + R_2 \sin^5 am\, u + R_3 \sin^7 am\, u + \ldots\right\}^n =$$
$$\sin^n am\, u + R_1^{(n)} \sin^{n+2} am\, u + R_2^{(n)} \sin^{n+4} am\, u + R_3^{(n)} \sin^{n+6} am\, u + \ldots:$$

porro e reversione seriei:

$$u = \sin am\, u + R_1 \sin^3 am\, u + R_2 \sin^5 am\, u + R_3 \sin^7 am\, u + \ldots$$

oriatur haec:

$$\sin am\, u = u + S_1 u^3 + S_2 u^5 + S_3 u^7 + \ldots,$$

ac sit rursus:

$$\sin^n \operatorname{am} u = \{u + S_1 u^3 + S_2 u^5 + S_3 u^7 + \ldots\}^n =$$
$$u^n + S_1^{(n)} u^{n+2} + S_2^{(n)} u^{n+4} + S_3^{(n)} u^{n+6} + \ldots$$

Iam ex aequatione 2):

$$\sin \operatorname{am} u \cdot v + \frac{d^2 . \sin \operatorname{am} u}{du^2} . \frac{v^3}{\Pi 3} + \frac{d^4 . \sin \operatorname{am} u}{du^4} . \frac{v^5}{\Pi 5} + \ldots =$$
$$\sin \operatorname{am} u \sin \operatorname{am} v + \frac{k^2}{3} \sin^3 \operatorname{am} u \sin^3 \operatorname{am} v + \frac{k^4}{5} . \sin^5 \operatorname{am} u \sin^5 \operatorname{am} v + \ldots,$$

evolutis v, v^3, v^5, cet. in series secundum dignitates ipsius sin am v progredientes, in utraque aequationis parte Coëfficientibus eiusdem dignitatis $\sin^{2n+1}$ am v inter se comparatis, provenit:

$$6) \quad \frac{k^{2n} \sin^{2n+1} \operatorname{am} u}{2n+1} =$$
$$R_n^{(1)} \sin \operatorname{am} u + R_{n-1}^{(3)} \frac{d^2 . \sin \operatorname{am} u}{\Pi 3 . du^2} + R_{n-2}^{(5)} \frac{d^4 . \sin \operatorname{am} u}{\Pi 5 . du^4} + \ldots + \frac{d^{2n} . \sin \operatorname{am} u}{\Pi(2n+1) du^{2n}} .$$

Eodem modo e formula 5) provenit:

$$7) \quad \frac{k^{2n-2} \sin^{2n} \operatorname{am} u}{2n} =$$
$$R_{n-1}^{(2)} \frac{\sin^2 \operatorname{am} u}{\Pi 2} + R_{n-2}^{(4)} \frac{d^2 . \sin^2 \operatorname{am} u}{\Pi 4 . du^2} + R_{n-3}^{(6)} \frac{d^4 . \sin^2 \operatorname{am} u}{\Pi 6 . du^4} + \ldots + \frac{d^{2n-2} \sin^2 \operatorname{am} u}{\Pi 2n . du^{2n-2}}$$
$$- \left\{ \frac{1}{3.4} + \frac{S_1^{(2)}}{5.6} + \frac{S_2^{(2)}}{7.8} + \ldots + \frac{S_{n-2}^{(2)}}{(2n-1)2n} \right\} \text{*)}.$$

E 6), 7) mutato u in u + iK′ sequitur:

$$8) \quad \frac{1}{(2n+1) \sin^{2n+1} \operatorname{am} u} =$$
$$\frac{R_n^{(1)}}{\sin \operatorname{am} u} + R_{n-1}^{(3)} \frac{d^2 . \frac{1}{\sin \operatorname{am} u}}{\Pi 3 . du^2} + R_{n-2}^{(5)} \frac{d^4 . \frac{1}{\sin \operatorname{am} u}}{\Pi 5 . du^4} + \ldots + \frac{d^{2n} . \frac{1}{\sin \operatorname{am} u}}{du^{2n}}$$

*) Fit enim e notatione proposita: $\sin^2 \operatorname{am} u = u^2 + S_1^{(2)} u^4 + S_2^{(2)} u^6 + S_3^{(2)} u^8 + \ldots$, unde cum sit $U^{(m)} = \frac{d^{2m} \sin^2 \operatorname{am} u}{du^{2m}}$ pro valore u = 0, $U^{(m)} = \Pi 2m . S_{m-1}^{(2)}$.

$$9)\quad \frac{1}{2n\sin^{2n}\operatorname{am}u} =$$

$$\frac{R^{(2)}_{n-1}}{\Pi 2.\sin^2\operatorname{am}u} + \frac{R^{(4)}_{n-2}\, d^2.\frac{1}{\sin^2\operatorname{am}u}}{\Pi 4.du^2} + \frac{R^{(6)}_{n-3}\, d^4.\frac{1}{\sin^2\operatorname{am}u}}{\Pi 6.du^4} + \ldots + \frac{d^{2n-2}.\frac{1}{\sin^2\operatorname{am}u}}{\Pi 2n.du^{2n-2}}$$

$$- k^2\left\{\frac{1}{3.4} + \frac{S^{(2)}_1}{5.6} + \frac{S^{(2)}_2}{7.8} + \ldots + \frac{S^{(2)}_{n-2}}{(2n-1)2n}\right\}.$$

Quae sunt formulae, quas quaesivimus, generales, quarum ope $\sin^n\operatorname{am}u$, $\frac{1}{\sin^n\operatorname{am}u}$ e $\sin\operatorname{am}u$, $\sin^2\operatorname{am}u$, $\frac{1}{\sin\operatorname{am}u}$, $\frac{1}{\sin^2\operatorname{am}u}$ eorumque differentialibus inveniuntur.

Adnotabo hac occasione, ubi vice versâ $\sin\operatorname{am}v$, $\sin^2\operatorname{am}v$, $\sin^3\operatorname{am}v$, cet. secundum dignitates ipsius x evolvis, e formulis 2), 5) erui:

$$10)\quad \frac{d^{2n}.\sin\operatorname{am}u}{\Pi(2n+1).du^{2n}} =$$

$$S^{(1)}_n\sin\operatorname{am}u + \frac{k^2}{3}S^{(3)}_{n-1}\sin^3\operatorname{am}u + \frac{k^4}{5}S^{(5)}_{n-2}\sin^5\operatorname{am}u + \ldots + \frac{k^{2n}}{2n+1}\sin^{2n+1}\operatorname{am}u$$

$$11)\quad \frac{d^{2n}.\sin^2\operatorname{am}u}{\Pi(2n+2)du^{2n}} - \frac{S^{(2)}_{n-1}}{(2n+1)(2n+2)} =$$

$$\frac{1}{2}S^{(2)}_n\sin^2\operatorname{am}u + \frac{k^2}{4}S^{(4)}_{n-1}\sin^4\operatorname{am}u + \frac{k^4}{6}S^{(6)}_{n-2}\sin^6\operatorname{am}u + \ldots + \frac{k^{2n}}{2n+2}\sin^{2n+2}\operatorname{am}u.$$

Pauca adhuc de inventione ipsarum $R^{(n)}_m$, $S^{(n)}_m$ adiicienda sunt. Posito $\sin\operatorname{am}u = y$, fit e definitione proposita:

$$u = \int_0^y \frac{dy}{\sqrt{(1-y^2)(1-k^2y^2)}} = y + R_1y^3 + R_2y^5 + R_3y^7 + \ldots,$$

sive:

$$\frac{1}{\sqrt{(1-y^2)(1-k^2y^2)}} = 1 + 3R_1y^2 + 5R_2y^4 + 7R_3y^6 + \ldots;$$

unde:

$$3R_1 = \frac{1+k^2}{2},\quad 5R_2 = \frac{1.3}{2.4} + \frac{1}{2}.\frac{1}{2}k^2 + \frac{1.3}{2.4}k^4$$

$$7R_3 = \frac{1.3.5}{2.4.6} + \frac{1.3}{2.4}.\frac{1}{2}k^2 + \frac{1}{2}.\frac{1.3}{2.4}k^4 + \frac{1.3.5}{2.4.6}k^6$$

$$9R_4 = \frac{1.3.5.7}{2.4.6.8} + \frac{1.3.5}{2.4.6}.\frac{1}{2}k^2 + \frac{1.3}{2.4}.\frac{1.3}{2.4}k^4 + \frac{1}{2}.\frac{1.3.5}{2.4.6}k^6 + \frac{1.3.5.7}{2.4.6.8}k^8$$

cet. cet.

sive etiam:

$$3R_1 = \frac{1}{2}(1+k^2)$$

$$5.R_2 = \frac{1.3}{2.4}(1+k^2)^2 - \frac{1}{2}k^2$$

$$7R_3 = \frac{1.3.5}{2.4.6}(1+k^2)^3 - \frac{1.3}{2.2}k^2(1+k^2)$$

$$9R_4 = \frac{1.3.5.7}{2.4.6.8}(1+k^2)^4 - \frac{1.3.5}{2.4.2}k^2(1+k^2)^2 + \frac{1.3}{2.4}k^4$$

$$11R_5 = \frac{1.3.5.7.9}{2.4.6.8.10}(1+k^2)^5 - \frac{1.3.5.7}{2.4.6.2}k^2(1+k^2)^3 + \frac{1.3.5}{2.2.4}k^4(1+k^2)$$

$$13R_6 = \frac{1.3..11}{2.4..12}(1+k^2)^6 - \frac{1.3.5.7.9}{2.4.6.8.2}k^2(1+k^2)^4 + \frac{1.3.5.7}{2.4.2.4}k^4(1+k^2)^2 - \frac{1.3.5}{2.4.6}k^6$$

cet. cet.

sive etiam:

$$3R_1 = 1 - \frac{1}{2}.\ k'k'$$

$$5R_2 = 1 - \frac{1}{2}.2k'k' + \frac{1.3}{2.4}.\ k'^4$$

$$7R_3 = 1 - \frac{1}{2}.3k'k' + \frac{1.3}{2.4}.3k'^4 - \frac{1.3.5}{2.4.6}.\ k'^6$$

$$9R_4 = 1 - \frac{1}{2}.4k'k' + \frac{1.3}{2.4}.6k'^4 - \frac{1.3.5}{2.4.6}.4k'^6 + \frac{1.3.5.7}{2.4.6.8}k'^8$$

cet. cet.

sive denique:

$$3R_1 = kk + \frac{1}{2}.\ k'k'$$

$$5R_2 = k^4 + \frac{1}{2}.2k^2k'^2 + \frac{1.3}{2.4}.\ k'^4$$

$$7R_3 = k^6 + \frac{1}{2}.3k^4k'^2 + \frac{1.3}{2.4}.3k^2k'^4 + \frac{1.3.5}{2.4.6}.\ k'^6$$

$$9R_4 = k^8 + \frac{1}{2}.4k^6k'^2 + \frac{1.3}{2.4}.6k^4k'^4 + \frac{1.3.5}{2.4.6}.4k^2k'^6 + \frac{1.3.5.7}{2.4.6.7}k'^8$$

cet. cet.

Ex his quatuor quantitates R_m exprimendi modis, modus secundus repraesentationem earum satis memorabilem et concinnam suppeditat, siquidem introducitur quantitas:

$$r = \frac{1+kk}{2k}.$$

Ita e. g. fit $\frac{13 R_6}{k^6} =$

$$\frac{1.3..11}{1.2..6} r^6 - \frac{1.3.5.7.9}{1.2.3.4.2} r^4 + \frac{1.3.5.7}{1.2.2.4} r^2 - \frac{1.3.5}{2.4.6}.$$

qua expressione sex vicibus secundum r integratis, obtinemus:

$$13 \int^6 \frac{R_6 \, d r^6}{k^6} =$$

$$\frac{r^{12}}{2.4...12} - \frac{r^{10}}{2.4.6.8.10.2} + \frac{r^8}{2.4.6.8.2.4} - \frac{r^6}{2.4.6.2.4.6} + C' r^4 - C'' r^2 + C''',$$

designantibus C', C'', C''' Constantes Arbitrarias. Quibus commode determinatis, prodit:

$$13 \int^6 \frac{R_6 \, d r^6}{k^6} = \frac{(rr-1)^6}{2^6 . \Pi 6},$$

unde vicissim:

$$13 R_6 = \frac{k^6 d^6 (rr-1)^6}{2^6 . \Pi 6 . d r^6};$$

eodemque modo obtinetur generaliter:

$$12) \quad (2m+1) R_m = \frac{k^m d^m (rr-1)^m}{2^m \Pi m . d r^m}.$$

Conferatur Commentatiuncula (*Crelle Iournal-V. II. p.* 223) inscripta:

„Ueber eine besondere Gattung algebraischer Functionen, die aus der Ent-
„wicklung der Function $(1 - 2xz + z^2)^{-\frac{1}{2}}$ entstehn."

Inventis quantitatibus R_m, per Algorithmos notos pervenitur ad eruendas quantitates $R_m^{(n)}$, $S_m^{(n)}$ eas, ut sit:

$$\{1 + R_1 x + R_2 x^2 + R_3 x^3 + ..\}^n = 1 + R_1^{(n)} x + R_2^{(n)} x^2 + R_3^{(n)} x^3 + ..,$$

porro ubi ponitur:

$$y = x\left\{1 + R_1 x + R_2 x^2 + R_3 x^3 + \ldots\right\},$$

fiat:

$$x^n = y^n\left\{1 + S_1^{(n)} y + S_2^{(n)} y^2 + S_3^{(n)} y^3 + \ldots\right\};$$

quae cum definitione quantitatum $R_m^{(n)}$, $S_m^{(n)}$ supra proposita conveniunt. Fit autem, posito:

$$\varphi(x) = 1 + R_1 x + R_2 x^2 + R_3 x^3 + \ldots,$$

e theorematis a Cll. *Maclaurin* et *Lagrange* inventis:

$$R_m^{(n)} = \frac{d^m . \left\{\varphi x\right\}^n}{\Pi m . d x^m}$$

$$S_m^{(n)} = \frac{n}{m+n} . \frac{d^m \left\{\varphi x\right\}^{-(m+n)}}{\Pi m . d x^m};$$

siquidem transactis differentiationibus ponitur $x = 0$.

46.

Formularum 6), 7), 8), 9), §. 45 beneficio nanciscimur evolutiones generales:

$$1)\quad \frac{\left(\frac{2kK}{\pi}\right)^{2n+1} \sin^{2n+1} \mathrm{am} \frac{2Kx}{\pi}}{2n+1} =$$

$$4\left\{R_n^{(1)}\left(\frac{2K}{\pi}\right)^{2n} - \frac{R_{n-1}^{(3)}}{\Pi 3}\left(\frac{2K}{\pi}\right)^{2n-2} + \frac{R_{n-2}^{(5)}}{\Pi 5}\left(\frac{2K}{\pi}\right)^{2n-4} - \ldots + \frac{(-1)^n}{\Pi(2n+1)}\right\} \frac{\sqrt{q}\sin x}{1-q} +$$

$$4\left\{R_n^{(1)}\left(\frac{2K}{\pi}\right)^{2n} - \frac{3^2 . R_{n-1}^{(3)}}{\Pi 3}\left(\frac{2K}{\pi}\right)^{2n-2} + \frac{3^4 R_{n-2}^{(5)}}{\Pi 5}\left(\frac{2K}{\pi}\right)^{2n-4} - \ldots + \frac{(-1)^n 3^{2n}}{\Pi(2n+1)}\right\} \frac{\sqrt{q^3}\sin 3x}{1-q^3} +$$

$$4\left\{R_n^{(1)}\left(\frac{2K}{\pi}\right)^{2n} - \frac{5^2 R_{n-1}^{(3)}}{\Pi 3}\left(\frac{2K}{\pi}\right)^{2n-2} + \frac{5^4 R_{n-2}^{(5)}}{\Pi 5}\left(\frac{2K}{\pi}\right)^{2n-4} - \ldots + \frac{(-1)^n 5^{2n}}{\Pi(2n+1)}\right\} \frac{\sqrt{q^5}\sin 5x}{1-q^5} +$$

$$\cdot \qquad \cdot \qquad \cdot \qquad \cdot$$

$$2)\quad \frac{\left(\frac{2kK}{\pi}\right)^{2n} \sin^{2n} \mathrm{am} \frac{2Kx}{\pi}}{2n} =$$

$$\frac{R_{n-1}^{(2)}}{\Pi 2}\left(\frac{2K}{\pi}\right)^{2n-1}\left(\frac{2K}{\pi} - \frac{2E^{I}}{\pi}\right) - k^2\left(\frac{2K}{\pi}\right)^{2n}\left\{\frac{1}{3.4} + \frac{S_1^{(2)}}{5.6} + \frac{S_2^{(2)}}{7.8} + \ldots + \frac{S_{n-2}^{(2)}}{(2n-1)2n}\right\}$$

$$-4\left\{\frac{2R^{(2)}_{n-1}\left(\frac{2K}{\pi}\right)^{2n-2}}{\Pi 2}-\frac{2^3R^{(4)}_{n-2}\left(\frac{2K}{\pi}\right)^{2n-4}}{\Pi 4}+\cdot\cdot+\frac{(-1)^n2^{n-1}}{\Pi 2n}\right\}\frac{q\cos 2x}{1-q^2}$$

$$-4\left\{\frac{4R^{(2)}_{n-1}\left(\frac{2K}{\pi}\right)^{2n-2}}{\Pi 2}-\frac{4^3R^{(4)}_{n-2}\left(\frac{2K}{\pi}\right)^{2n-4}}{\Pi 4}+\cdot\cdot+\frac{(-1)^n4^{n-1}}{\Pi 2n}\right\}\frac{q^2\cos 4x}{1-q^4}$$

$$-4\left\{\frac{6R^{(2)}_{n-1}\left(\frac{2K}{\pi}\right)^{2n-2}}{\Pi 2}-\frac{6^3R^{(4)}_{n-2}\left(\frac{2K}{\pi}\right)^{2n-4}}{\Pi 4}+\cdot\cdot+\frac{(-1)^n6^{n-1}}{\Pi 2n}\right\}\frac{q^3\cos 6x}{1-q^6}$$

. . . . . .

$$3)\quad \frac{\left(\frac{2K}{\pi}\right)^{2n+1}}{(2n+1)\sin^{2n+1}\operatorname{am}\frac{2Kx}{\pi}}=$$

$$\frac{R^{(1)}_n\left(\frac{2K}{\pi}\right)^{2n}}{\sin x}+\frac{R^{(3)}_{n-1}\left(\frac{2K}{\pi}\right)^{2n-2}d^2.\frac{1}{\sin x}}{\Pi 3.dx^2}+\cdot\cdot+\frac{d^{2n-2}.\frac{1}{\sin x}}{\Pi 2n.dx^{2n-2}}+$$

$$4\left\{R^{(1)}_n\left(\frac{2K}{\pi}\right)^{2n}-\frac{R^{(3)}_{n-1}\left(\frac{2K}{\pi}\right)^{2n-1}}{\Pi 3}+\cdot\cdot+\frac{(-1)^n}{\Pi(2n+1)}\right\}\frac{q\sin x}{1-q}+$$

$$4\left\{R^{(1)}_n\left(\frac{2K}{\pi}\right)^{2n}-\frac{3^2R^{(3)}_{n-1}\left(\frac{2K}{\pi}\right)^{2n-1}}{\Pi 3}+\cdot\cdot+\frac{(-1)^n3^{2n}}{\Pi(2n+1)}\right\}\frac{q^3\sin 3x}{1-q^3}+$$

$$4\left\{R^{(1)}_n\left(\frac{2K}{\pi}\right)^{2n}-\frac{5^2R^{(3)}_{n-1}\left(\frac{2K}{\pi}\right)^{2n-1}}{\Pi 3}+\cdot\cdot+\frac{(-1)^n5^{2n}}{\Pi(2n+1)}\right\}\frac{q^5\sin 5x}{1-q^5}+$$

. . . .

$$4)\quad \frac{\left(\frac{2K}{\pi}\right)^{2n}}{2n.\sin^{2n}\operatorname{am}\frac{2Kx}{\pi}}=$$

$$\frac{1}{2}R^{(2)}_{n-1}\left(\frac{2K}{\pi}\right)^{2n-1}\left(\frac{2K}{\pi}-\frac{2E^{I}}{\pi}\right)-k^2\left(\frac{2K}{\pi}\right)^{2n}\left\{\frac{1}{3.4}+\frac{S^{(2)}_1}{5.6}+\frac{S^{(2)}_2}{7.8}+\cdot\cdot+\frac{S^{(2)}_{n-2}}{(2n-1)2n}\right\}+$$

$$\frac{R^{(2)}_{n-1}\left(\frac{2K}{\pi}\right)^{2n-2}}{\Pi 2.\sin^2 x}+\frac{R^{(4)}_{n-2}\left(\frac{2K}{\pi}\right)^{2n-4}d^2.\frac{1}{\sin^2 x}}{\Pi 4.dx^2}+\cdot\cdot+\frac{d^{2n-2}.\frac{1}{\sin^2 x}}{\Pi 2n.dx^{2n-2}}$$

$$-4\left\{\frac{2R^{(2)}_{n-1}\left(\frac{2K}{\pi}\right)^{2n-2}}{\Pi 2}-\frac{2^3R^{(4)}_{n-2}\left(\frac{2K}{\pi}\right)^{2n-4}}{\Pi 4}+\cdot\cdot+\frac{(-1)^{n-1}2^{2n-1}}{\Pi(2n)}\right\}\frac{q^2\cos 2x}{1-q^2}$$

$$-4\left\{\frac{4R^{(2)}_{n-1}\left(\frac{2K}{\pi}\right)^{2n-2}}{\Pi 2}-\frac{4^3R^{(4)}_{n-2}\left(\frac{2K}{\pi}\right)^{2n-4}}{\Pi 4}+\cdot+\frac{(-1)^{n-1}4^{2n-1}}{\Pi 2n}\right\}\frac{q^4\cos 4x}{1-q^4}$$

$$-4\left\{\frac{6R^{(2)}_{n-1}\left(\frac{2K}{\pi}\right)^{2n-2}}{\Pi 2}-\frac{6^3R^{(4)}_{n-2}\left(\frac{2K}{\pi}\right)^{2n-4}}{\Pi 4}+\cdot+\frac{(-1)^{n-1}6^{2n-1}}{\Pi 2n}\right\}\frac{q^6\cos 6x}{1-q^6}$$

E formulis 6), 7), 8), 9) §. 45 aliae deduci possunt, quae respectu functionum cos am u, tang am u, Δ am u easdem partes agunt, quam illae respectu functionis sin am u. Etenim e formula:

$$\sin\operatorname{am}\left(k'u,\ \frac{ik}{k'}\right)=\cos\operatorname{coam}u,$$

unde etiam:

$$\sin\operatorname{am}\left(k'(K-u),\ \frac{ik}{k'}\right)=\cos\operatorname{am}u,$$

videmus, in formulis propositis, ubi ponitur $\frac{ik}{k'}$ loco k et k' (K — u) loco u, abire sin am u in cos am u, unde inveniuntur similes formulae, quae ipsi cos am u respondent. Porro ex aequatione:

$$\sin\operatorname{am} iu = i\operatorname{tang}\operatorname{am}(u,\ k')$$

patet, simul mutari posse u in i u, k in k', sin am u in tang am u; unde formulas pro tang am u eruimus. Ex his deinde, quia

$$\operatorname{cotang}\operatorname{am}(u+iK') = i\,\Delta\operatorname{am}(u),$$

formulas pro Δ am u eruere licet, quae formulis 6) - 9) §. 45 respondent. Quibus inventis, methodo plane simili ex evolutionibus functionum:

$$\cos\operatorname{am}\frac{2Kx}{\pi},\quad \cos^2\operatorname{am}\frac{2Kx}{\pi},\quad \Delta\operatorname{am}\frac{2Kx}{\pi},\quad \Delta^2\operatorname{am}\frac{2Kx}{\pi}$$

$$\frac{1}{\cos\operatorname{am}\frac{2Kx}{\pi}},\quad \frac{1}{\cos^2\operatorname{am}\frac{2Kx}{\pi}},\quad \frac{1}{\Delta\operatorname{am}\frac{2Kx}{\pi}},\quad \frac{1}{\Delta^2\operatorname{am}\frac{2Kx}{\pi}},$$

a nobis propositis, evolutiones generales deducis functionum:

$$\cos^n\operatorname{am}\frac{2Kx}{\pi},\quad \Delta^n\operatorname{am}\frac{2Kx}{\pi}.$$

Quae sufficiat addigitasse.

Transformationes insignes serierum, in quas Functiones Ellipticas evolvimus, nanciscimur, posito i x loco x et adhibitis formulis, quas de reductione argumenti imaginarii ad argumentum reale in primis fundamentis dedimus. Quae vero cum in promtu sint, hoc loco diutius his nolumus immorari.

INTEGRALIUM ELLIPTICORUM SECUNDA SPECIES IN SERIES EVOLVITUR.

47.

Integrata formula supra exhibita §. 41. 1):

$$\left(\frac{2kK}{\pi}\right)^2 \sin^2 \operatorname{am} \frac{2Kx}{\pi} = \frac{2K}{\pi}\cdot\frac{2K}{\pi} - \frac{2K}{\pi}\cdot\frac{2E^I}{\pi} - 4\left\{\frac{2q\cos 2x}{1-q^2} + \frac{4q^2\cos 4x}{1-q^4} + \frac{6q^3\cos 6x}{1-q^6} + \ldots\right\},$$

inde a $x = 0$ usque ad $x = x$, provenit:

$$\left(\frac{2kK}{\pi}\right)^2 \int_0^x \sin^2 \operatorname{am} \frac{2Kx}{\pi} . dx =$$

$$\left\{\frac{2K}{\pi}\cdot\frac{2K}{\pi} - \frac{2K}{\pi}\cdot\frac{2E^I}{\pi}\right\}x - 4\left\{\frac{q\sin 2x}{1-q^2} + \frac{q^2\sin 4x}{1-q^4} + \frac{q^3\sin 6x}{1-q^6} + \frac{q^4\sin 8x}{1-q^8} + \ldots\right\}.$$

Designemus in sequentibus per characterem: $\frac{2K}{\pi}.Z\left(\frac{2Kx}{\pi}\right)$ expressionem:

$$1)\quad \frac{2K}{\pi}.Z\left(\frac{2Kx}{\pi}\right) = \frac{2Kx}{\pi}\left(\frac{2K}{\pi} - \frac{2E^I}{\pi}\right) - \left(\frac{2kK}{\pi}\right)^2 \int_0^x \sin^2 \operatorname{am} \frac{2Kx}{\pi}\, dx =$$

$$4\left\{\frac{q\sin 2x}{1-q^2} + \frac{q^2\sin 4x}{1-q^4} + \frac{q^3\sin 6x}{1-q^6} + \frac{q^4\sin 8x}{1-q^8} + \ldots\right\}.$$

E Cl[i] Legendre notatione erit, posito $\frac{2Kx}{\pi} = u$, $\varphi = \operatorname{am} u$:

$$2)\quad Z(u) = \frac{F^I E(\varphi) - E^I F(\varphi)}{K}.$$

Functionem Z (u) loco ipsius E (φ) in Analysin Functionum Ellipticarum introducere convenit; quam ceterum ope formulae 2) ad terminos Cl° Legendre usitatos revocare in promtu est. Adumbremus paucis, quomodo ex ipsa evolutione functionis Z, quam formula 1) suppeditat, complures eius proprietates, etsi notas, derivare liceat.

Mutetur in 1) x in $x + \frac{\pi}{2}$, prodit:

$$\frac{2K}{\pi} Z\left(\frac{2Kx}{\pi} + K\right) = -4\left\{\frac{q \sin 2x}{1-q^2} - \frac{q^2 \sin 4x}{1-q^4} + \frac{q^3 \sin 6x}{1-q^6} + \ldots\right\},$$

unde:

$$\frac{2K}{\pi} Z\left(\frac{2Kx}{\pi}\right) - \frac{2K}{\pi} Z\left(\frac{2Kx}{\pi} + K\right) = 8\left\{\frac{q \sin 2x}{1-q^2} + \frac{q^3 \sin 6x}{1-q^6} + \frac{q^5 \sin 10x}{1-q^{10}} + \ldots\right\}.$$

Porro mutetur in 1) x in 2x, q in q^2, simulque k in $k^{(2)}$, K in $K^{(2)}$, prodit:

$$\frac{2K^{(2)}}{\pi} Z\left(\frac{4K^{(2)}x}{\pi}, k^{(2)}\right) = 4\left\{\frac{q^2 \sin 4x}{1-q^4} + \frac{q^4 \sin 8x}{1-q^8} + \frac{q^6 \sin 12x}{1-q^{12}} + \ldots\right\},$$

unde:

$$\frac{2K}{\pi} Z\left(\frac{2Kx}{\pi}\right) - \frac{2K^{(2)}}{\pi} Z\left(\frac{4K^{(2)}x}{\pi}, k^{(2)}\right) = 4\left\{\frac{q \sin 2x}{1-q^2} + \frac{q^3 \sin 6x}{1-q^6} + \frac{q^5 \sin 10x}{1-q^{10}} + \ldots\right\}.$$

At supra invenimus:

$$\frac{2kK}{\pi} \sin \operatorname{am} \frac{2Kx}{\pi} = 4\left\{\frac{\sqrt{q} \sin x}{1-q} + \frac{\sqrt{q^3} \sin 3x}{1-q^3} + \frac{\sqrt{q^5} \sin 5x}{1-q^5} + \ldots\right\}$$

unde mutato q in q^2, x in 2x:

$$\frac{2k^{(2)}K^{(2)}}{\pi} \sin \operatorname{am}\left(\frac{4K^{(2)}x}{\pi}, k^{(2)}\right) = 4\left\{\frac{q \sin 2x}{1-q^2} + \frac{q^3 \sin 6x}{1-q^6} + \frac{q^5 \sin 10x}{1-q^{10}} + \ldots\right\}.$$

Hinc sequitur:

$$3)\quad \frac{2K}{\pi}\left\{Z\left(\frac{2Kx}{\pi}\right) - Z\left(\frac{2Kx}{\pi} + K\right)\right\} = \frac{4k^{(2)}K^{(2)}}{\pi} \sin \operatorname{am}\left(\frac{4K^{(2)}x}{\pi}, k^{(2)}\right)$$

$$4)\quad \frac{2K}{\pi} Z\left(\frac{2Kx}{\pi}\right) - \frac{2K^{(2)}}{\pi} Z\left(\frac{4K^{(2)}x}{\pi}, k^{(2)}\right) = \frac{2k^{(2)}K^{(2)}}{\pi} \sin \operatorname{am}\left(\frac{4K^{(2)}x}{\pi}, k^{(2)}\right)$$

$$5)\quad \frac{2K}{\pi} Z\left(\frac{2Kx}{\pi}\right) + \frac{2K}{\pi} Z\left(\frac{2Kx}{\pi} + K\right) - \frac{4K^{(2)}}{\pi} Z\left(\frac{4K^{(2)}x}{\pi}, k^{(2)}\right) = 0.$$

In quibus formulis, quarum 4), 5) transformationem functionis Z secundi ordinis suppeditant, est:

$$k^{(2)} = \frac{1-k'}{1+k'},\quad K^{(2)} = \frac{1+k'}{2}.K,\quad \sin \operatorname{am}\left(\frac{4K^{(2)}x}{\pi}, k^{(2)}\right) = (1+k') \sin \operatorname{am} \frac{2Kx}{\pi}.\sin \operatorname{coam} \frac{2Kx}{\pi},$$

uti de transformatione secundi ordinis, a Cl. Legendre proposita, constat. Unde formulam 3) ita quoque repraesentare licet, posito $u = \frac{2Kx}{\pi}$:

$$6)\quad Z(u) - Z(u+K) = k^2 \sin \operatorname{am} u \cdot \sin \operatorname{coam} u.$$

Ponamus brevitatis causa: $\operatorname{am}\left(\frac{2mK^{(m)}x}{\pi}, k^{(m)}\right) = \varphi^{(m)}$, e formula 4), posito successive $k^{(2)}$, $k^{(4)}$, $k^{(8)}$, .. loco k; 2x, 4x, 8x, .. loco x, prodit:

$$7)\quad K \cdot Z(u) = F^{I}E(\varphi) - E^{I}F(\varphi) = k^{(2)}K^{(2)}\sin\varphi^{(2)} + k^{(4)}K^{(4)}\sin\varphi^{(4)} + k^{(8)}K^{(8)}\sin\varphi^{(8)} + \ldots,$$

quam dedit Cl. Legendre formulam.

Simili modo, e formula $§^i$ 41:

$$\frac{2K}{\pi}\,\frac{2K}{\pi} - \frac{2K}{\pi}\,\frac{2E^{I}}{\pi} = 8\left\{\frac{q}{(1-q)^2} + \frac{q^3}{(1-q^3)^2} + \frac{q^5}{(1-q^5)^2} + \frac{q^7}{(1-q^7)^2} + \ldots\right\},$$

quam etiam hunc in modum evolvere licet:

$$\frac{2K}{\pi}\,\frac{2K}{\pi} - \frac{2K}{\pi}\,\frac{2E^{I}}{\pi} = 8\left\{\frac{q}{1-q^2} + \frac{2q^2}{1-q^4} + \frac{3q^3}{1-q^6} + \frac{4q^4}{1-q^8} + \ldots\right\},$$

comparata cum hac, quam supra invenimus:

$$\left(\frac{2kK}{\pi}\right)^2 = 16\left\{\frac{q}{1-q^2} + \frac{3q^3}{1-q^6} + \frac{5q^5}{1-q^{10}} + \frac{7q^7}{1-q^{14}} + \ldots\right\},$$

prodit:

$$8)\quad 2K(K - E^{I}) = (kK)^2 + 2(k^{(2)}K^{(2)})^2 + 4(k^{(4)}K^{(4)})^2 + 8(k^{(8)}K^{(8)})^2 + \ldots,$$

quae cum ea convenit, quam Cl. *Gauss* dedit in Comment. *Determinatio Attractionis* cet. §. 17.

48.

Eadem methodo, qua §. 41 eruimus evolutionem expressionis $\left(\frac{2kK}{\pi}\right)^2 \sin^2 \operatorname{am} \frac{2Kx}{\pi}$, inquiramus in expressionem $\left\{\frac{2K}{\pi} Z\left(\frac{2Kx}{\pi}\right)\right\}^2$ in seriem evolvendam. Ponamus

$$\left(\frac{2K}{\pi}\right)^2 Z\left(\frac{2Kx}{\pi}\right) Z\left(\frac{2Kx}{\pi}\right) = 16\left\{\frac{q\sin 2x}{1-q^2} + \frac{q^2\sin 4x}{1-q^4} + \frac{q^3\sin 6x}{1-q^6} + \ldots\right\}^2$$

$$= 8\left\{A + A'\cos 2x + A''\cos 4x + A'''\cos 6x + \ldots\right\},$$

quam expressionem propositam induere videmus formam, dum loco 2 sin 2 m x sin 2 m x ubique ponitur cos (m — m′) x — cos (m + m′) x. Fit primum:

$$A = \frac{q^2}{(1-q^2)^2} + \frac{q^4}{(1-q^4)^2} + \frac{q^6}{(1-q^6)^2} + \frac{q^8}{(1-q^8)^2} + \dots$$

Deinde generaliter obtinemus $A^{(n)} = 2B^{(n)} - C^{(n)}$, siquidem ponitur:

$$B^{(n)} = \frac{q^{n+2}}{(1-q^2)(1-q^{2n+2})} + \frac{q^{n+4}}{(1-q^4)(1-q^{2n+4})} + \frac{q^{n+6}}{(1-q^6)(1-q^{2n+6})} + \dots$$

$$C^{(n)} = \frac{q^n}{(1-q^2)(1-q^{2n-2})} + \frac{q^n}{(1-q^4)(1-q^{2n-4})} + \dots + \frac{q^n}{(1-q^{2n-2})(1-q^2)}.$$

In singulis harum expressionum terminis substituatur resp.:

$$\frac{q^{n+m}}{(1-q^m)(1-q^{2n+m})} = \frac{q^n}{1-q^{2n}}\left\{\frac{q^m}{1-q^m} - \frac{q^{2n+m}}{1-q^{2n+m}}\right\}$$

$$\frac{q^n}{(1-q^m)(1-q^{2n-m})} = \frac{q^n}{1-q^{2n}}\left\{\frac{q^m}{1-q^m} + \frac{q^{2n-m}}{1-q^{2n-m}} + 1\right\},$$

prodit:

$$B^{(n)} = \frac{q^n}{1-q^{2n}}\left\{\frac{q^2}{1-q^2} + \frac{q^4}{1-q^4} + \frac{q^6}{1-q^6} + \dots\right\}$$

$$- \frac{q^n}{1-q^{2n}}\left\{\frac{q^{2n+2}}{1-q^{2n+2}} + \frac{q^{2n+4}}{1-q^{2n+4}} + \frac{q^{2n+6}}{1-q^{2n+6}} + \dots\right\}$$

$$= \frac{q^n}{1-q^{2n}}\left\{\frac{q^2}{1-q^2} + \frac{q^4}{1-q^4} + \frac{q^6}{1-q^6} + \dots + \frac{q^{2n}}{1-q^{2n}}\right\}$$

$$C^{(n)} = \frac{(n-1)q^n}{1-q^{2n}} + \frac{2q^n}{1-q^{2n}}\left\{\frac{q^2}{1-q^2} + \frac{q^4}{1-q^4} + \frac{q^6}{1-q^6} + \dots + \frac{q^{2n-2}}{1-q^{2n-2}}\right\};$$

unde:

$$A^{(n)} = 2B^{(n)} - C^{(n)} = -\frac{(n-1)q^n}{1-q^{2n}} + \frac{2q^{3n}}{(1-q^{2n})^2} = -\frac{nq^n}{1-q^{2n}} + \frac{q^n(1+q^{2n})}{(1-q^{2n})^2}$$

His collectis, invenitur evolutio quaesita:

$$1)\quad \left(\frac{2K}{\pi}\right)^2 Z\left(\frac{2Kx}{\pi}\right) Z\left(\frac{2Kx}{\pi}\right) = 8A - 8\left\{\frac{q\cos 2x}{1-q^2} + \frac{2q^2\cos 4x}{1-q^4} + \frac{3q^3\cos 6x}{1-q^6} + \dots\right\}$$

$$+ 8\left\{\frac{q(1+q^2)\cos 2x}{(1-q^2)^2} + \frac{q^2(1+q^4)\cos 4x}{(1-q^4)^2} + \frac{q^3(1+q^6)\cos 6x}{(1-q^6)^2} + \dots\right\}.$$

Ipsum $A = \frac{q^2}{(1-q^2)^2} + \frac{q^4}{(1-q^4)^2} + \frac{q^6}{(1-q^6)^2} + \dots$ cum etiam hunc in modum evolvere liceat:

$$A = \frac{q^2}{1-q^2} + \frac{2q^4}{1-q^4} + \frac{3q^6}{1-q^6} + \frac{4q^8}{1-q^8} + \dots,$$

invenimus e §. 42. 6):

$$2)\quad 8\,A = \frac{(2-k^2)\left(\frac{2K}{\pi}\right)^2 - 3\left(\frac{2K}{\pi}\right)\left(\frac{2E^{I}}{\pi}\right) + 1}{3}.$$

Porro autem constat esse:

$$8\,A = \frac{2}{\pi}\cdot\left(\frac{2K}{\pi}\right)^2 \int_0^{\frac{\pi}{2}} Z\left(\frac{2Kx}{\pi}\right) Z\left(\frac{2Kx}{\pi}\right).\,dx;$$

integrata enim aequatione 1) a $x = 0$ usque ad $x = \frac{\pi}{2}$, termini omnes, praeter primum, evanescunt; unde si Cl[i] Legendre notationibus uti placet:

$$3)\quad \int_0^{\frac{\pi}{2}} \frac{\{F^{I}E(\phi) - E^{I}F(\phi)\}^2}{\Delta(\phi)}.\,d\phi = \frac{(2-k^2)F^{I}F^{I}F^{I} - 3F^{I}F^{I}E^{I} + \frac{\pi\pi F^{I}}{4}}{3},$$

quae est Integralis definiti satis abstrusi determinatio.

INTEGRALIA ELLIPTICA TERTIAE SPECIEI INDEFINITA AD CASUM REVOCANTUR DEFINITUM, IN QUO AMPLITUDO PARAMETRUM AEQUAT.

49.

Antequam ad tertiam speciem Integralium Ellipticorum in seriem evolvendam accedamus, paucis, quae Theoriae illorum adiicere contigit, seorsim exponemus, idque fere ipsis signis Claro eius autori usitatis. Mox idem novis adhibitis denominationibus proponetur.

Proficiscimur a theorematibus quibusdam notis de specie secunda Integralium Ellipticorum. Fit:

$$\sin am\,(u+a) + \sin am\,(u-a) = \frac{2\sin am\,u\,.\,\cos am\,a\,.\,\Delta\,am\,a}{1 - k^2\sin^2 am\,a\,.\,\sin^2 am\,u}$$

$$\sin am\,(u+a) - \sin am\,(u-a) = \frac{2\sin am\,a\,.\,\cos am\,u\,.\,\Delta\,am\,u}{1 - k^2\sin^2 am\,a\,.\,\sin^2 am\,u},$$

unde:

$$\sin^2 \mathrm{am}\,(u+a) - \sin^2 \mathrm{am}\,(u-a) = \frac{4 \sin \mathrm{am}\, a \,.\, \cos \mathrm{am}\, a \,.\, \Delta \mathrm{am}\, a \,.\, \sin \mathrm{am}\, u \,.\, \cos \mathrm{am}\, u \,.\, \Delta \mathrm{am}\, u}{\left\{1 - k^2 \sin^2 \mathrm{am}\, a \,.\, \sin^2 \mathrm{am}\, u\right\}^2},$$

qua integrata formula secundum u, prodit:

$$1) \int_0^u du \,.\, \left\{\sin^2 \mathrm{am}\,(u+a) - \sin^2 \mathrm{am}\,(u-a)\right\} = \frac{2 \sin \mathrm{am}\, a \,.\, \cos \mathrm{am}\, a \,.\, \Delta \mathrm{am}\, a \,.\, \sin^2 \mathrm{am}\, u}{1 - k^2 \sin^2 \mathrm{am}\, a \,.\, \sin^2 \mathrm{am}\, u},$$

uti iam supra invenimus.

Ponatur: $\mathrm{am}\, u = \varphi$, $\mathrm{am}\, a = \alpha$, $\mathrm{am}\,(u+a) = \sigma$, $\mathrm{am}\,(u-a) = \vartheta$, erit e notatione Cl[i] Legendre:

$$k^2 \int_0^u du \,.\, \sin^2 \mathrm{am}\, u = F(\varphi) - E(\varphi),$$

unde etiam, cum sit $F(\sigma) - F(\alpha) = F(\varphi)$, $F(\vartheta) + F(\alpha) = F(\varphi)$:

$$k^2 \int_0^u du \,.\, \sin^2 \mathrm{am}\,(u+a) = F(\varphi) - E(\sigma) + E(\alpha)$$

$$k^2 \int_0^u du \,.\, \sin^2 \mathrm{am}\,(u-a) = F(\varphi) - E(\vartheta) - E(\alpha).$$

Hinc aequatio 1) in hanc abit:

$$2) \quad 2E(\alpha) - \left\{E(\sigma) - E(\vartheta)\right\} = \frac{2k^2 \sin \alpha \cos \alpha \Delta \alpha \,.\, \sin^2 \varphi}{1 - k^2 \sin^2 \alpha \,.\, \sin^2 \varphi}.$$

Commutatis inter se u et a, abit α in φ, ϑ in $-\vartheta$, σ immutatum manet, unde ex 1) prodit:

$$2E(\varphi) - \left\{E(\sigma) + E(\vartheta)\right\} = \frac{2k^2 \sin \varphi \cos \varphi \Delta \varphi \,.\, \sin^2 \alpha}{1 - k^2 \sin^2 \alpha \,.\, \sin^2 \varphi},$$

qua addita aequationi 1), provenit:

$$3) \quad E(\varphi) + E(\alpha) - E(\sigma) = k^2 \sin \alpha \,.\, \sin \varphi \,.\, \sin \sigma,$$

quod est theorema de Additione functionis E, a Cl. Legendre prolatum, l. c. Cap. IX. pag. 43. c′.

Integralia formae:

$$\int_0^{\varphi} \frac{\sin^2\varphi \,.\, d\varphi}{\{1-k^2\sin^2\alpha \,.\, \sin^2\varphi\}\Delta(\varphi)}$$

secundum eam, quam Cl. Legendre instituit, Integralium Ellipticorum distributionem in species, speciem *tertiam* constituunt. Quantitatem $-k^2\sin^2\alpha$, quam per n designat, Parametrum vocat; nos in sequentibus ipsum angulum α *Parametrum* dicemus. Quorum Integralium, multiplicata aequatione 2) per

$$\frac{d\varphi}{\Delta(\varphi)} = \frac{d\sigma}{\Delta(\sigma)} = \frac{d\vartheta}{\Delta(\vartheta)},$$

ac integratione instituta a $\varphi = 0$ usque ad $\varphi = \varphi$, quo facto ipsius σ limites erunt: $\sigma = \alpha$, $\sigma = \sigma$, ipsius ϑ limites: $\vartheta = -\alpha$, $\vartheta = \vartheta$, expressionem eruimus sequentem:

$$\int_0^{\varphi} \frac{2k^2\sin\alpha\cos\alpha\Delta\alpha \,.\, \sin^2\varphi \,.\, d\varphi}{\{1-k^2\sin^2\alpha \,.\, \sin^2\varphi\}\Delta(\varphi)} = 2F(\varphi)E(\alpha) - \int_{\alpha} \frac{E(\sigma)\,.\,d\sigma}{\Delta(\sigma)} + \int_{-\alpha}^{\vartheta} \frac{E(\vartheta)\,.\,d\vartheta}{\Delta(\vartheta)}.$$

Facile constat, cum sit $E(-\varphi) = -E(\varphi)$, esse:

$$\int_0^{\varphi} \frac{E(\varphi)\,.\,d\varphi}{\Delta(\varphi)} = \int_0^{-\varphi} \frac{E(\varphi)\,.\,d\varphi}{\Delta(\varphi)}, \quad \text{sive} \int_{-\varphi}^{+\varphi} \frac{E(\varphi)\,.\,d\varphi}{\Delta(\varphi)} = 0,$$

unde cum sit:

$$\int_{\alpha}^{\sigma} \frac{E(\sigma)\,.\,d\sigma}{\Delta(\sigma)} = \int_0^{\sigma} \frac{E(\varphi)\,.\,d\varphi}{\Delta(\varphi)} - \int_0^{\alpha} \frac{E(\varphi)\,.\,d\varphi}{\Delta(\varphi)}$$

$$\int_{-\alpha}^{\vartheta} \frac{E(\vartheta)\,.\,d\vartheta}{\Delta(\vartheta)} = \int_0^{\vartheta} \frac{E(\varphi)\,.\,d\varphi}{\Delta(\varphi)} - \int_0^{-\alpha} \frac{E(\varphi)\,.\,d\varphi}{\Delta(\varphi)} = \int_0^{\vartheta} \frac{E(\varphi)\,.\,d\varphi}{\Delta(\varphi)} - \int_0^{\alpha} \frac{E(\varphi)\,.\,d\varphi}{\Delta(\varphi)},$$

nacti sumus novum ac memorabile

THEOREMA I.

Determinentur anguli ϑ, σ *ita, ut sit:*

$$F(\varphi) + F(\alpha) = F(\sigma); \; F(\varphi) - F(\alpha) = F(\vartheta),$$

erit:

$$\int_0^{\varphi} \frac{k^2 \sin\alpha \cos\alpha \Delta\alpha \,.\, \sin^2\varphi \,.\, d\varphi}{\{1 - k^2 \sin^2\alpha \,.\, \sin^2\varphi\} \Delta(\varphi)} =$$

$$F(\varphi) E(\alpha) - \frac{1}{2} \int_{\vartheta}^{\sigma} \frac{E(\varphi) \,.\, d\varphi}{\Delta(\varphi)} = F(\varphi) E(\alpha) - \frac{1}{2} \int_0^{\sigma} \frac{E(\varphi) \,.\, d\varphi}{\Delta(\varphi)} + \frac{1}{2} \int_0^{\vartheta} \frac{E(\varphi) \,.\, d\varphi}{\Delta(\varphi)},$$

ita ut tertia species Integralium Ellipticorum, quae ab elementis tribus pendet, Modulo k, *Amplitudine* φ, *Parametro* α, *revocata sit ad speciem primam et secundam, et Transcendentem novam*

$$\int_0^{\varphi} \frac{E(\varphi) \,.\, d\varphi}{\Delta(\varphi)}.$$

quae tantum a duobus elementis pendent omnes.

50.

Ponamus $F(\alpha_2) = 2F(\alpha)$, quoties $\varphi = \alpha$, fit $\sigma = \alpha_2$, $\vartheta = 0$, quo igitur casu e theoremate proposito nanciscimur:

$$1) \int_0^{\alpha} \frac{k^2 \sin\alpha \cos\alpha \Delta\alpha \,.\, \sin^2\varphi \,.\, d\varphi}{\{1 - k^2 \sin^2\alpha \,.\, \sin^2\varphi\} \Delta(\varphi)} = F(\alpha) E(\alpha) - \frac{1}{2} \int_0^{\alpha_2} \frac{E(\varphi) \,.\, d\varphi}{\Delta(\varphi)}.$$

Quae docet formula, in locum Transcendentis novae substitui posse et hanc:

$$\int_0^{\alpha} \frac{\sin^2\varphi \,.\, d\varphi}{\{1 - k^2 \sin^2\alpha \,.\, \sin^2\varphi\} \Delta(\varphi)},$$

quod est Integrale tertiae speciei *definitum,* in quo Amplitudo Parametrum aequat, quod igitur et ipsum tantum a duobus elementis pendet, a Modulo k et quantitate illa, quae simul et Parameter est et Amplitudo.

Ponamus $2F(\mu) = F(\varphi) + F(\alpha) = F(\sigma)$, $2F(\vartheta) = F(\varphi) - F(\alpha) = F(\vartheta)$, erit ex 1):

$$\frac{1}{2} \int_0^{\sigma} \frac{E(\varphi) \,.\, d\varphi}{\Delta(\varphi)} = F(\mu) E(\mu) - \int_0^{\mu} \frac{k^2 \sin\mu \cos\mu \Delta\mu \,.\, \sin^2\varphi \,.\, d\varphi}{\{1 - k^2 \sin^2\mu \,.\, \sin^2\varphi\} \Delta(\varphi)}$$

$$\frac{1}{2}\int_0^{\vartheta}\frac{E(\varphi)\,.\,d\varphi}{\Delta(\varphi)} = F(\vartheta)E(\vartheta) - \int_0^{\vartheta}\frac{k^2\sin\vartheta\cos\vartheta\Delta\vartheta\,.\,\sin^2\varphi\,.\,d\varphi}{\{1-k^2\sin^2\vartheta\,.\,\sin^2\varphi\}\,\Delta(\varphi)},$$

quibus in theoremate, §° antecedente proposito, substitutis formulis, obtinemus sequens

THEOREMA II.

Determinentur anguli μ, ϑ ita, ut sit:

$$F(\mu) = \frac{F(\varphi)+F(\alpha)}{2},\quad F(\vartheta) = \frac{F(\varphi)-F(\alpha)}{2},$$

erit:

$$k^2\sin\alpha\cos\alpha\Delta\alpha\,.\int_0^{\varphi}\frac{\sin^2\varphi\,.\,d\varphi}{\{1-k^2\sin^2\alpha\,.\,\sin^2\varphi\}\,\Delta(\varphi)} =$$

$$F(\varphi)E(\alpha) - F(\mu)E(\mu) + F(\vartheta)E(\vartheta) +$$

$$k^2\sin\mu\cos\mu\Delta\mu\,.\int_0^{\mu}\frac{\sin^2\varphi\,.\,d\varphi}{\{1-k^2\sin^2\mu\,.\,\sin^2\varphi\}\,\Delta(\varphi)}$$

$$-\,k^2\sin\vartheta\cos\vartheta\Delta\vartheta\,.\int_0^{\vartheta}\frac{\sin^2\varphi\,.\,d\varphi}{\{1-k^2\sin^2\vartheta\,.\,\sin^2\varphi\}\,\Delta(\varphi)},$$

qua formula Integralia tertiae speciei indefinita revocantur ad definita, in quibus Amplitudo Parametrum aequat, ideoque quae ab elementis tribus pendebant, ad alias Transcendentes, quae tantum duobus constant.

Commutatis inter se α et φ, abit ϑ in $-\vartheta$, σ immutatum manet, unde cum insuper sit:

$$\int_{-\vartheta}^{\sigma}\frac{E(\varphi)\,.\,d\varphi}{\Delta(\varphi)} = \int_{+\vartheta}^{\sigma}\frac{E(\varphi)\,.\,d\varphi}{\Delta(\varphi)},$$

e theoremate I:

$$\int_0^{\varphi}\frac{k^2\sin\alpha\cos\alpha\Delta\alpha\,.\,\sin^2\varphi\,.\,d\varphi}{\{1-k^2\sin^2\alpha\,.\,\sin^2\varphi\}\,\Delta(\varphi)} = F(\varphi)E(\alpha) - \frac{1}{2}\int_{\vartheta}^{\sigma}\frac{E(\varphi)\,.\,d\varphi}{\Delta(\varphi)}$$

obtinemus:

$$\int_0^{\alpha} \frac{k^2 \sin\varphi \cos\varphi \,\Delta\varphi \,.\, \sin^2\alpha \,.\, d\alpha}{\{1 - k^2 \sin^2\varphi \,.\, \sin^2\alpha\}\,\Delta(\alpha)} = F(\alpha)E(\varphi) - \frac{1}{2}\int_{\vartheta}^{\sigma} \frac{E(\varphi)\,.\,d\varphi}{\Delta(\varphi)}.$$

Hinc, subductione facta, prodit:

$$2)\quad \int_0^{\varphi} \frac{k^2 \sin\alpha \cos\alpha \,\Delta\alpha \,.\, \sin^2\varphi \,.\, d\varphi}{\{1 - k^2 \sin^2\alpha \,.\, \sin^2\varphi\}\,\Delta(\varphi)} - \int_0^{\alpha} \frac{k^2 \sin\varphi \cos\varphi \,\Delta\varphi \,.\, \sin^2\alpha \,.\, d\alpha}{\{1 - k^2 \sin^2\varphi \,.\, \sin^2\alpha\}\,\Delta(\alpha)} =$$

$$F(\varphi)E(\alpha) - F(\alpha)E(\varphi);$$

quae docet formula, *Integrale tertiae speciei semper revocari posse ad aliud, in quo, qui erat Parameter, fit Amplitudo, quae erat Amplitudo, fit Parameter.*

Ubi in formula 2) ponitur $\varphi = \frac{\pi}{2}$, obtinemus:

$$3)\quad \int_0^{\frac{\pi}{2}} \frac{k^2 \sin\alpha \cos\alpha \,\Delta\alpha \,.\, \sin^2\varphi \,.\, d\varphi}{\{1 - k^2 \sin^2\alpha \,.\, \sin^2\varphi\}\,\Delta(\varphi)} = F^{I}E(\alpha) - E^{I}F(\alpha).$$

Formulae 2), 3) cum iis conveniunt, quae a Cl. Legendre exhibitae sunt Cap. XXIII. pag. 141. (n'), (p').

INTEGRALIA ELLIPTICA TERTIAE SPECIEI IN SERIEM EVOLVUNTUR. QUOMODO ILLA PER TRANSCENDENTEM NOVAM Θ COMMODE EXPRIMUNTUR.

51.

E formula:

$$\sin^2 \text{am}\,\frac{2K}{\pi}(x + A) - \sin^2 \text{am}\,\frac{2K}{\pi}(x - A) =$$

$$\frac{4 \sin \text{am}\,\frac{2KA}{\pi} \cos \text{am}\,\frac{2KA}{\pi}\,\Delta \text{am}\,\frac{2KA}{\pi}\,.\,\sin \text{am}\,\frac{2Kx}{\pi} \cos \text{am}\,\frac{2Kx}{\pi}\,\Delta \text{am}\,\frac{2Kx}{\pi}}{\left\{1 - k^2 \sin^2 \text{am}\,\frac{2KA}{\pi}\,.\,\sin^2 \text{am}\,\frac{2Kx}{\pi}\right\}^2}$$

quae ex elementis constat, eruimus integrando:

$$1)\quad \frac{2K}{\pi}\int_0^x dx.\left\{\sin^2\operatorname{am}\frac{2K}{\pi}(x+A)-\sin^2\operatorname{am}\frac{2K}{\pi}(x-A)\right\}=$$

$$\frac{2\sin\operatorname{am}\frac{2KA}{\pi}\cos\operatorname{am}\frac{2KA}{\pi}\Delta\operatorname{am}\frac{2KA}{\pi}.\sin^2\operatorname{am}\frac{2Kx}{\pi}}{1-k^2\sin^2\operatorname{am}\frac{2KA}{\pi}.\sin^2\operatorname{am}\frac{2Kx}{\pi}}.$$

Iam dedimus § 41 formulam:

$$\left(\frac{2kK}{\pi}\right)^2\sin^2\operatorname{am}\frac{2Kx}{\pi}=\frac{2K}{\pi}\,\frac{2K}{\pi}-\frac{2K}{\pi}\,\frac{2E^1}{\pi}-4\left\{\frac{2q\cos 2x}{1-q^2}+\frac{4q^2\cos 4x}{1-q^4}+\frac{6q^3\cos 6x}{1-q^6}+\ldots\right\},$$

unde:

$$\left(\frac{2kK}{\pi}\right)^2\left\{\sin^2\operatorname{am}\frac{2K}{\pi}(x+A-\sin^2\operatorname{am}\frac{2K}{\pi}(x-A)\right\}=$$

$$4\left\{\frac{2q\cos 2(x-A)}{1-q^2}+\frac{4q^2\cos 4(x-A)}{1-q^4}+\frac{6q^3\cos 6(x-A)}{1-q^6}+\ldots\right\}$$

$$-4\left\{\frac{2q\cos 2(x+A)}{1-q^2}+\frac{4q^2\cos 4(x+A)}{1-q^4}+\frac{6q^3\cos 6(x+A)}{1-q^6}+\ldots\right\}=$$

$$8\left\{\frac{2q\sin 2A\sin 2x}{1-q^2}+\frac{4q^2\sin 4A\sin 4x}{1-q^4}+\frac{6q^3\sin 6A\sin 6x}{1-q^6}+\ldots\right\}.$$

Hinc fit ex 1):

$$2)\quad \frac{2K}{\pi}.\frac{2k^2\sin\operatorname{am}\frac{2KA}{\pi}\cos\operatorname{am}\frac{2KA}{\pi}\Delta\operatorname{am}\frac{2KA}{\pi}.\sin^2\operatorname{am}\frac{2Kx}{\pi}}{1-k^2\sin^2\operatorname{am}\frac{2KA}{\pi}.\sin^2\operatorname{am}\frac{2Kx}{\pi}}=$$

$$\text{Const.}+4\left\{\frac{q\sin 2(x-A)}{1-q^2}+\frac{q^2\sin 4(x-A)}{1-q^4}+\frac{q^3\sin 6(x-A)}{1-q^6}+\ldots\right\}$$

$$-4\left\{\frac{q\sin 2(x+A)}{1-q^2}+\frac{q^2\sin 4(x+A)}{1-q^4}+\frac{q^3\sin 6(x+A)}{1-q^6}+\ldots\right\}=$$

$$\text{Const.}-8\left\{\frac{q\sin 2A\cos 2x}{1-q^2}+\frac{q^2\sin 4A\cos 4x}{1-q^4}+\frac{q^3\sin 6A\cos 6x}{1-q^6}+\ldots\right\},$$

ubi ita determinari debet *Constans*, ut expressio proposita pro $x=0$ evanescat, unde e §. 47. 1):

$$\text{Const.}=8\left\{\frac{q\sin 2A}{1-q^2}+\frac{q^2\sin 4A}{1-q^4}+\frac{q^3\sin 6A}{1-q^6}+\ldots\right\}=2.\frac{2K}{\pi}Z\left(\frac{2KA}{\pi}\right).$$

Formula 2) a $x = 0$ usque ad $x = \frac{\pi}{2}$ integrata, cum prodeat $\frac{\pi}{2}$. Const., reliquis evanescentibus terminis, posito $\frac{2KA}{\pi} = a$, $\frac{2Kx}{\pi} = u$, eruimus integrale definitum:

$$\int_0^{\frac{\pi}{2}} \frac{k^2 \sin \operatorname{am} a \cos \operatorname{am} a \, \Delta \operatorname{am} a \,.\, \sin^2 \operatorname{am} u \,.\, du}{1 - k^2 \sin^2 \operatorname{am} a \,.\, \sin^2 \operatorname{am} u} = K \,.\, Z(a),$$

quod idem est atque 3) §. 50.

Designabimus in sequentibus per characterem $\Pi(u, a, k)$ seu brevius per $\Pi(u, a)$ integrale: $\Pi(u, a)$*) $=$

$$\int_0^u \frac{k^2 \sin \operatorname{am} a \cos \operatorname{am} a \, \Delta \operatorname{am} a \,.\, \sin^2 \operatorname{am} u \,.\, du}{1 - k^2 \sin^2 \operatorname{am} u \,.\, \sin^2 \varphi} = \int_0^\varphi \frac{k^2 \sin \alpha \cos \alpha \, \Delta \alpha \,.\, \sin^2 \varphi \,.\, d\varphi}{\{1 - k^2 \sin^2 \alpha \,.\, \sin^2 \varphi\} \Delta(\varphi)},$$

siquidem $\varphi = \operatorname{am} u$, $\alpha = \operatorname{am} a$. Quibus positis, aequatione 2) rursus integrata a $x = 0$ usque ad $x = x$, prodit:

$$3) \quad \Pi\left(\frac{2Kx}{\pi}, \frac{2KA}{\pi}\right) =$$

$$\frac{2Kx}{\pi} Z\left(\frac{2KA}{\pi}\right) - \left\{\frac{q \cos 2(x-A)}{1-q^2} + \frac{q^2 \cos 4(x-A)}{2(1-q^4)} + \frac{q^3 \cos 6(x-A)}{3(1-q^6)} + \ldots\right\}$$

$$+ \frac{q \cos 2(x+A)}{1-q^2} + \frac{q^2 \cos 4(x+A)}{2(1-q^4)} + \frac{q^3 \cos 6(x+A)}{3(1-q^6)} + \ldots =$$

$$\frac{2Kx}{\pi} Z\left(\frac{2KA}{\pi}\right) - 2\left\{\frac{q \sin 2A \sin 2x}{1-q^2} + \frac{q^2 \sin 4A \sin 4x}{2(1-q^4)} + \frac{q^3 \sin 6A \sin 6x}{3(1-q^6)} + \ldots\right\},$$

quae est Integralis Elliptici tertiae speciei evolutio quaesita.

Ubi adnotatur evolutio nota:

$$-\log(1 - 2q\cos 2x + q^2) = 2\left\{q \cos 2x + \frac{q^2 \cos 4x}{2} + \frac{q^3 \cos 6x}{3} + \frac{q^4 \cos 8x}{4} + \ldots\right\},$$

---

*) Cl[i] Legendre paullo alia est denotatio; ponit enim ille $\Pi(n, \varphi) = \int_0^\varphi \frac{d\varphi}{\{1 + n \sin^2 \varphi\} \Delta(\varphi)}$; ita ut, quod nobis est $\Pi(u, a)$, illi erit:

$$\frac{-\cos \alpha \, \Delta \alpha}{\sin \alpha} F(\varphi) + \frac{\cos \alpha \, \Delta \alpha}{\sin \alpha} \Pi(-k^2 \sin^2 \alpha, \varphi).$$

Quod signum Π ne cum signo multiplicatorio Π, saepius a nobis adhibito, commutetur, vix moneri debet.

videmus formulam 3), singulis evolutis denominatoribus $1-q^2$, $1-q^4$, $1-q^6$, cet., hanc induere formam:

$$4)\quad \Pi\left(\frac{2Kx}{\pi}, \frac{2KA}{\pi}\right) =$$

$$\frac{2Kx}{\pi} Z\left(\frac{2KA}{\pi}\right) + \frac{1}{2}\log.\left\{\frac{(1-2q\cos 2(x-A)+q^2)\,(1-2q^3\cos 2(x-A)+q^6)\ldots}{(1-2q\cos 2(x+A)+q^2)\,(1-2q^3\cos 2(x+A)+q^6)\ldots}\right\}.$$

52.

Integrata formula 1) §. 47:

$$\frac{2K}{\pi} Z\left(\frac{2Kx}{\pi}\right) = 4\left\{\frac{q\sin 2x}{1-q^2} + \frac{q^2\sin 4x}{1-q^4} + \frac{q^3\sin 6x}{1-q^6} + \ldots\right\}$$

a $x=0$ usque ad $x=x$, prodit:

$$\frac{2K}{\pi}\int_0^x Z\left(\frac{2Kx}{\pi}\right).dx = -2\left\{\frac{q\cos 2x}{1-q^2} + \frac{q^2\cos 4x}{2(1-q^2)} + \frac{q^3\cos 6x}{3(1-q^6)} + \ldots\right\} + \text{Const.}$$

$$= \log\{(1-2q\cos 2x+q^2)(1-2q^3\cos 2x+q^6)(1-2q^5\cos 2x+q^{10})\ldots\} + \text{Const.},$$

ubi *Constans* ita determinata, ut pro $x=0$ evanescat, fit $=$

$$2\left\{\frac{q}{1-q^2} + \frac{q^2}{2(1-q^4)} + \frac{q^3}{3(1-q^6)} + \ldots\right\} = -\log\{(1-q)(1-q^3)(1-q^5)\ldots\}^2,$$

ideoque:

$$1)\quad \frac{2K}{\pi}\int_0^x Z\left(\frac{2Kx}{\pi}\right).dx = \log\left\{\frac{(1-2q\cos 2x+q^2)(1-2q^3\cos 2x+q^6)(1-2q^5\cos 2x+q^{10})\ldots}{\{(1-q)(1-q^3)(1-q^5)\ldots\}^2}\right\}.$$

Designabimus in posterum per characterem $\Theta(u)$ expressionem:

$$\Theta(u) = \Theta(0)\, e^{\int_0^u Z(u).du},$$

designante $\Theta(0)$ Constantem, quam adhuc indeterminatam relinquimus, dum commodam eius determinationem infra obtinebimus; erit ex 1):

$$2)\quad \frac{\Theta\left(\frac{2Kx}{\pi}\right)}{\Theta(0)} = \frac{(1-2q\cos 2x+q^2)(1-2q^3\cos 2x+q^6)(1-2q^5\cos 2x+q^{10})\ldots}{\{(1-q)(1-q^3)(1-q^5)\ldots\}^2},$$

unde formula 4) §. 51 in hanc abit:

$$\Pi\left(\frac{2Kx}{\pi}, \frac{2KA}{\pi}\right) = \frac{2Kx}{\pi} Z\left(\frac{2KA}{\pi}\right) + \frac{1}{2}\log . \frac{\Theta\left(\frac{2K}{\pi}(x-A)\right)}{\Theta\left(\frac{2K}{\pi}(x+A)\right)},$$

sive, rursus posito $\frac{2Kx}{\pi} = u$, $\frac{2KA}{\pi} = a$:

$$3)\quad \Pi(u, a) = u Z(a) + \frac{1}{2}\log . \frac{\Theta(u-a)}{\Theta(u+a)} = u . \frac{\Theta'(a)}{\Theta(a)} + \frac{1}{2}\log . \frac{\Theta(u-a)}{\Theta(u+a)},$$

siquidem ponitur: $\frac{d\Theta(u)}{du} = \Theta'(u)$. Quae est commoda expressio Integralis Elliptici Π per Transcendentem novam Θ.

Facile constat, esse $\Theta(-u) = \Theta(u)$, unde commutatis inter se a et u, e 3) prodit:

$$\Pi(a, u) = a Z(u) + \frac{1}{2}\log . \frac{\Theta(u-a)}{\Theta(u+a)},$$

quibus a 3) subductis, fit:

$$4)\quad \Pi(u, a) - \Pi(a, u) = u Z(a) - a Z(u),$$

quae eadem est atque formula 2) §. 50. Hinc, posito $\Pi(K, a) = \Pi^{I}(a)$, evanescente $\Pi(a, K)$, $Z(K)$, fit:

$$\Pi^{I}(a) = K Z(a),$$

quae est Cl[i] Legendre, quam supra exhibuimus 3) §. 50, formula.

Posito $u = a$, e 3) fit:

$$5)\quad \Pi(a, a) = a Z(a) + \frac{1}{2}\log \frac{\Theta(0)}{\Theta(2a)} = a Z(a) - \frac{1}{2}\log . \frac{\Theta(2a)}{\Theta(0)}.$$

Videmus igitur, Transcendentem novam sive per Integrale $\int \frac{E(\varphi) . d\varphi}{\Delta(\varphi)}$ definiri posse ope formulae:

$$6)\quad \frac{\Theta(u)}{\Theta(0)} = e^{\int_0^u du . Z(u)} = e^{\int_0^\varphi \frac{F^I E(\varphi) - E^I F(\varphi)}{F^I \Delta(\varphi)} . d\varphi}$$

sive per Integrale definitum tertiae speciei ope formulae:

$$7)\quad \frac{\Theta(2a)}{\Theta(0)} = e^{2a Z(a) - 2\Pi(a, a)}.$$

E formula 5) nanciscimur:

$$\frac{1}{2}\log.\frac{\Theta(u-a)}{\Theta(u+a)} = \frac{u-a}{2}.Z\left(\frac{u-a}{2}\right) - \Pi\left(\frac{u-a}{2},\frac{u-a}{2}\right)$$
$$-\frac{u+a}{2}.Z\left(\frac{u+a}{2}\right) + \Pi\left(\frac{u+a}{2},\frac{u+a}{2}\right),$$

unde 3) in hanc abit formulam:

$$8)\quad \Pi(u,a) = u\,Z(a) + \frac{u-a}{2}.Z\left(\frac{u-a}{2}\right) - \frac{u+a}{2}.Z\left(\frac{u+a}{2}\right)$$
$$-\Pi\left(\frac{u-a}{2},\frac{u-a}{2}\right) + \Pi\left(\frac{u+a}{2},\frac{u+a}{2}\right),$$

quae est pro reductione Integralis t. sp. indefiniti ad definita, atque cum Theor. II. §. 50. convenit.

COROLLARIUM.

Uti iam supra ex evolutionibus inventis Algorithmos ad computum idoneos deduximus, minus ut nova proferantur, quam quo melius earum perspiciatur natura: idem rursus agamus de inventa evolutione functionis

$$\frac{\Theta\left(\frac{2Kx}{\pi}\right)}{\Theta(0)} = e^{\int_0^{\varphi}\frac{F^I E(\varphi) - E^I F(\varphi)}{F^I \Delta(\varphi)}.d\varphi} =$$
$$\frac{(1-2q\cos 2x+q^2)(1-2q^3\cos 2x+q^6)(1-2q^5\cos 2x+q^{10})\ldots\ldots}{\{(1-q)(1-q^3)(1-q^5)\ldots\}}.$$

Quem in finem antemittamus sequentia.

Ponatur productum infinitum:

$$T = \left(\frac{1-q}{1+q}\right)\left(\frac{1-q^2}{1+q^2}\right)^{\frac{1}{2}}\left(\frac{1-q^4}{1+q^4}\right)^{\frac{1}{4}}\left(\frac{1-q^8}{1+q^8}\right)^{\frac{1}{8}}\ldots,$$

siquidem iteratis vicibus substituitur:

$$(1-q^2) = (1-q)(1+q),\ (1-q^4) = (1-q^2)(1+q^2),\ (1-q^8) = (1-q^4)(1+q^4),\ \ldots,$$

prodit:

$$T = (1-q)\left(\frac{1-q}{1+q}\right)^{\frac{1}{2}}\left(\frac{1-q^2}{1+q^2}\right)^{\frac{1}{4}}\left(\frac{1-q^4}{1+q^4}\right)^{\frac{1}{8}}\left(\frac{1-q^8}{1+q^8}\right)^{\frac{1}{16}}\ldots.$$

$$= (1-q)(1-q)^{\frac{1}{2}}\left(\frac{1-q}{1+q}\right)^{\frac{1}{4}}\left(\frac{1-q^2}{1+q^2}\right)^{\frac{1}{8}}\left(\frac{1-q^4}{1+q^4}\right)^{\frac{1}{16}}\cdots\cdot$$

$$= (1-q)(1-q)^{\frac{1}{2}}(1-q)^{\frac{1}{4}}\left(\frac{1-q}{1+q}\right)^{\frac{1}{8}}\left(\frac{1-q^2}{1+q^2}\right)^{\frac{1}{16}}\cdots\cdot$$

$$\cdot\quad\cdot\quad\cdot\quad\cdot\quad\cdot\quad\cdot,$$

unde videmus, fore:

$$1)\quad T = (1-q)(1-q)^{\frac{1}{2}}(1-q)^{\frac{1}{4}}(1-q)^{\frac{1}{8}}(1-q)^{\frac{1}{16}}\ldots = (1-q)^2.$$

Sive etiam cum sit:

$$T = \left(\frac{1-q}{1+q}\right)\left(\frac{1-q^2}{1+q^2}\right)^{\frac{1}{2}}\left(\frac{1-q^4}{1+q^4}\right)^{\frac{1}{4}}\left(\frac{1-q^8}{1+q^8}\right)^{\frac{1}{8}}\ldots$$

$$= (1-q)\left(\frac{1-q}{1+q}\right)^{\frac{1}{2}}\left(\frac{1-q^2}{1+q^2}\right)^{\frac{1}{4}}\left(\frac{1-q^4}{1+q^4}\right)^{\frac{1}{8}}\ldots,$$

fit $T = (1-q)\sqrt{T}$, unde $T = (1-q)^2$.

Ex 1) fit:

$$2)\quad 1-q = \left(\frac{1-q}{1+q}\right)^{\frac{1}{2}}\left(\frac{1-q^2}{1+q^2}\right)^{\frac{1}{4}}\left(\frac{1-q^4}{1+q^4}\right)^{\frac{1}{8}}\ldots,$$

qua in formula loco q successive ponamus q, q^3, q^5, q^7, .., et instituamus infinitam multiplicationem. Advocata formula suprà exhibita:

$$\sqrt[4]{k'} = \left(\frac{1-q}{1+q}\right)\left(\frac{1-q^3}{1+q^3}\right)\left(\frac{1-q^5}{1+q^5}\right)\left(\frac{1-q^7}{1+q^7}\right)\ldots,$$

prodit:

$$(1-q)(1-q^3)(1-q^5)(1-q^7)\ldots = \{k'\}^{\frac{1}{8}}\{k^{(2)\prime}\}^{\frac{1}{16}}\{k^{(4)\prime}\}^{\frac{1}{32}}\ldots$$

siquidem designamus, ut supra per $k^{(n)\prime}$ quantitatem, quae eodem modo a q^n pendet atque k' a q, sive Complementum Moduli per transformationem primam n^{ti} ordinis eruti.

Porro invenimus §. 36:

$$\left\{(1-q)(1-q^3)(1-q^5)(1-q^7)\ldots\right\} = \frac{2\sqrt[4]{q}\,.\,k'}{\sqrt{k}},$$

unde iam:

$$3)\quad q = e^{\frac{-\pi K'}{K}} = \frac{kk}{16k'}\left\{k^{(2)\prime}\right\}^{\frac{1}{2}}\left\{k^{(4)\prime}\right\}^{\frac{1}{4}}\left\{k^{(8)\prime}\right\}^{\frac{1}{8}}\ldots$$

Posito $m = 1$, $n = k'$; $\frac{m+n}{2} = m'$, $\sqrt{mn} = n'$; $\frac{m'+n'}{2} = m''$, $\sqrt{m'n'} = n''$, cet.; notum est fieri $k^{(2)\prime} = \frac{n'}{m'}$, $k^{(4)\prime} = \frac{n''}{m''}$, $k^{(8)\prime} = \frac{n'''}{m'''}$, cet., unde:

$$4)\quad q = \frac{mm - nn}{16mn} \cdot \left\{ \left(\frac{n'}{m'}\right)^{\frac{1}{2}} \left(\frac{n''}{m''}\right)^{\frac{1}{4}} \left(\frac{n'''}{m'''}\right)^{\frac{1}{8}} \cdots \right\}^3.$$

Hinc etiam fluit, designante $\mu = \frac{\pi}{2K}$ limitem communem, ad quem quantitates $m^{(p)}$, $n^{(p)}$ convergunt:

$$5)\quad K' = \frac{1}{2\mu} \left\{ \log \frac{16mn}{mn - nn} + \frac{3}{2} \log \frac{m'}{n'} + \frac{3}{4} \log \frac{m''}{n''} + \frac{3}{8} \log \frac{m'''}{n'''} + \cdots \right\},$$

quae formulae computum expeditissimum suppeditant. Docet 5), quomodo ex eadem quantitatum serie, quam ad inveniendum valorem functionis K calculatam habere debes, ipsius etiam K′ valor confestim proveniat.

Formulam 3) transformemus. Fit, ut notum est:

$$k' = \frac{1 - k^{(2)}}{1 + k^{(2)}};\quad k = \frac{2\sqrt{k^{(2)}}}{1 + k^{(2)}},\ \text{unde}\ \frac{kk}{k'} = \frac{4k^{(2)}}{k^{(2)\prime}k^{(2)\prime}}.$$

Hinc obtinemus, siquidem iteratis vicibus simul loco k substituimus $k^{(2)}$ atque radicem quadraticam extrahimus:

$$\frac{kk}{16k'} \cdot \left\{k^{(2)\prime}\right\}^{\frac{2}{2}} = \left\{\frac{k^{(2)}k^{(2)}}{16k^{(2)\prime}}\right\}^{\frac{1}{2}}$$

$$\left\{\frac{k^{(2)}k^{(2)}}{16k^{(2)\prime}}\right\}^{\frac{1}{2}} \left\{k^{(4)\prime}\right\}^{\frac{2}{4}} = \left\{\frac{k^{(4)}k^{(4)}}{16k^{(4)\prime}}\right\}^{\frac{1}{4}}$$

$$\left\{\frac{k^{(4)}k^{(4)}}{16k^{(4)\prime}}\right\}^{\frac{1}{4}} \left\{k^{(8)\prime}\right\}^{\frac{2}{8}} = \left\{\frac{k^{(8)}k^{(8)}}{16k^{(8)\prime}}\right\}^{\frac{1}{8}}$$

$$\cdots\cdots,$$

unde posito $p = 2^m$:

$$\frac{kk}{16k'} \cdot \left\{k^{(2)\prime}\right\}^{\frac{2}{2}} \left\{k^{(4)\prime}\right\}^{\frac{2}{4}} \left\{k^{(8)\prime}\right\}^{\frac{2}{8}} \cdots \left\{k^{(p)\prime}\right\}^{\frac{2}{p}} = \left\{\frac{k^{(p)}k^{(p)}}{16k^{(p)\prime}}\right\}^{\frac{1}{p}}.$$

Hinc videmus e formula 3), $q = e^{\frac{-\pi K'}{K}}$ limitem fore expressionis $\left\{\frac{k^{(p)}k^{(p)}}{16}\right\}^{\frac{1}{p}}$, crescente m seu p in infinitum, quod est theorema a Cl° Legendre inventum.

Nec non vel ipso intuitu formulae a nobis exhibitae:

$$k = 4\sqrt{q}\left\{\frac{(1+q^2)(1+q^4)(1+q^6)(1+q^8)\ldots}{(1+q)(1+q^3)(1+q^5)(1+q^7)\ldots}\right\}$$

patet, neglectis quantitatibus ordinis q^p, fore:

$$q = \sqrt[p]{\frac{k^{(p)}k^{(p)}}{16}}.$$

quod cum dicto theoremate convenit.

Iam in formula nostra

$$1-q = \left\{\frac{1-q}{1+q}\right\}^{\frac{1}{2}}\left\{\frac{1-q^2}{1+q^2}\right\}^{\frac{1}{4}}\left\{\frac{1-q^4}{1+q^4}\right\}^{\frac{1}{8}}\ldots$$

loco q substituamus successive duplicem quantitatum seriem:

$$qe^{2ix},\ q^3e^{2ix},\ q^5e^{2ix},\ q^7e^{2ix},\ \ldots$$
$$qe^{-2ix},\ q^3e^{-2ix},\ q^5e^{-2ix},\ q^7e^{-2ix},\ \ldots,$$

et infinitam instituamus multiplicationem. Advocetur formula $\S^i$ 36:

$$\frac{\Delta\,\mathrm{am}\,\frac{2Kx}{\pi}}{\sqrt{k'}} = \frac{(1-2q\cos 2x+q^2)(1-2q^3\cos 2x+q^6)(1-2q^5\cos 2x+q^{10})\ldots}{(1+2q\cos 2x+q^2)(1+2q^3\cos 2x+q^6)(1+2q^5\cos 2x+q^{10})\ldots},$$

ac designemus per $\Delta^{(p)}$ expressionem

$$\frac{\Delta\,\mathrm{am}\,\frac{2pK^{(p)}x}{\pi}}{\sqrt{k^{(p)\prime}}} = \frac{(1-2q^p\cos 2px+q^{2p})(1-2q^{3p}\cos 2px+q^{6p})(1-2q^{5p}\cos 2px+q^{10p})\ldots}{(1+2q^p\cos 2px+q^{2p})(1+2q^{3p}\cos 2px+q^{6p})(1+2q^{5p}\cos 2px+q^{10p})\ldots},$$

provenit:

$$\Delta^{\frac{1}{2}}\Delta^{(2)\frac{1}{4}}\Delta^{(4)\frac{1}{8}}\Delta^{(8)\frac{1}{16}}\ldots = \frac{(1-2q\cos 2x+q^2)(1-2q^3\cos 2x+q^6)(1-2q^5\cos 2x+q^{10})\ldots}{\{(1-q)(1-q^3)(1-q^5)\ldots\}^2}.$$

Factorem constantem, quem adiecimus, $\frac{1}{(1-q)^2(1-q^3)^2(1-q^5)^2\ldots}$, ex supra inventis sive eo determinavimus, quod utraque expressio, posito $x=0$, unitati aequalis evadat. Iam vero invenimus:

$$\frac{\Theta\left(\frac{2Kx}{\pi}\right)}{\Theta(0)} = \frac{(1-2q\cos 2x+q^2)(1-2q^3\cos 2x+q^6)(1-2q^5\cos 2x+q^{10})\ldots}{\{(1-q)(1-q^3)(1-q^5)\ldots\}^2},$$

unde

$$\frac{\Theta\left(\frac{2Kx}{\pi}\right)}{\Theta(0)} = \Delta^{\frac{1}{2}}.\Delta^{(2)\frac{1}{4}}.\Delta^{(4)\frac{1}{8}}.\Delta^{(8)\frac{1}{16}}\ldots$$

Hinc posito $\frac{2Kx}{\pi} = u$, $\text{am}\, u = \varphi$, et advocatis formulis, quas Cl. Legendre de transformatione secundi ordinis proposuit, nanciscimur sequens, quod computum expeditum functionis Θ suppeditat,

THEOREMA.

Ponatur $\text{am}(u) = \varphi$, $m = 1$, $n = k'$, $\Delta(\varphi) = \sqrt{mm\cos^2\varphi + nn\sin^2\varphi} = \Delta$, et calculetur series quantitatum:

$$m' = \frac{m+n}{2},\quad m'' = \frac{m'+n'}{2},\quad m''' = \frac{m''+n''}{2},\ \ldots$$

$$n' = \sqrt{mn}\quad,\ n'' = \sqrt{m'n'}\quad,\ n''' = \sqrt{m''n''}\quad,\ \ldots$$

$$\Delta' = \frac{\Delta\Delta + n'n'}{2\Delta},\ \Delta'' = \frac{\Delta'\Delta' + n''n''}{2\Delta'},\ \Delta''' = \frac{\Delta''\Delta'' + n'''n'''}{2\Delta''},\ \ldots,$$

erit:

$$\frac{\Theta(u)}{\Theta(0)} = e^{\int_0^{\varphi} \frac{F^1 E(\varphi) - E^1 F(\varphi)}{F^1 \Delta(\varphi)} . d\varphi} = \left\{\frac{\Delta}{m}\right\}^{\frac{1}{2}} . \left\{\frac{\Delta'}{m'}\right\}^{\frac{1}{4}} . \left\{\frac{\Delta''}{m''}\right\}^{\frac{1}{8}} . \left\{\frac{\Delta'''}{m'''}\right\}^{\frac{1}{16}} \ldots$$

Cuius theorematis absque evolutionum consideratione per formulas notas ac finitas demonstrandi negotio, cum in promptu sit, supersedemus.

DE ADDITIONE ARGUMENTORUM ET PARAMETRI ET AMPLITUDINIS IN TERTIA SPECIE INTEGRALIUM ELLIPTICORUM.

53.

Formulam in Analysi Functionis Θ fundamentalem, et cuius nobis in sequentibus frequentissimus usus erit, nanciscimur consideratione sequente. Etenim quia positum est:

$$\Pi(u, a) = \int_0^u \frac{k^2 \sin\text{am}\, a \cos\text{am}\, a\, \Delta\text{am}\, a\, .\, \sin^2\text{am}\, u\, .\, du}{1 - k^2 \sin^2\text{am}\, a\, .\, \sin^2\text{am}\, u},$$

fit:

$$\frac{d\Pi(u, a)}{du} = \frac{k^2 \sin\text{am}\, a \cos\text{am}\, a\, \Delta\text{am}\, a\, .\, \sin^2\text{am}\, u}{1 - k^2 \sin^2\text{am}\, a\, .\, \sin^2\text{am}\, u}.$$

Qua formula secundum a integrata ab $a = 0$ usque ad $a = a$, prodit:

$$1)\quad \int_0^a da \,.\, \frac{d\Pi(u,a)}{du} = -\frac{1}{2}\log(1 - k^2 \sin^2 \operatorname{am} a \sin^2 \operatorname{am} u).$$

Fit autem e 3) §. 52:

$$2)\quad \frac{d\Pi(u,a)}{du} = Z(a) + \frac{1}{2}\frac{\Theta'(u-a)}{\Theta(u-a)} - \frac{1}{2}\frac{\Theta'(u+a)}{\Theta(u+a)},$$

unde:

$$\int_0^a da \,.\, \frac{d\,.\,\Pi(u,a)}{du} = \log \,.\, \frac{\Theta(a)}{\Theta(0)} - \frac{1}{2}\log\Theta(u-a) - \frac{1}{2}\log\Theta(u+a) + \log\Theta(u),$$

quibos substitutis, dum a logarithmis ad numeros tranis, e 1) obtines:

$$3)\quad \Theta(u+a)\Theta(u-a) = \left\{\frac{\Theta u \,.\, \Theta a}{\Theta 0}\right\}^2 (1 - k^2 \sin^2 \operatorname{am} a \,.\, \sin^2 \operatorname{am} u).$$

Formulam 2) ita repraesentare possumus:

$$\frac{k^2 \sin \operatorname{am} a \cos \operatorname{am} a \,\Delta \operatorname{am} a \,.\, \sin^2 \operatorname{am} u}{1 - k^2 \sin^2 \operatorname{am} a \sin^2 \operatorname{am} u} = Z(a) + \frac{1}{2} Z(u-a) - \frac{1}{2} Z(u+a),$$

unde commutatis a et u:

$$\frac{k^2 \sin \operatorname{am} u \cos \operatorname{am} u \,\Delta \operatorname{am} u \,.\, \sin^2 \operatorname{am} a}{1 - k^2 \sin^2 \operatorname{am} a \sin^2 \operatorname{am} u} = Z(u) - \frac{1}{2} Z(u-a) - \frac{1}{2} Z(u+a),$$

quibus additis formulis prodit:

$$4)\quad Z(u) + Z(a) - Z(u+a) = k^2 \sin \operatorname{am} u \,.\, \sin \operatorname{am} a \,.\, \sin \operatorname{am}(u+a),$$

quae est pro Additione functionis Z, atque convenit cum formula 3) §. 49:

$$E(\varphi) + E(\alpha) - E(\sigma) = k^2 \sin\varphi \,.\, \sin\alpha \,.\, \sin\sigma.$$

Posito $a = K$, cum facile constet esse $Z(K) = \dfrac{F^I E^I - E^I F^I}{F^I} = 0$, prodit e 4):

$$5)\quad Z(u) - Z(u+K) = k^2 \sin \operatorname{am} u \,.\, \sin \operatorname{coam} u,$$

quam §. 47 ex evolutione ipsius Z derivavimus. Posito $-u$ loco u, $K - u = v$, e formula 5) obtinemus:

$$6)\quad Z(u) + Z(v) = k^2 \sin \operatorname{am} u \,.\, \sin \operatorname{am} v.$$

Posito $u = v = \frac{K}{2}$, fit: $2Z\left(\frac{K}{2}\right) = 1 - k'$ *).

---

*) Est enim: $\sin \operatorname{am} \frac{K}{2} = \sqrt{\frac{1}{1+k'}}$, $\cos \operatorname{am} \frac{K}{2} = \sqrt{\frac{k'}{1+k'}}$, $\Delta \operatorname{am} \frac{K}{2} = \sqrt{k'}$, $\operatorname{tg} \operatorname{am} \frac{K}{2} = \frac{1}{\sqrt{k'}}$.

Formulam 5) inde a $u = 0$ usque ad $u = u$ integremus. Cum sit $\int_0^u Z(u) \, du = \log \frac{\Theta u}{\Theta 0}$, prodit:

$$\log \frac{\Theta u}{\Theta 0} - \log . \frac{\Theta(u+K)}{\Theta(K)} = -\log \Delta \operatorname{am} u,$$

sive:

$$7) \quad \frac{\Theta 0}{\Theta K} . \frac{\Theta(u+K)}{\Theta u} = \Delta \operatorname{am} u .$$

Posito $u = -K$, eruimus e 7) valorem ipsius

$$8) \quad \frac{\Theta K}{\Theta 0} = \frac{1}{\sqrt{k'}},$$

unde 7) formam induit:

$$9) \quad \frac{\Theta(u+K)}{\Theta u} = \frac{\Delta \operatorname{am} u}{\sqrt{k'}} .$$

Formulam 9) ex inventa evolutione:

$$\frac{\Theta\left(\frac{2Kx}{\pi}\right)}{\Theta(0)} = \frac{(1-2q\cos 2x+q^2)(1-2q^3\cos 2x+q^6)(1-2q^5\cos 2x+q^{10}) \ldots}{\{(1-q)(1-q^3)(1-q^5) \ldots\}^2}$$

facile confirmamus. Fit enim, mutato x in $x + \frac{\pi}{2}$:

$$\frac{\Theta\left(\frac{2Kx}{\pi}+K\right)}{\Theta(0)} = \frac{(1+2q\cos 2x+q^2)(1+2q^3\cos 2x+q^6)(1+2q^5\cos 2x+q^{10}) \ldots}{\{(1-q)(1-q^3)(1-q^5) \ldots\}^2},$$

unde:

$$\frac{\Theta\left(\frac{2Kx}{\pi}+K\right)}{\Theta\left(\frac{2Kx}{\pi}\right)} = \frac{(1+2q\cos 2x+q^2)(1+2q^3\cos 2x+q^6)(1+2q^5\cos 2x+q^{10}) \ldots}{(1-2q\cos 2x+q^2)(1-2q^3\cos 2x+q^6)(1-2q^5\cos 2x+q^{10}) \ldots},$$

quam ipsam expressionem invenimus §. 35. $= \frac{\Delta \operatorname{am} \frac{2Kx}{\pi}}{\sqrt{k'}}$, uti debet.

E formula 9) expressiones $\Pi(u+K, a)$, $\Pi(u, a+K)$ statim ad ipsum $\Pi(u, a)$ revocamus. Fit enim:

$$10)\quad \Pi(u+K,\,a) = (u+K)\,Z(a) + \frac{1}{2}\log.\frac{\Theta(u+K-a)}{\Theta(u+K+a)}$$

$$= (u+K)\,Z(a) + \frac{1}{2}\log.\frac{\Theta(u-a)}{\Theta(u+a)} + \frac{1}{2}\log.\frac{\Delta\,\mathrm{am}(u-a)}{\Delta\,\mathrm{am}(u+a)}$$

$$= \Pi(u,\,a) + K.Z(a) + \frac{1}{2}\log.\frac{\Delta\,\mathrm{am}(u-a)}{\Delta\,\mathrm{am}(u+a)}.$$

$$11)\quad \Pi(u,\,a+K) = u\,Z(a+K) + \frac{1}{2}\log\frac{\Theta(u-a-K)}{\Theta(u+a+K)} =$$

$$u\,Z(a) - k^2 \sin\mathrm{am}\,a\,.\,\sin\mathrm{coam}\,a\,.\,u + \frac{1}{2}\log\frac{\Theta(u-a)}{\Theta(u+a)} + \frac{1}{2}\log.\frac{\Delta\,\mathrm{am}(u-a)}{\Delta\,\mathrm{am}(u+a)} =$$

$$\Pi(u,\,a) - k^2 \sin\mathrm{am}\,a \sin\mathrm{coam}\,a\,.\,u + \frac{1}{2}\log\frac{\Delta\,\mathrm{am}(u-a)}{\Delta\,\mathrm{am}(u+a)}.$$

54.

E formula fundamentali, cuius ope functio Π per functiones Z, Θ definitur:

$$\mathrm{I})\quad \Pi(u,\,a) = u\,Z(a) + \frac{1}{2}\log.\frac{\Theta(u-a)}{\Theta(u+a)},$$

advocatis sequentibus et ipsis in Analysi functionum Z, Θ fundamentalibus:

$$\mathrm{II})\quad Z u - Z(u+a) = k^2 \sin\mathrm{am}\,a\,.\,\sin\mathrm{am}\,u\,.\,\sin\mathrm{am}(u+a)$$

$$\mathrm{III})\quad \Theta(u+a)\,\Theta(u-a) = \left\{\frac{\Theta u\,.\,\Theta a}{\Theta 0}\right\}^2 (1 - k^2 \sin^2\mathrm{am}\,a\,.\,\sin^2\mathrm{am}\,u),$$

iam facile formulas obtines et pro exprimendo $\Pi(u+v,\,a)$ per $\Pi(u,\,a)$, $\Pi(v,\,a)$, quod vocabimus de *Additione Argumenti Amplitudinis*, et pro exprimendo $\Pi(u,\,a+b)$ per $\Pi(u,\,a)$, $\Pi(u,\,b)$, quod vocabimus de *Additione Argumenti Parametri* theorema. Quem in finem adnotamus sequentia.

E formulis:

$$\Pi(u,\,a) = u\,.\,Z a + \frac{1}{2}\log.\frac{\Theta(u-a)}{\Theta(u+a)}$$

$$\Pi(v,\,a) = v\,.\,Z a + \frac{1}{2}\log.\frac{\Theta(v-a)}{\Theta(v+a)}$$

$$\Pi(u+v,\,a) = (u+v)\,Z a + \frac{1}{2}\log.\frac{\Theta(u+v-a)}{\Theta(u+v+a)}$$

sequitur:

$$1)\quad \Pi(u,\,a) + \Pi(v,\,a) - \Pi(u+v,\,a) = \frac{1}{2}\log.\frac{\Theta(u-a)\,.\,\Theta(v-a)\,.\,\Theta(u+v+a)}{\Theta(u+a)\,.\,\Theta(v+a)\,.\,\Theta(u+v-a)}.$$

Expressionem sub signo logarithmico contentam:

$$\frac{\Theta(u-a) \,.\, \Theta(v-a) \,.\, \Theta(u+v+a)}{\Theta(u+a) \,.\, \Theta(v+a) \,.\, \Theta(u+v-a)}$$

ope theorematis fundamentalis III. duplici ratione ad functiones ellipticas revocare licet. Fit enim ex eo primum:

$$\Theta(u-a) . \Theta(v-a) = \left\{\frac{\Theta\left(\frac{u-v}{2}\right) . \Theta\left(\frac{u+v}{2}-a\right)}{\Theta 0}\right\}^2 \left(1-k^2 \sin^2 \operatorname{am}\left(\frac{u-v}{2}\right) . \sin^2 \operatorname{am}\left(\frac{u+v}{2}-a\right)\right)$$

$$\Theta(u+a) . \Theta(v+a) = \left\{\frac{\Theta\left(\frac{u-v}{2}\right) . \Theta\left(\frac{u+v}{2}+a\right)}{\Theta 0}\right\}^2 \left(1-k^2 \sin^2 \operatorname{am}\left(\frac{u-v}{2}\right) . \sin^2 \operatorname{am}\left(\frac{u+v}{2}+a\right)\right)$$

$$\Theta(u+v-a)\, \Theta a = \left\{\frac{\Theta\left(\frac{u+v}{2}\right) . \Theta\left(\frac{u+v}{2}-a\right)}{\Theta 0}\right\}^2 \left(1-k^2 \sin^2 \operatorname{am}\left(\frac{u+v}{2}\right) . \sin^2 \operatorname{am}\left(\frac{u+v}{2}-a\right)\right)$$

$$\Theta(u+v+a)\, \Theta a = \left\{\frac{\Theta\left(\frac{u+v}{2}\right) . \Theta\left(\frac{u+v}{2}+a\right)}{\Theta 0}\right\}^2 \left(1-k^2 \sin^2 \operatorname{am}\left(\frac{u+v}{2}\right) . \sin^2 \operatorname{am}\left(\frac{u+v}{2}+a\right)\right),$$

quarum formularum prima et quarta in se ductis ac per secundam et tertiam divisis, provenit:

$$2)\quad \frac{\Theta(u-a) \,.\, \Theta(v-a) \,.\, \Theta(u+v+a)}{\Theta(u+a) \,.\, \Theta(v+a) \,.\, \Theta(u+v-a)} =$$

$$\frac{\left\{1-k^2 \sin^2 \operatorname{am}\left(\frac{u-v}{2}\right) . \sin^2 \operatorname{am}\left(\frac{u+v}{2}-a\right)\right\}\left\{1-k^2 \sin^2 \operatorname{am}\left(\frac{u+v}{2}\right) . \sin^2 \operatorname{am}\left(\frac{u+v}{2}+a\right)\right\}}{\left\{1-k^2 \sin^2 \operatorname{am}\left(\frac{u-v}{2}\right) . \sin^2 \operatorname{am}\left(\frac{u+v}{2}+a\right)\right\}\left\{1-k^2 \sin^2 \operatorname{am}\left(\frac{u+v}{2}\right) . \sin^2 \operatorname{am}\left(\frac{u+v}{2}-a\right)\right\}}.$$

Sic etiam, quae est altera ratio, ubi theorema fundamentale III. hunc in modum repraesentas:

$$\left\{\frac{\Theta u \,.\, \Theta v}{\Theta 0}\right\}^2 = \frac{\Theta(u+v)\, \Theta(u-v)}{1-k^2 \sin^2 \operatorname{am} u \,.\, \sin^2 \operatorname{am} v},$$

fit:

$$\left\{\frac{\Theta(u-a)\, \Theta(v-a)}{\Theta 0}\right\}^2 = \frac{\Theta(u-v) \,.\, \Theta(u+v-2a)}{1-k^2 \sin^2 \operatorname{am}(u-a) \,.\, \sin^2 \operatorname{am}(v-a)}$$

$$\left\{\frac{\Theta(u+a)\, \Theta(v+a)}{\Theta 0}\right\}^2 = \frac{\Theta(u-v) \,.\, \Theta(u+v+2a)}{1-k^2 \sin^2 \operatorname{am}(u+a) \,.\, \sin^2 \operatorname{am}(v+a)}$$

$$\left\{\frac{\Theta a \,.\, \Theta(u+v-a)}{\Theta 0}\right\}^2 = \frac{\Theta(u+v) \,.\, \Theta(u+v-2a)}{1-k^2 \sin^2 \operatorname{am} a \,.\, \sin^2 \operatorname{am}(u+v-a)}$$

$$\left\{\frac{\Theta a \, . \, \Theta(u+v+a)}{\Theta 0}\right\}^2 = \frac{\Theta(u+v) \, . \, \Theta(u+v+2a)}{1 - k^2 \sin^2 \mathrm{am}\, a \, . \, \sin^2 \mathrm{am}(u+v+a)},$$

quarum formularum rursus prima et quarta in se ductis ac per secundam et tertiam divisis, extractisque radicibus provenit:

$$3)\quad \frac{\Theta(u-a) \, . \, \Theta(v-a) \, . \, \Theta(u+v+a)}{\Theta(u+a) \, . \, \Theta(v+a) \, . \, \Theta(u+v-a)} =$$

$$\sqrt{\frac{\{1-k^2 \sin^2 \mathrm{am}(u+a) \, . \, \sin^2 \mathrm{am}(v+a)\}\{1-k^2 \sin^2 \mathrm{am}\, a \, . \, \sin^2 \mathrm{am}(u+v-a)\}}{\{1-k^2 \sin^2 \mathrm{am}(u-a) \, . \, \sin^2 \mathrm{am}(v-a)\}\{1-k^2 \sin^2 \mathrm{am}\, a \, . \, \sin^2 \mathrm{am}(u+v+a)\}}}.$$

Ut ex ipsis elementis cognoscatur, quomodo expressiones 2), 3) altera in alteram transformari possint, adnoto sequentia.

Ubi in formula, iam saepius adhibita:

$$\sin \mathrm{am}(u+v) \, . \, \sin \mathrm{am}(u-v) = \frac{\sin^2 \mathrm{am}\, u - \sin^2 \mathrm{am}\, v}{1-k^2 \sin^2 \mathrm{am}\, u \, . \, \sin^2 \mathrm{am}\, v}$$

loco u, v resp. ponis $u+v$, $u-v$, prodit:

$$\sin \mathrm{am}\, 2u \, . \, \sin \mathrm{am}\, 2v = \frac{\sin^2 \mathrm{am}(u+v) - \sin^2 \mathrm{am}(u-v)}{1-k^2 \sin^2 \mathrm{am}(u+v) \, . \, \sin^2 \mathrm{am}(u-v)}$$

Porro dedimus formulam:

$$\sin^2 \mathrm{am}(u+v) - \sin^2 \mathrm{am}(u-v) = \frac{4 \sin \mathrm{am}\, u \, . \, \cos \mathrm{am}\, u \, . \, \Delta \mathrm{am}\, u \, . \, \sin \mathrm{am}\, v \, . \, \cos \mathrm{am}\, v \, . \, \Delta \mathrm{am}\, v}{\{1-k^2 \sin^2 \mathrm{am}\, u \sin^2 \mathrm{am}\, v\}^2},$$

unde multiplicatione facta, obtinemus:

$$4)\quad 1-k^2 \sin^2 \mathrm{am}(u+v) \, . \, \sin^2 \mathrm{am}(u-v) = \frac{4 \sin \mathrm{am}\, u \, . \, \cos \mathrm{am}\, u \, . \, \Delta \mathrm{am}\, u \, . \, \sin \mathrm{am}\, v \, . \, \cos \mathrm{am}\, v \, . \, \Delta \mathrm{am}\, v}{\sin \mathrm{am}\, 2u \, . \, \sin \mathrm{am}\, 2v \{1-k^2 \sin^2 \mathrm{am}\, u \, . \, \sin^2 \mathrm{am}\, v\}^2}$$

$$= \frac{\{1-k^2 \sin^4 \mathrm{am}\, u\}\{1-k^2 \sin^4 \mathrm{am}\, v\}}{\{1-k^2 \sin^2 \mathrm{am}\, u \, . \, \sin^2 \mathrm{am}\, v\}^2} \;{}^{*)},$$

cuius formulae beneficio formulae 2), 3) iam facile altera in alteram abeunt.

E formula 4) adhuc deduci potest haec generalior:

$$5)\quad \frac{\{1-k^2 \sin^2 \mathrm{am}\, u \, . \, \sin^2 \mathrm{am}\, v\}\{1-k^2 \sin^2 \mathrm{am}\, u' \, . \, \sin^2 \mathrm{am}\, v'\}}{\{1-k^2 \sin^2 \mathrm{am}\, u \, . \, \sin^2 \mathrm{am}\, u'\}\{1-k^2 \sin^2 \mathrm{am}\, v \, . \, \sin^2 \mathrm{am}\, v'\}} =$$

$$\sqrt{\frac{\{1-k^2 \sin^2 \mathrm{am}(u+u') \, . \, \sin^2 \mathrm{am}(u-u')\}\{1-k^2 \sin^2 \mathrm{am}(v+v') \, . \, \sin^2 \mathrm{am}(v-v')\}}{\{1-k^2 \sin^2 \mathrm{am}(u+v) \, . \, \sin^2 \mathrm{am}(u-v)\}\{1-k^2 \sin^2 \mathrm{am}(u'+v') \, . \, \sin^2 \mathrm{am}(u'-v')\}}}.$$

*) Nota enim est formulae: $\sin \mathrm{am}\, 2u = \dfrac{2 \sin \mathrm{am}\, u \, . \, \cos \mathrm{am}\, u \, . \, \Delta \mathrm{am}\, u}{1-k^2 \sin^4 \mathrm{am}\, u}$.

At Cl. Legendre eo loco, quo de Additione Argumenti Amplitudinis agit, (Cap. XVI *Comparaison des fonctions elliptiques de la troisième espèce*) eam, quae sub signo logarithmico invenitur, quantitatem sub forma exhibet hac:

$$\frac{1-k^2 \sin am\, a \,.\, \sin am\, u \,.\, \sin am\, v \,.\, \sin am(u+v-a)}{1+k^2 \sin am\, a \,.\, \sin am\, u \,.\, \sin am\, v \,.\, \sin am(u+v+a)}.$$

quam non primo intuitu patet, quomodo cum expressionibus a nobis inventis sive 2) sive 3) conveniat. Transformatio satis abstrusa hunc in modum peragitur.

E formula elementari, cuius frequentissimam iam fecimus applicationem, fit:

$$\sin am\, u \,.\, \sin am\, v = \frac{\sin^2 am\left(\frac{u+v}{2}\right) - \sin^2 am\left(\frac{u-v}{2}\right)}{1-k^2 \sin^2 am\left(\frac{u+v}{2}\right) \sin^2 am\left(\frac{u-v}{2}\right)}$$

$$\sin am\, a \,.\, \sin am(u+v-a) = \frac{\sin^2 am\left(\frac{u+v}{2}\right) - \sin^2 am\left(\frac{u+v}{2} - a\right)}{1-k^2 \sin^2 am\left(\frac{u+v}{2}\right) \sin^2 am\left(\frac{u+v}{2} - a\right)};$$

quibus in se ductis aequationibus, prodit:

$$\left\{1-k^2 \sin^2 am\left(\frac{u+v}{2}\right) \sin^2 am\left(\frac{u-v}{2}\right)\right\}\left\{1-k^2 \sin^2 am\left(\frac{u+v}{2}\right) \sin^2 am\left(\frac{u+v}{2} - a\right)\right\} \times$$
$$\left\{1-k^2 \sin am\, a \,.\, \sin am\, u \,.\, \sin am\, v \,.\, \sin am(u+v-a)\right\}$$
$$=$$
$$\left\{1-k^2 \sin^2 am\left(\frac{u+v}{2}\right) \sin^2 am\left(\frac{u-v}{2}\right)\right\}\left\{1-k^2 \sin^2 am\left(\frac{u+v}{2}\right) \sin^2 am\left(\frac{u+v}{2} - a\right)\right\}$$
$$-k^2\left\{\sin^2 am\left(\frac{u+v}{2}\right) - \sin^2 am\left(\frac{u-v}{2}\right)\right\}\left\{\sin^2 am\left(\frac{u+v}{2}\right) - \sin^2 am\left(\frac{u+v}{2} - a\right)\right\}.$$

Altera aequationis pars evoluta, terminis

$$-k^2 \sin^2 am\left(\frac{u+v}{2}\right)\left\{\sin^2 am\left(\frac{u-v}{2}\right) + \sin^2 am\left(\frac{u+v}{2} - a\right)\right\}$$
$$+k^2 \sin^2 am\left(\frac{u+v}{2}\right)\left\{\sin^2 am\left(\frac{u-v}{2}\right) + \sin^2 am\left(\frac{u+v}{2} - a\right)\right\}$$

se mutuo destruentibus, fit:

$$1+k^4 \sin^4 am\left(\frac{u+v}{2}\right) \sin^2 am\left(\frac{u-v}{2}\right) \sin^2 am\left(\frac{u+v}{2} - a\right)$$
$$-k^2 \sin^4 am\left(\frac{u+v}{2}\right) - k^2 \sin^2 am\left(\frac{u-v}{2}\right) \sin^2 am\left(\frac{u+v}{2} - a\right) =$$
$$\left\{1-k^2 \sin^4 am\left(\frac{u+v}{2}\right)\right\}\left\{1-k^2 \sin^2 am\left(\frac{u-v}{2}\right) \sin^2 am\left(\frac{u+v}{2} - a\right)\right\},$$

unde tandem prodit:

$$6)\quad \frac{1-k^2\sin^2\mathrm{am}\left(\frac{u+v}{2}\right)\sin^2\mathrm{am}\left(\frac{u-v}{2}\right)}{1-k^2\sin^4\mathrm{am}\left(\frac{u+v}{2}\right)}\cdot\left\{1-k^2\sin\mathrm{am}\,a\,.\,\sin\mathrm{am}\,u\,.\,\sin\mathrm{am}\,v\,.\,\sin\mathrm{am}(u+v-a)\right\}$$

$$=\frac{1-k^2\sin^2\mathrm{am}\left(\frac{u-v}{2}\right)\sin^2\mathrm{am}\left(\frac{u+v}{2}-a\right)}{1-k^2\sin^2\mathrm{am}\left(\frac{u+v}{2}\right)\sin^2\mathrm{am}\left(\frac{u+v}{2}-a\right)}.$$

Hinc mutato a in — a, eruimus:

$$\frac{1-k^2\sin^2\mathrm{am}\left(\frac{u+v}{2}\right)\sin^2\mathrm{am}\left(\frac{u-v}{2}\right)}{1-k^2\sin^4\mathrm{am}\left(\frac{u+v}{2}\right)}\left\{1+k^2\sin\mathrm{am}\,a\,.\,\sin\mathrm{am}\,u\,.\,\sin\mathrm{am}\,v\,.\,\sin\mathrm{am}(u+v+a)\right\}$$

$$=\frac{1-k^2\sin^2\mathrm{am}\left(\frac{u-v}{2}\right)\sin^2\mathrm{am}\left(\frac{u+v}{2}+a\right)}{1-k^2\sin^2\mathrm{am}\left(\frac{u+v}{2}\right)\sin^2\mathrm{am}\left(\frac{u+v}{2}+a\right)},$$

unde divisione facta:

$$7)\quad \frac{1-k^2\sin\mathrm{am}\,a\,.\,\sin\mathrm{am}\,u\,.\,\sin\mathrm{am}\,v\,.\,\sin\mathrm{am}(u+v-a)}{1-k^2\sin\mathrm{am}\,a\,.\,\sin\mathrm{am}\,u\,.\,\sin\mathrm{am}\,v\,.\,\sin\mathrm{am}(u+v+a)}=$$

$$\frac{1-k^2\sin^2\mathrm{am}\left(\frac{u-v}{2}\right)\sin^2\mathrm{am}\left(\frac{u+v}{2}-a\right)}{1-k^2\sin^2\mathrm{am}\left(\frac{u-v}{2}\right)\sin^2\mathrm{am}\left(\frac{u+v}{2}+a\right)}\cdot\frac{1-k^2\sin^2\mathrm{am}\left(\frac{u+v}{2}\right)\sin^2\mathrm{am}\left(\frac{u+v}{2}+a\right)}{1-k^2\sin^2\mathrm{am}\left(\frac{u+v}{2}\right)\sin^2\mathrm{am}\left(\frac{u+v}{2}-a\right)},$$

quae est transformatio quaesita expressionis a Cl. Legendre propositae in expressionem 2).

Formulam 6), posito u, a, v loco $\frac{u-v}{2}$, $\frac{u+v}{2}$, $\frac{u+v}{2}-a$, ita quoque repraesentare licet:

$$8)\quad 1-k^2\sin\mathrm{am}(a+u)\,.\,\sin\mathrm{am}(a-u)\,.\,\sin\mathrm{am}(a+v)\,.\,\sin\mathrm{am}(a-v)=$$

$$\frac{\{1-k^2\sin^4\mathrm{am}\,a\}\{1-k^2\sin^2\mathrm{am}\,u\,.\,\sin^2\mathrm{am}\,v\}}{\{1-k^2\sin^2\mathrm{am}\,a\,.\,\sin^2\mathrm{am}\,u\}\{1-k^2\sin^2\mathrm{am}\,a\,.\,\sin^2\mathrm{am}\,v\}},$$

unde formula 4) ut casus specialis fluit, posito $u=v$.

55.

E formulis §[i] antecedentis 1), 2), 3), 7) sequitur:

$$1)\quad \Pi(u, a) + \Pi(v, a) - \Pi(u+v, a) =$$

$$\frac{1}{2}\log.\frac{\left\{1-k^2\sin^2\mathrm{am}\left(\frac{u-v}{2}\right).\sin^2\mathrm{am}\left(\frac{u+v}{2}-a\right)\right\}\left\{1-k^2\sin^2\mathrm{am}\left(\frac{u+v}{2}\right).\sin^2\mathrm{am}\left(\frac{u+v}{2}+a\right)\right\}}{\left\{1-k^2\sin^2\mathrm{am}\left(\frac{u-v}{2}\right).\sin^2\mathrm{am}\left(\frac{u+v}{2}+a\right)\right\}\left\{1-k^2\sin^2\mathrm{am}\left(\frac{u+v}{2}\right).\sin^2\mathrm{am}\left(\frac{u+v}{2}-a\right)\right\}} =$$

$$\frac{1}{4}\log.\frac{\{1-k^2\sin^2\mathrm{am}(u+a).\sin^2\mathrm{am}(v+a)\}\{1-k^2\sin^2\mathrm{am}\,a\,\sin^2\mathrm{am}(u+v-a)\}}{\{1-k^2\sin^2\mathrm{am}(u-a).\sin^2\mathrm{am}(v-a)\}\{1-k^2\sin^2\mathrm{am}\,a\,\sin^2\mathrm{am}(u+v+a)\}} =$$

$$\frac{1}{2}\log.\frac{1-k^2\sin\mathrm{am}\,a.\sin\mathrm{am}\,u.\sin\mathrm{am}\,v.\sin\mathrm{am}(u+v-a)}{1+k^2\sin\mathrm{am}\,a.\sin\mathrm{am}\,u.\sin\mathrm{am}\,v.\sin\mathrm{am}(u+v+a)};$$

quod est theorema de Additione Argumenti *Amplitudinis.* Prorsus eadem methodo investigari potest alterum de Additione Argumenti *Parametri,* at ope theorematis de reductione Parametri ad Amplitudinem, quod nobis suppeditavit formula 4) §. 52:

$$\mathrm{IV})\quad \Pi(u, a) - \Pi(a, u) = u\,Z(a) - a\,Z(u),$$

e formula 1) idem sponte fluit. Etenim e IV. fit:

$$\Pi(a, u) - \Pi(u, a) = a\,Z(u) - u\,Z(a)$$

$$\Pi(b, u) - \Pi(u, b) = b\,Z(u) - u\,Z(b)$$

$$\Pi(a+b, u) - \Pi(u, u+b) = (a+b)\,Z(u) - u\,Z(a+b),$$

unde:

$$\Pi(u, a) + \Pi(u, b) - \Pi(u, a+b) =$$

$$\Pi(a, u) + \Pi(b, u) - \Pi(a+b, u) + u\{Z(a) + Z(b) - Z(a+b)\},$$

sive cum sit ex 1):

$$\Pi(a, u) + \Pi(b, u) - \Pi(a+b, u) = \frac{1}{2}\log.\frac{1-k^2\sin\mathrm{am}\,u.\sin\mathrm{am}\,a.\sin\mathrm{am}\,b.\sin\mathrm{am}(a+b-u)}{1+k^2\sin\mathrm{am}\,u.\sin\mathrm{am}\,a.\sin\mathrm{am}\,b.\sin\mathrm{am}(a+b+u)},$$

porro e II.:

$$Z(a) + Z(b) - Z(a+b) = k^2\sin\mathrm{am}\,a.\sin\mathrm{am}\,b.\sin\mathrm{am}(a+b),$$

fit:

$$2)\quad \Pi(u, a) + \Pi(u, b) - \Pi(u, a+b) =$$

$$k^2\sin\mathrm{am}\,a\,\sin\mathrm{am}\,b\,\sin\mathrm{am}(a+b).u + \frac{1}{2}\log.\frac{1-k^2\sin\mathrm{am}\,u.\sin\mathrm{am}\,a.\sin\mathrm{am}\,b.\sin\mathrm{am}(a+b-u)}{1+k\ \sin\mathrm{am}\,u.\sin\mathrm{am}\,a.\sin\mathrm{am}\,b.\sin\mathrm{am}(a+b+u)},$$

quod est theorema quaesitum de Additione Argumenti *Parametri.*

Alias eruimus formulas satis memorabiles consideratione sequente. Fit enim e theoremate III:

$$\left\{\frac{\Theta(u-a).\Theta(v-b)}{\Theta(0)}\right\}^2 = \frac{\Theta(u+v-a-b).\Theta(u-v-a+b)}{1-k^2\sin^2\text{am}(u-a).\sin^2\text{am}(v-b)}$$

$$\left\{\frac{\Theta(u+a).\Theta(v+b)}{\Theta(0)}\right\}^2 = \frac{\Theta(u+v+a+b).\Theta(u-v+a-b)}{1-k^2\sin^2\text{am}(u+a).\sin^2\text{am}(v+b)}.$$

Iam e theoremate I erit:

$$\Pi(u,a)+\Pi(v,b) = uZ(a)+vZ(b)+\frac{1}{2}\log.\frac{\Theta(u-a).\Theta(v-b)}{\Theta(u+a).\Theta(v+b)}$$

$$\Pi(u+v,a+b)+\Pi(u-v,a-b) = (u+v)Z(a+b)+(u-v)Z(a-b)+\frac{1}{2}\log.\frac{\Theta(u+v-a-b).\Theta(u-v-a+b)}{\Theta(u+v+a+b).\Theta(u-v+a-b)},$$

unde:

$$3)\quad \Pi(u+v,a+b)+\Pi(u-v,a-b)-2\Pi(u,a)-2\Pi(v,b) =$$
$$(u+v)Z(a+b)+(u-v)Z(a-b)-2uZ(a)-2vZ(b)+$$
$$\frac{1}{2}\log.\frac{1-k^2\sin^2\text{am}(u-a).\sin^2\text{am}(v-b)}{1-k^2\sin^2\text{am}(u+a).\sin^2\text{am}(v+b)},$$

sive cum sit:

$$Z(a)+Z(b)-Z(a+b) = k^2\sin\text{am}\,a.\sin\text{am}\,b.\sin\text{am}(a+b)$$
$$Z(a)-Z(b)-Z(a-b) = -k^2\sin\text{am}\,a.\sin\text{am}\,b.\sin\text{am}(a-b),$$

prodit 2), 3):

$$4)\quad \Pi(u+v,a+b)+\Pi(u-v,a-b)-2\Pi(u,a)-2\Pi(v,b) =$$
$$-k^2\sin\text{am}\,a.\sin\text{am}\,b\,\{\sin\text{am}(a+b).(u+v)-\sin\text{am}(a-b).(u-v)\}$$
$$+\frac{1}{2}\log.\frac{1-k^2\sin^2\text{am}(u-a)\sin^2\text{am}(v-b)}{1-k^2\sin^2\text{am}(u+a)\sin^2\text{am}(v+b)}.$$

Commutatis inter se u et v, obtinemus:

$$5)\quad \Pi(u+v,a+b)-\Pi(u-v,a-b)-2\Pi(v,a)-2\Pi(u,b) =$$
$$-k^2\sin\text{am}\,a.\sin\text{am}\,b\,\{\sin\text{am}(a+b).(u+v)+\sin\text{am}(a-b).(u-v)\}$$
$$+\frac{1}{2}\log.\frac{1-k^2\sin^2\text{am}(v-a).\sin^2\text{am}(u-b)}{1-k^2\sin^2\text{am}(v+a).\sin^2\text{am}(u+b)}.$$

Additis 4) et 5) obtinemus:

$$6)\quad \Pi(u+v,a+b)-\Pi(u,a)-\Pi(u,b)-\Pi(v,a)-\Pi(v,b) =$$
$$-k^2\sin\text{am}\,a\sin\text{am}\,b\sin\text{am}(a+b).(u+v)$$
$$+\frac{1}{4}\log\left\{\frac{1-k^2\sin^2\text{am}(u-a)\sin^2\text{am}(v-b)}{1-k^2\sin^2\text{am}(u+a)\sin^2\text{am}(v+b)}.\frac{1-k^2\sin^2\text{am}(v-a)\sin^2\text{am}(u-b)}{1-k^2\sin^2\text{am}(v+a)\sin^2\text{am}(u+b)}\right\}.$$

Posito $v = 0$, e 4), 5) prodit:

$$7)\quad \Pi(u, a+b) + \Pi(u, a-b) - 2\Pi(u, a) =$$

$$-k^2 \sin am a \sin am b \{\sin am(a+b) - \sin am(a-b)\} u + \frac{1}{2}\log . \frac{1 - k^2 \sin^2 am b \sin^2 am(u-a)}{1 - k^2 \sin^2 am b \sin^2 am(u+a)}$$

$$8)\quad \Pi(u, a+b) - \Pi(u, a-b) - 2\Pi(u, b) =$$

$$-k^2 \sin am a \sin am b \{\sin am(a+b) + \sin am(a-b)\} u + \frac{1}{2}\log . \frac{1 - k^2 \sin^2 am a \sin^2 am(u-b)}{1 - k^2 \sin^2 am a \sin^2 am(u+b)} .$$

Posito $b = 0$, e 4), 5) prodit:

$$9)\quad \Pi(u+v, a) + \Pi(u-v, a) - 2\Pi(u, a) = \frac{1}{2}\log . \frac{1 - k^2 \sin^2 am v \sin^2 am(u-a)}{1 - k^2 \sin^2 am v \sin^2 am(u+a)}$$

$$10)\quad \Pi(u+v, a) - \Pi(u-v, a) - 2\Pi(v, a) = \frac{1}{2}\log . \frac{1 - k^2 \sin^2 am u . \sin^2 am(v-a)}{1 - k^2 \sin^2 am u . \sin^2 am(v+a)} .$$

REDUCTIONES EXPRESSIONUM Z(iu), Θ(iu) AD ARGUMENTUM REALE. REDUCTIO GENERALIS TERTIAE SPECIEI INTEGRALIUM ELLIPTICORUM, IN QUIBUS ARGUMENTA ET AMPLITUDINIS ET PARAMETRI IMAGINARIA SUNT.

56.

Revertimur ad Analysin functionum Z, Θ, quarum insignem usum in theoria nostra antecedentibus comprobavimus. Quaeramus de reductione expressionum Z(iu), Θ(iu) ad argumentum reale. Idem primum signis Cl° Legendre usitatis exequemur, deinde ad notationes nostras accommodabimus.

Novimus in elementis §. 19. pag. 34, simul locum habere aequationes:

$$\sin\varphi = i \operatorname{tang}\psi, \quad \frac{d\varphi}{\Delta(\varphi)} = \frac{i\, d\psi}{\Delta(\psi, k')}, \quad F(\varphi) = i F(\psi, k').$$

Hinc fit:

$$d\varphi . \Delta(\varphi) = \frac{i\, d\psi (1 + kk \operatorname{tg}^2\psi)}{\Delta(\psi, k')} = \frac{i\, d\psi . \Delta(\psi, k')}{\cos^2\psi},$$

unde integratione facta:

$$\int_0^{\varphi} \Delta(\varphi) . d\varphi = i \left\{ \operatorname{tg}\psi\, \Delta(\psi, k') + \int_0^{\psi} \frac{k'k' \sin^2\psi}{\Delta(\psi, k')} \right\},$$

sive:

$$1)\quad E(\varphi) = i\{\operatorname{tg}\psi\,\Delta(\psi, k') + F(\psi, k') - E(\psi, k')\}.$$

Multiplicando per $\dfrac{d\varphi}{\Delta(\varphi)} = \dfrac{i\,d\psi}{\Delta(\psi, k')}$ et integrando eruimus:

$$2)\quad \int_0^{\varphi} \frac{E(\varphi)\,.\,d\varphi}{\Delta(\varphi)} = \log\cos\psi - \frac{1}{2}\{F(\psi, k')\}^2 + \int_0^{\psi} \frac{E(\psi, k')}{\Delta(\psi, k')}.$$

Ex aequatione 1) sequitur:

$$\frac{F^I E(\varphi) - E^I F(\varphi)}{i} = F^I \operatorname{tg}\psi\,\Delta(\psi, k') - \left\{F^I E(\psi, k') + (E^I - F^I) F(\psi, k')\right\}.$$

Iam adnotetur theorema egregium Cl[i] Legendre (pag. 61):

$$F^I E^I(k') + F^I(k') E^I - F^I F^I(k') = \frac{\pi}{2},$$

unde:

$$F^I E(\psi, k') + (E^I - F^I) F(\psi, k') = \frac{F^I}{F^I(k')}\left\{F^I(k') E(\psi, k') - E^I(k') F(\psi, k')\right\} + \frac{\pi F(\psi, k')}{2F^I(k')},$$

ideoque:

$$3)\quad \frac{F^I E(\varphi) - E^I F(\varphi)}{iF^I} = \operatorname{tg}\psi\,\Delta(\psi, k') - \frac{F^I(k') E(\psi, k') - E^I(k') F(\psi, k')}{F^I(k')} - \frac{\pi F(\psi, k')}{2F^I F^I(k')}.$$

E notatione nostra erat:

$$\varphi = \operatorname{am}(iu),\quad \psi = \operatorname{am}(u, k'),\quad F(\varphi) = iu,\quad F(\psi, k') = u;$$

porro:

$$\frac{F^I E(\varphi) - E^I F(\varphi)}{F^I} = Z(iu, k);\quad \frac{F^I(k') E(\psi, k') - E^I(k') F(\psi, k')}{F^I(k')} = Z(u, k'),$$

unde aequatio 3) ita repraesentatur:

$$4)\quad i Z(iu, k) = -\operatorname{tg}\operatorname{am}(u, k')\,\Delta\operatorname{am}(u, k') + \frac{\pi u}{2KK'} + Z(u, k').$$

Hinc prodit integrando:

$$\int_0^u i\,du\,Z(iu, k) = \log\cos\operatorname{am}(u, k') + \frac{\pi uu}{4KK'} + \int_0^u Z(u, k')\,du,$$

sive cum sit $\int\limits_0^u du\, Z(u) = \log \frac{\Theta(u)}{\Theta(0)}$:

$$5)\quad \frac{\Theta(iu, k)}{\Theta(0, k)} = e^{\frac{\pi uu}{4KK'}} \cos am(u, k') \frac{\Theta(u, k')}{\Theta(0, k')}.$$

Formulae 4), 5) functiones Z(iu), Θ(iu) ad argumentum reale revocant.

57.

Mutetur in 5) u in u + 2K′, prodit:

$$\frac{\Theta(iu+2iK')}{\Theta(0)} = -e^{\frac{\pi(u+2K')^2}{4KK'}} \cos am(u, k') \frac{\Theta(u, k')}{\Theta(0, k')}^{*)} = -e^{\frac{\pi(K'+u)}{K}} \frac{\Theta(iu)}{\Theta 0},$$

sive posito u loco iu:

$$1)\quad \Theta(u+2iK') = -e^{\frac{\pi(K'-iu)}{K}} \Theta(u).$$

Ponatur in 5) u + K′ loco u: cum sit

$$\cos am(u+K', k') = -\frac{k \sin am(u, k')}{\Delta am(u, k')}$$

$$\Theta(u+K', k') = \frac{\Delta am(u, k')}{\sqrt{k}} . \Theta(u, k'), \quad \text{v. §. 53. 9)}$$

prodit:

$$\frac{\Theta(iu+iK')}{\Theta(0)} = -e^{\frac{\pi(u+K')^2}{4KK'}} \sqrt{k} \sin am(u, k') \frac{\Theta(u, k')}{\Theta(0, k')}$$

$$= -e^{\frac{\pi(2u+K')}{4K}} \sqrt{k}\, tg\, am(u, k') \frac{\Theta(iu)}{\Theta(0)},$$

unde posito rursus u loco iu:

$$2)\quad \Theta(u+iK') = i e^{\frac{\pi(K'-2iu)}{4K}} \sqrt{k} \sin am(u)\, \Theta(u).$$

*) Fit enim Θ(u+2K, k) = Θ(u), ideoque etiam Θ(u+2K′, k′) = Θ(u, k′).

Sumtis logarithmis et differentiando, ex 1), 2) prodit:

$$3)\quad Z(u+2iK') = \frac{-i\pi}{K} + Z(u)$$

$$4)\quad Z(u+iK') = \frac{-i\pi}{2K} + \operatorname{cotg am}(u)\,\Delta\operatorname{am}(u) + Z(u).$$

Posito u = 0, ex 1) - 4) fit:

$$5)\quad \begin{cases} \Theta(2iK') = -e^{\frac{\pi K'}{K}}\,\Theta(0), & \Theta(iK') = 0 \\ Z(2iK') = 0 & ;\ Z(iK') = \infty. \end{cases}$$

Formulae 1), 2) egregiam inveniunt confirmationem e natura producti infiniti, in quod functionem Θ evolvimus:

$$6)\quad \frac{\Theta\left(\frac{2Kx}{\pi}\right)}{\Theta(0)} = \frac{(1-2q\cos 2x+q^2)(1-2q^3\cos 2x+q^6)(1-2q^5\cos 2x+q^{10})\ldots}{\{(1-q)(1-q^3)(1-q^5)\ldots\}^2} =$$

$$\frac{\{(1-qe^{2ix})(1-q^3e^{2ix})(1-q^5e^{2ix})\ldots\}\{(1-qe^{-2ix})(1-q^3e^{-2ix})(1-q^5e^{-2ix})\ldots\}}{\{(1-q)(1-q^3)(1-q^5)\ldots\}}.$$

Ubi enim mutatur x in $x + \frac{i\pi K'}{K}$, quo facto abit e^{ix} in qe^{ix}, abit productum

$$\{(1-qe^{2ix})(1-q^3e^{2ix})(1-q^5e^{2ix})\ldots\}\{(1-qe^{-2ix})(1-q^3e^{-2ix})(1-q^5e^{-2ix})\ldots\}$$

in hoc:

$$\frac{1}{qe^{2ix}}\{(1-qe^{2ix})(1-q^3e^{2ix})(1-q^5e^{2ix})\ldots\}\{(1-qe^{-2ix})(1-q^3e^{-2ix})(1-q^5e^{-2ix})\ldots\},$$

unde:

$$7)\quad \Theta\left(\frac{2Kx}{\pi} + 2iK'\right) = \frac{\Theta\left(\frac{2Kx}{\pi}\right)}{qe^{2ix}}.$$

Mutato vero x in $x + \frac{i\pi K'}{2K}$, abit e^{ix} in $\sqrt{q}\,e^{ix}$, unde productum

$$\{(1-qe^{2ix})(1-q^3e^{2ix})(1-q^5e^{2ix})\ldots\}\{(1-qe^{-2ix})(1-q^3e^{-2ix})(1-q^5e^{-2ix})\ldots\}$$

in hoc:

$$(i-e^{-2ix})\{(1-q^2e^{2ix})(1-q^4e^{2ix})\ldots\}\{(1-q^2e^{-2ix})(1-q^4e^{-2ix})\ldots\} =$$

$$\frac{i}{e^{ix}}\cdot 2\sin x\,(1-2q^2\cos 2x+q^4)(1-2q^4\cos 2x+q^8)(1-q^6\cos 2x+q^{12})\ldots.$$

At dedimus §. 36 formulam:

$$\sin\operatorname{am}\frac{2Kx}{\pi}=\frac{1}{\sqrt{k}}\cdot\frac{2\sqrt[4]{q}\sin x(1-2q^2\cos 2x+q^4)(1-2q^4\cos 2x+q^8)\ldots}{(1-2q\cos 2x+q^2)(1-2q^3\cos 2x+q^6)(1-2q^5\cos 2x+q^{10})\ldots},$$

unde videmus, fore:

$$8)\quad \Theta\left(\frac{2Kx}{\pi}+iK'\right)=\frac{i\sqrt{k}\sin\operatorname{am}\frac{2Kx}{\pi}\,\Theta\left(\frac{2Kx}{\pi}\right)}{\sqrt[4]{q}\,e^{ix}}.$$

Formulae 7), 8) autem posito $\frac{2Kx}{\pi}=u$ cum formulis 1), 2) conveniunt.

E formula 9) §. 53:

$$\Theta(u+K)=\frac{\Delta\operatorname{am}u}{\sqrt{k'}}.\Theta(u),$$

posito iu loco u, sequitur:

$$\Theta(iu+K)=\frac{\Delta\operatorname{am}(u,k')}{\sqrt{k'}\cos\operatorname{am}(u,k')}.\Theta(iu),$$

unde e 5) §. 56:

$$\frac{\Theta(iu+K)}{\Theta(0)}=\frac{1}{\sqrt{k'}}e^{\frac{\pi uu}{4KK'}}\Delta\operatorname{am}(u,k').\frac{\Theta(u,k')}{\Theta(0,k')},$$

sive e formula allegata 9) §. 53:

$$9)\quad \frac{\Theta(iu+K)}{\Theta(0)}=\sqrt{\frac{k}{k'}}e^{\frac{\pi uu}{4KK'}}\frac{\Theta(u+K',k')}{\Theta(0,k')}.$$

Hinc sumendo logarithmos et differentiando obtinemus:

$$10)\quad iZ(iu+K)=\frac{\pi u}{2KK'}+Z(u+K',k').$$

58.

Formularum §§. 56. 57 inventarum facilis fit applicatio ad Analysin functionum Π casibus, quibus Argumenta sive Amplitudinis sive Parametri sive utriusque imaginaria sunt.

Demonstremus primum, expressionem $\Pi(u, a+iK')$ revocari posse ad $\Pi(u, a)$, unde patet, posito $n=-k^2\sin^2\operatorname{am}a$, integralia

$$\int_0^{\varphi}\frac{d\varphi}{\left\{1+n\sin^2\varphi\right\}\Delta(\varphi)},\quad \int_0^{\varphi}\frac{d\varphi}{\left\{1+\frac{k^2}{n}\sin^2\varphi\right\}\Delta(\varphi)}$$

alterum ab altero pendere; quod est insigne theorema a Cl. Legendre prolatum Cap. XV.

Invenimus:

$$\Pi(u,\ a+iK') = u\,Z(a+iK') + \frac{1}{2}\log\frac{\Theta(a-u+iK')}{\Theta(a+u+iK')}.$$

Fit autem e 2), 4) §. 57:

$$\frac{\Theta(a-u+iK')}{\Theta(a+u+iK')} = e^{\frac{i\pi u}{K}}\frac{\sin\mathrm{am}(a-u)}{\sin\mathrm{am}(a+u)}\cdot\frac{\Theta(a-u)}{\Theta(a+u)}$$

$$u\,Z(a+iK') = \frac{-i\pi u}{2K} + u\,\mathrm{cotg\,am}\,a\,\Delta\mathrm{am}\,a + u\,Z(a),$$

unde, terminis $\frac{i\pi u}{2K} - \frac{i\pi u}{2K}$ se destruentibus:

$$1)\quad \Pi(u,\ a+iK') = \Pi(u,\ a) + u\,\mathrm{cotg\,am}\,a\,\Delta\mathrm{am}\,a + \frac{1}{2}\log\frac{\sin\mathrm{am}(a-u)}{\sin\mathrm{am}(a+u)}$$

Ponamus in hac formula ia loco a, fit:

$$\mathrm{cotg\,am}(ia)\,\Delta\,\mathrm{am}(ia) = \frac{-i\Delta\,\mathrm{am}(a,\ k')}{\sin\mathrm{am}(a,\ k')\cos\mathrm{am}(a,\ k')}$$

$$\frac{\sin\mathrm{am}(ia-u)}{\sin\mathrm{am}(ia+u)} = \frac{\Delta\,\mathrm{am}\,u - \mathrm{cotg\,am}(ia)\,\Delta\,\mathrm{am}(ia)\,\mathrm{tg\,am}\,u}{\Delta\,\mathrm{am}\,u + \mathrm{cotg\,am}(ia)\,\Delta\,\mathrm{am}(ia)\,\mathrm{tg\,am}\,u},$$

sive posito brevitatis gratia:

$$\frac{\Delta\,\mathrm{am}(a,\ k')}{\sin\mathrm{am}(a,\ k')\cos\mathrm{am}(a,\ k')} = \sqrt{\alpha},$$

fit:

$$\frac{\sin\mathrm{am}(ia-u)}{\sin\mathrm{am}(ia+u)} = \frac{\Delta\,\mathrm{am}\,u + i\sqrt{\alpha}\,\mathrm{tg\,am}\,u}{\Delta\,\mathrm{am}\,u - i\sqrt{\alpha}\,\mathrm{tg\,am}\,u},$$

unde 1) abit in

$$2)\quad \frac{\Pi(u,\ ia+iK') - \Pi(u,\ ia)}{i} = -\sqrt{\alpha}\,.\,u + \mathrm{Arc.tg}\,.\,\frac{\sqrt{\alpha}\,\mathrm{tg\,am}\,u}{\Delta\,\mathrm{am}\,u};$$

quae cum formula f') a Cl. Legendre exhibita convenit.

59.

Alias formulas, pro reductione Argumenti imaginarii ad reale fundamentales, obtinemus e 9), 10) §. 57. Quarum primum observo hanc, qua Argumenta et Amplitudinis et Parametri imaginaria ad Argumenta realia revocantur:

$$1)\quad \Pi(iu,\, ia+K) = \Pi(u,\, a+K',\, k'),$$

quae hunc in modum demonstratur. Fit enim:

$$\Pi(iu,\, ia+K) = iu\,Z(ia+K) + \frac{1}{2}\log\frac{\Theta(ia-iu+K)}{\Theta(ia+iu+K)};$$

porro e 10) §. 57:

$$iu\,Z(ia+K) = \frac{\pi u a}{2KK'} + u\,Z(a+K',\, k'),$$

e 9) §. 57:

$$\frac{\Theta(ia-iu+K)}{\Theta(0,\, k)} = \sqrt{\frac{k}{k'}}\, e^{\frac{\pi(a-u)^2}{4KK'}}\, \frac{\Theta(a-u+K',\, k')}{\Theta(0,\, k')}$$

$$\frac{\Theta(ia+iu+K)}{\Theta(0,\, k)} = \sqrt{\frac{k}{k'}}\, e^{\frac{\pi(a+u)^2}{4KK'}}\, \frac{\Theta(a+u+K',\, k')}{\Theta(0,\, k')},$$

unde:

$$\frac{\Theta(ia-iu+K)}{\Theta(ia+iu+K)} = e^{\frac{-\pi a u}{KK'}}\, \frac{\Theta(a-u+K',\, k')}{\Theta(a+u+K',\, k')},$$

ideoque, terminis $\frac{\pi u a}{2KK'} - \frac{\pi u a}{2KK'}$ se destruentibus,

$$\Pi(iu,\, ia+K) = u\,Z(a+K',\, k') + \frac{1}{2}\log\frac{\Theta(a-u+K',\, k')}{\Theta(a+u+K',\, k')} = \Pi(u,\, a+K',\, k'),$$

quod demonstrandum erat.

Mutato in 1) a in $-ia$, prodit:

$$2)\quad \Pi(iu,\, a+K) = -\Pi(u,\, ia+K',\, k').$$

Formula 1) facile etiam probatur consideratione ipsius integralis, per quod functionem Π definivimus:

$$\Pi(u,\, a) = \int_0^u \frac{k^2 \sin am\, a \,.\, \cos am\, a \,.\, \Delta am\, a \,.\, \sin^2 am\, u \,.\, du}{1 - k^2 \sin^2 am\, a \,.\, \sin^2 am\, u},$$

unde:

$$\Pi(iu,\ ia+K)=\int_0^u\frac{ik^2\sin am(ia+K)\,.\,\cos am(ia+K)\,.\,\Delta am(ia+K)\,.\,\sin^2 am(iu)\,.\,du}{1-k^2\sin^2 am(ia+K)\,.\,\sin^2 am(iu)}.$$

Fit enim e formulis §^{i} 19:

$$\sin am(ia+K)=\sin coam(ia)=\frac{\Delta coam(a,\ k')}{k}=\frac{\Delta am(a+K',\ k')}{k}$$

$$\cos am(ia+K)=-\cos coam(ia)=\frac{-ik'}{k}\cos coam(a,\ k')=\frac{ik'}{k}\cos am(a+K',\ k')$$

$$\Delta\ am(ia+K)=\Delta coam(ia)=k'\sin coam(a,\ k')=k'\sin am(a+K',\ k'),$$

unde:

$$ikk\sin am(ia+K)\cos am(ia+K)\,\Delta am(ia+K)=$$
$$-k'k'\sin am(a+K',\ k')\cos am(a+K',\ k')\,\Delta am(a+K',\ k').$$

Porro fit:

$$\frac{\sin^2 am(iu)}{1-k^2\sin^2 am(ia+K)\sin^2 am(iu)}=\frac{-tg^2 am(u,\ k')}{1+\Delta^2 am(a+K',\ k')\,tg^2 am(u,\ k')}=$$
$$\frac{-\sin^2 am(u,\ k')}{\cos^2 am(u,\ k')+\Delta^2 am(a+K',\ k')\sin^2 am(u,\ k')}=\frac{-\sin^2 am(u,\ k')}{1-k'k'\sin^2 am(a+K',\ k')\sin^2 am(u,\ k')},$$

unde:

$$\Pi(iu.\ ia+K)=$$
$$\int_0^u\frac{k'k'\sin am(a+K',\ k')\,.\,\cos am(a+K',\ k')\,.\,\Delta am(a+K',\ k')\,.\,\sin^2 am(u,\ k')\,.\,du}{1-k'k'\sin^2 am(a+K',\ k')\sin^2 am(u,\ k')}$$

sive:

$$\Pi(iu,\ ia+K)=\Pi(u,\ a+K',\ k'),$$

quod demonstrandum erat.

E formulis 9), 10) §. 57 simili modo atque 1) comprobare possumus formulam sequentem, quae docet, functiones binas Argumenti imaginarii Parametri, quarum Moduli alter alterius Complementum, ad se invicem revocari posse:

$$3)\quad i\Pi(u,\ ia+K)+i\Pi(a,\ iu+K',\ k')=$$
$$\frac{\pi au}{2KK'}+uZ(a+K',\ k')+aZ(u+K,\ k).$$

Fit enim:

$$i\Pi(u,\ ia+K)=iuZ(ia+K)+\frac{i}{2}\log.\frac{\Theta(ia+K-u)}{\Theta(ia+K+u)}$$

$$i\Pi(a,\ iu+K',\ k')=iaZ(iu+K',\ k')+\frac{i}{2}\log.\frac{\Theta(iu+K'-a,\ k')}{\Theta(iu+K'+a,\ k')}.$$

Iam fit:

$$\frac{\Theta(ia+K-u)}{\Theta(0)}=\frac{\Theta\{i(a+iu)+K\}}{\Theta(0)}=\sqrt{\frac{k}{k'}}\,e^{\frac{\pi(a+iu)^2}{4KK'}}\frac{\Theta(a+iu+K',k')}{\Theta(0,k')}$$

$$\frac{\Theta(ia+K+u)}{\Theta(0)}=\frac{\Theta\{i(a-iu)+K\}}{\Theta(0)}=\sqrt{\frac{k}{k'}}\,e^{\frac{\pi(a-iu)^2}{4KK'}}\frac{\Theta(a-iu+K',k')}{\Theta(0,k')},$$

unde cum sit $\Theta(u+K)=\Theta(K-u)$:

$$\frac{\Theta(ia+K-u)}{\Theta(ia+K+u)}=e^{\frac{i\pi au}{KK'}}\frac{\Theta(iu+K'+a,k')}{\Theta(iu+K'-a,k')}.$$

ideoque:

$$\frac{i}{2}\log.\frac{\Theta(ia+K-u)}{\Theta(ia+K+u)}+\frac{i}{2}\log.\frac{\Theta(iu+K'-a,k')}{\Theta(iu+K'+a,k')}=-\frac{\pi au}{2KK'}.$$

Porro fit:

$$iuZ(ia+K)=\frac{\pi au}{2KK'}+uZ(a+K',k')$$

$$iuZ(iu+K',k')=\frac{\pi au}{2KK'}+aZ(u+K,k),$$

unde:

$$i\Pi(u,ia+K)+i\Pi(a,iu+K',k')=\frac{\pi au}{2KK'}+uZ(a+K',k')+aZ(u+K,k);$$

q. d. e.

60.

Patet e formulis:

$$\sin\text{am}(K+iu)=\frac{1}{k}\Delta\,\text{coam}(u,k')$$

$$\sin\text{am}(u+iK')=\frac{1}{k}\cdot\frac{1}{\sin\text{am}\,u},$$

Argumentum u, quod, dum sin am u a 0 usque ad 1 crescit, a 0 ad K transit, ubi sin am u a 1 usque ad $\frac{1}{k}$ crescere pergat, imaginarium induere valorem formae $K+iv$, ita ut simul v a 0 usque ad K′ crescat; deinde crescente sin am u a $\frac{1}{k}$

usque ad ∞, induere u formam $v + iK'$, ita ut simul v a K usque ad 0 decrescat *).

Hinc videmus, siquidem in tertia specie Integralium Ellipticorum, quae schemate contenta est:

$$\int_0^\varphi \frac{d\varphi}{(1+n\sin^2\varphi)\,\Delta(\varphi)},$$

ponatur, uti fecimus, $n = -k^2\sin^2\mathrm{am}\,a$, quoties sit n negativum

inter 0 et $-kk$, poni debere $n = -k^2\sin^2\mathrm{am}\,a$

- $-kk$ et -1, - - $n = -k^2\sin^2\mathrm{am}(ia+K)$

- -1 et $-\infty$, - - $n = -k^2\sin^2\mathrm{am}(a+iK')$,

designante a quantitatem realem. Porro cum sit $-kk\sin^2\mathrm{am}(ia) = kk\,\mathrm{tg}^2\,\mathrm{am}\,(a, k')$, patet, quoties sit n positivum quodlibet, poni debere:

$$n = -kk\sin^2\mathrm{am}(ia).$$

Hinc quatuor classes Integralium Ellipticorum tertiae speciei nacti sumus, quae respondent schematis, quae Argumenta induunt

1) a, 2) $ia+K$, 3) $a+iK'$, 4) ia,

quarum tres primae pertinent ad n negativum, quarta ad positivum.

At per formulam 1) §. 58 videmus, functionem $\Pi(u, a+iK')$ reduci ad $\Pi(u, a)$, sive classem tertiam, in qua n est inter -1 et $-\infty$, reduci ad primam, in qua n est inter 0 et $-kk$. Porro e formula 11) §. 53 **), functionem $\Pi(u, ia)$ semper reduci

---

*) Obtinebitur simul:

$$\sin\mathrm{am}\,u = 0,\ \frac{1}{\sqrt{1+k'}},\ 1,\ \frac{1}{\sqrt{k}},\ \frac{1}{k},\ \frac{1}{2}\sqrt{1+k'},\ \infty$$

$$u = 0,\ \frac{K}{2},\ K,\ K+\frac{iK'}{2},\ K+iK',\ \frac{K}{2}+iK',\ iK'.$$

**) Haec formula scilicet, posito ia loco a in sequentem abit:

$$\frac{\Pi(u, ia+K) - \Pi(u, ia)}{i} = -\alpha + \mathrm{Arc\,tg}\,\{\alpha \sin\mathrm{am}\,u\,.\,\sin\mathrm{coam}\,u\},$$

siquidem ponitur $\alpha = \dfrac{kk\,\mathrm{tg}\,\mathrm{am}\,(a, k')}{\Delta\,\mathrm{am}\,(a, k')}$. Quae facile per formulas elementares §[i] 19 succedit transformatio.

ad $\Pi(u, ia + K)$, sive classem quartam, in qua n est positivum ad secundam, in qua n est negativum inter $-kk$ et -1. Unde iam nacti sumus theorema, *propositum integrale*

$$\int_0^{\varphi} \frac{d\varphi}{\{1 + n\sin^2\varphi\}\Delta(\varphi)},$$

quaecunque sit n quantitas realis positiva seu negativa, semper reduci posse ad integrale simile, in quo n negativum est inter 0 *et* -1. Quod est egregium inventum Cl[i] Legendre.

Iam vero consideremus casum generalem, quo et Amplitudo et Parameter formam habent imaginariam quamlibet: constat, eum casum amplecti expressionem

$$\Pi(u + iv, a + ib),$$

designantibus u, v, a, b quantitates reales. At e formulis §[i] 55 videmus, eiusmodi expressionem reduci ad quatuor hasce:

$$1)\ \Pi(u, a),\quad 2)\ \Pi(iv, ib),\quad 3)\ \Pi(u, ib),\quad 4)\ \Pi(iv, a),$$

vel, si placet, ad quatuor hasce:

$$1)\ \Pi(u, a - K),\quad 2)\ \Pi(iv, ib + K)$$

$$3)\ \Pi(u, ib + K),\quad 4)\ \Pi(iv, a - K).$$

Generaliter enim expressio $\Pi(u + v, a + b)$ in expressiones $\Pi(u, a)$, $\Pi(v, b)$, $\Pi(u, b)$, $\Pi(v, a)$ redit, e quibus quatuor propositae prodeunt, siquidem loco v ponis iv, loco a, b vero $a - K$ et $K + ib$. Porro e formulis 1), 2) §[i] 59 fit:

$$\Pi(iv, ib + K) = \Pi(v, b + K', k')$$

$$\Pi(iv, a - K) = -\Pi(v, ia + K', k'),$$

unde expressiones 1), 2) classem primam redeunt $\Pi(u, a)$, expressiones 3), 4) in classem secundam $\Pi(u, ia + K)$; id quod nobis suppeditat

THEOREMA.

Integrale propositum formae

$$\int_0^{\varphi} \frac{d\varphi}{(1 + n\sin^2\varphi)\Delta(\varphi)},$$

quodcunque sit n et φ, sive reale sive imaginarium, revocari potest ad integralia similia, in quibus et φ reale et n reale negativum inter 0 *et* -1.

E hoc theorema debetur Cl° Legendre, nisi quod ille reales tantum Amplitudines contemplatus sit.

Formulis 4), 5) §. 56 reducitur $\Pi(u+v, a+b)+\Pi(u-v, a-b)$ ad $\Pi(u, a)$ et $\Pi(v, b)$, $\Pi(u+v, a+b)-\Pi(u-v, a-b)$ ad $\Pi(u, b)$ et $\Pi(v, a)$. Hinc patet, posito

$$\Pi(u+i, a+ib)+\Pi(u-iv, a-ib)=L$$

$$\frac{\Pi(u+iv, a+ib)-\Pi(u-iv, a-ib)}{i}=M,$$

pendere L a functionibus $\Pi(u, a-K)$, $\Pi(iv, ib+K)$, M a functionibus $\Pi(u, ib+K)$, $\Pi(iv, a-K)$, ideoque redire L in classem primam, M in classem secundam.

Haec sunt fundamenta theoriae tertiae speciei Integralium Ellipticorum, e principiis novis deducta. Alia infra videbuntur.

FUNCTIONES ELLIPTICAE SUNT FUNCTIONES FRACTAE. DE FUNCTIONIBUS *H*, *Θ*, QUAE NUMERATORIS ET DENOMINATORIS LOCUM TENENT.

61.

Evolutiones §. 35 exhibitae genuinam functionum Ellipticarum naturam declarant, videlicet esse eas functiones fractas, ut quas iam ex elementis novimus, pro innumeris Argumenti valoribus inter se diversis et evanescere et in infinitum abire. Iam antecedentibus ad functionem delati sumus, quae fractionis, in quam evolvimus ipsum $\sin \operatorname{am} \frac{2Kx}{\pi}=$

$$\frac{1}{\sqrt{k}}\cdot\frac{2\sqrt[4]{q}\sin x(1-2q^2\cos 2x+q^4)(1-2q^4\cos 2x+q^8)(1-2q^6\cos 2x+q^{12})\ldots}{(1-2q\cos 2x+q^2)(1-2q^3\cos 2x+q^6)(1-2q^5\cos 2x+q^{10})\ldots},$$

denominatorem constituit, functionem dico

$$\frac{\Theta\left(\frac{2Kx}{\pi}\right)}{\Theta(0)}=\frac{(1-2q\cos 2x+q^2)(1-2q^3\cos 2x+q^6)(1-2q^5\cos 2x+q^{10})\ldots}{\{(1-q)(1-q^3)(1-q^5)(1-q^7)\ldots\}^2}.$$

Iam et numeratorem particulari charactere denotemus, atque ponamus:

$$\frac{H\left(\frac{2Kx}{\pi}\right)}{\Theta(0)}=\frac{2\sqrt[4]{q}\sin x(1-2q^2\cos 2x+q^4)(1-2q^4\cos 2x+q^8)(1-2q^6\cos 2x+q^{12})\ldots}{\{(1-q)(1-q^3)(1-q^5)(1-q^7)\ldots\}^2},$$

erit:

$$\sin \operatorname{am} \frac{2Kx}{\pi} = \frac{1}{\sqrt{k}} \cdot \frac{H\left(\frac{2Kx}{\pi}\right)}{\Theta\left(\frac{2Kx}{\pi}\right)}.$$

Reliquis advocatis evolutionibus §. 35 traditis, invenimus:

$$\cos \operatorname{am} \frac{2Kx}{\pi} = \sqrt{\frac{k'}{k}} \cdot \frac{H\left(\frac{2K}{\pi}\left(x+\frac{\pi}{2}\right)\right)}{\Theta\left(\frac{2Kx}{\pi}\right)}$$

$$\Delta \operatorname{am} \frac{2Kx}{\pi} = \sqrt{k'} \cdot \frac{\Theta\left(\frac{2K}{\pi}\left(x+\frac{\pi}{2}\right)\right)}{\Theta\left(\frac{2Kx}{\pi}\right)},$$

unde posito $\frac{2Kx}{\pi} = u$:

$$1)\quad \sin \operatorname{am} u = \frac{1}{\sqrt{k}} \cdot \frac{H(u)}{\Theta(u)}; \quad \cos \operatorname{am} u = \sqrt{\frac{k'}{k}} \cdot \frac{H(u+K)}{\Theta(u)}; \quad \Delta \operatorname{am} u = \sqrt{k'} \cdot \frac{\Theta(u+K)}{\Theta(u)}.$$

Hinc fluunt formulae speciales:

$$2)\quad \Theta(K) = \frac{\Theta(0)}{\sqrt{k'}}; \quad H(K) = \sqrt{\frac{k}{k'}}\,\Theta(0).$$

Posito $H'(u) = \frac{dH(u)}{du}$, cum sit:

$$H'(u) = \sqrt{k} \cos \operatorname{am} u \,\Delta \operatorname{am} u\, \Theta(u) + \sqrt{k} \sin \operatorname{am} u\, \Theta'(u),$$

pro valoribus $u = 0$, $u = K$ obtinemus:

$$3)\quad H'(0) = \sqrt{k}\,\Theta(0) = \frac{H(K)\,\Theta(0)}{\Theta(K)}; \quad H'(K) = \Theta'(K) = 0 \;*).$$

E 2) sequitur adhuc:

$$4)\quad \sqrt{k} = \frac{H(K)}{\Theta(K)}; \quad \sqrt{k'} = \frac{\Theta(0)}{\Theta(K)}.$$

Ceterum fit:

$$5)\quad \Theta(u+2K) = \Theta(-u) = \Theta(u)$$

$$6)\quad H(u+2K) = H(-u) = -H(u); \quad H(u+4K) = H(u).$$

---

*) Fit enim $Z(K) = 0$, unde etiam $\Theta'(K) = \Theta(K)\,Z(K) = 0$.

E formula 2) §. 57:

$$\Theta(u+iK') = i e^{\frac{\pi(K'-2iu)}{4K}} \sqrt{k} \sin am u,$$

sequitur:

$$7) \quad \Theta(u+iK') = i e^{\frac{\pi(K'-2iu)}{4K}} H(u).$$

Mutato in hac formula u in u+iK', et advocata 1) §. 57:

$$8) \quad \Theta(u+2iK') = -e^{\frac{\pi(K'-iu)}{K}} \Theta(u),$$

prodit:

$$9) \quad H(u+iK') = i e^{\frac{\pi(K'-2iu)}{4K}} \Theta(u),$$

unde rursus mutato u in u+iK', e 7):

$$10) \quad H(u+2iK') = -e^{\frac{\pi(K'-iu)}{K}} H(u).$$

E formulis 7) - 10) derivari possunt generaliores:

$$11) \quad e^{\frac{\pi uu}{4KK'}} \Theta(u) = (-1)^m e^{\frac{\pi(u+2miK')^2}{4KK'}} \Theta(u+2miK')$$

$$12) \quad e^{\frac{\pi uu}{4KK'}} H(u) = (-1)^m e^{\frac{\pi(u+2miK')^2}{4KK'}} H(u+2miK')$$

$$13) \quad e^{\frac{\pi uu}{4KK'}} H(u) = (-i)^{2m+1} e^{\frac{\pi\left(u+(2m+1)iK'\right)^2}{4KK'}} \Theta\left(u+(2m+1)iK'\right)$$

$$14) \quad e^{\frac{\pi uu}{4KK'}} \Theta(u) = (-i)^{2m+1} e^{\frac{\pi\left(u+(2m+1)iK'\right)^2}{4KK'}} H\left(u+(2m+1)iK'\right).$$

E 12), 13) fit:

$$15) \quad \Theta\left((2m+1)iK'\right) = 0; \quad H(2miK') = 0.$$

Formulae 5), 6) demonstrant, functiones $\Theta(u)$, $H(u)$ mutato u in u+4K, formulae 11), 12), functiones

$$e^{\frac{\pi uu}{4KK'}} \Theta(u), \quad e^{\frac{\pi uu}{4KK'}} H(u)$$

mutato u in $u + 4iK'$ immutatas manere; unde illae cum functionibus Ellipticis alteram Periodum realem, hae alteram Periodum imaginariam communem habent.

E formula 5) §. 56:

$$\frac{\Theta(iu, k)}{\Theta(0, k)} = e^{\frac{\pi uu}{4KK'}} \cos\operatorname{am}(u, k)\, \frac{\Theta(u, k')}{\Theta(0, k')},$$

sequitur:

$$\frac{H(iu, k)}{\Theta(0, k)} = \sqrt{k} \sin\operatorname{am}(iu, k) \,.\, \frac{\Theta(iu, k)}{\Theta(0, k)} = i\, e^{\frac{\pi uu}{4KK'}} \sqrt{k} \sin\operatorname{am}(u, k') \,.\, \frac{\Theta(u, k')}{\Theta(0, k')},$$

unde e 1):

$$16)\quad \frac{\Theta(iu, k)}{\Theta(0, k)} = \sqrt{\frac{k}{k'}}\, e^{\frac{\pi uu}{4KK'}} \,.\, \frac{H(u+K', k')}{\Theta(0, k')}$$

$$17)\quad \frac{H(iu, k)}{\Theta(0, k)} = i\sqrt{\frac{k}{k'}}\, e^{\frac{\pi uu}{4KK'}} \,.\, \frac{H(u, k')}{\Theta(0, k')}.$$

E 16) sequitur, mutato u in iu, et commutatis k et k':

$$18)\quad \frac{H(iu+K, k)}{\Theta(0, k)} = \sqrt{\frac{k}{k'}}\, e^{\frac{\pi uu}{4KK'}} \,.\, \frac{\Theta(u, k')}{\Theta(0, k')},$$

cui adiungatur 9) §. 57:

$$19)\quad \frac{\Theta(iu+K, k)}{\Theta(0, k)} = \sqrt{\frac{k}{k'}}\, e^{\frac{\pi uu}{4KK'}} \frac{\Theta(u+K', k')}{\Theta(0, k')}.$$

E formula supra inventa:

$$\Theta(u+v)\,\Theta(u-v) = \frac{\Theta^2 u\, \Theta^2 v}{\Theta^2 0}(1 - k^2 \sin^2\operatorname{am} u \quad \sin^2\operatorname{am} v),$$

sequitur:

$$20)\quad \Theta(u+v)\,\Theta(u-v) = \frac{\Theta^2 u\, \Theta^2 v - H^2 u\, H^2 v}{\Theta^2 0}.$$

Qua ducta formula in

$$k \sin\operatorname{am}(u+v) \sin\operatorname{am}(u-v) = \frac{k \sin^2\operatorname{am} u - k \sin^2\operatorname{am} v}{1 - k^2 \sin^2\operatorname{am} u \sin^2\operatorname{am} v} =$$

$$\frac{H^2 u\, \Theta^2 v - \Theta^2 u\, H^2 v}{\Theta^2 u\, \Theta^2 v - H^2 u\, H^2 v},$$

prodit:

$$21)\quad H(u+v)\,H(u-v) = \frac{H^2 u\, \Theta^2 v - \Theta^2 u\, H^2 v}{\Theta^2(0)}.$$

DE EVOLUTIONE FUNCTIONUM *H*, *Θ* IN SERIES. EVOLUTIO TERTIA FUNCTIONUM ELLIPTICARUM.

62.

Evolvamus functiones

$$\frac{\Theta\left(\frac{2Kx}{\pi}\right)}{\Theta(0)} = \frac{(1-2q\cos 2x+q^2)(1-2q^3\cos 2x+q^6)(1-2q^5\cos 2x+q^{10})\dots}{\{(1-q)(1-q^3)(1-q^5)\dots\}^2}$$

$$\frac{H\left(\frac{2Kx}{\pi}\right)}{\Theta(0)} = \frac{2\sqrt[4]{q}\sin x(1-2q^2\cos 2x+q^4)(1-2q^4\cos 2x+q^8)(1-2q^6\cos 2x+q^{12})\dots}{\{(1-q)(1-q^3)(1-q^5)\dots\}^2}$$

in series

$$\frac{\Theta\left(\frac{2Kx}{\pi}\right)}{\Theta(0)} = A - 2A'\cos 2x + 2A''\cos 4x - 2A'''\cos 6x + 2A''''\cos 8x - \dots$$

$$\frac{H\left(\frac{2Kx}{\pi}\right)}{\Theta(0)} = 2\sqrt[4]{q}\{B'\sin x - B''\sin 3x + B'''\sin 5x - B''''\sin 7x + \dots\}.$$

Determinationem ipsarum A, A', A'', A''', ..; B', B'', B''', B'''', .. nanciscimur ope aequationum 7) - 10) §[i] antecedentis, quae posito $u = \frac{2Kx}{\pi}$, $q = e^{\frac{-\pi K'}{K}}$ in sequentes abeunt:

$$\Theta\left(\frac{2Kx}{\pi}\right) = -qe^{2ix}\Theta\left(\frac{2Kx}{\pi} + 2iK'\right)$$

$$H\left(\frac{2Kx}{\pi}\right) = -qe^{2ix}H\left(\frac{2Kx}{\pi} + 2iK'\right)$$

$$i\Theta\left(\frac{2Kx}{\pi}\right) = \sqrt[4]{q}\,e^{ix}H\left(\frac{2Kx}{\pi} + iK'\right)$$

$$iH\left(\frac{2Kx}{\pi}\right) = \sqrt[4]{q}\,e^{ix}\Theta\left(\frac{2Kx}{\pi} + iK'\right).$$

Quam in finem evolutiones propositas ita exhibemus:

$$\begin{aligned}\frac{\Theta\left(\frac{2Kx}{\pi}\right)}{\Theta(0)} = A &- A'e^{2ix} + A''e^{4ix} - A'''e^{6ix} + A''''e^{8ix} - \dots\\ &- A'e^{-2ix} + A''e^{-4ix} - A'''e^{-6ix} + A''''e^{-8ix} - \dots\end{aligned}$$

$$\frac{H\left(\frac{2Kx}{\pi}\right)}{\Theta(0)} = \sqrt[4]{q}\,\{B'e^{ix} - B''e^{3ix} + B'''e^{5ix} - B''''e^{7ix} + \ldots\}$$
$$- \sqrt[4]{q}\,\{B'e^{-ix} - B''e^{-3ix} + B'''e^{-5ix} - B''''e^{-7ix} + \ldots\}.$$

Mutato x in $x - i\log q$, abit e^{mix} in $q^m e^{mix}$, e^{-mix} in $\frac{e^{-mix}}{q^m}$; porro $\Theta\left(\frac{2Kx}{\pi}\right)$, $H\left(\frac{2Kx}{\pi}\right)$ in $\Theta\left(\frac{2Kx}{\pi} + 2iK'\right)$, $H\left(\frac{2Kx}{\pi} + 2iK'\right)$. Hinc nanciscimur:

$$\frac{\Theta\left(\frac{2Kx}{\pi}\right)}{\Theta(0)} = -q e^{2ix}\,\frac{\Theta\left(\frac{2Kx}{\pi} + 2iK'\right)}{\Theta(0)} =$$
$$\frac{A'}{q} - Aqe^{2ix} + A'q^3e^{4ix} - A''q^5e^{6ix} + A'''q^7e^{8ix} - \ldots$$
$$- \frac{A''}{q^3}e^{-2ix} + \frac{A'''}{q^5}e^{-4ix} - \frac{A''''}{q^7}e^{-6ix} + \frac{A'''''}{q^9}e^{-8ix} - \ldots$$

$$\frac{H\left(\frac{2Kx}{\pi}\right)}{\Theta(0)} = -q e^{2ix}.\frac{H\left(\frac{2Kx}{\pi} + 2iK'\right)}{\Theta(0)} =$$
$$\sqrt[4]{q}\left\{B'e^{ix} - B'q^2e^{3ix} + B''q^4e^{5ix} - B'''q^6e^{7ix} + \ldots\right\}$$
$$- \sqrt[4]{q}\left\{\frac{B''}{q^2}e^{-ix} - \frac{B'''}{q^4}e^{-3ix} + \frac{B''''}{q^6}e^{-5ix} - \frac{B'''''}{q^8}e^{-7ix} + \ldots\right\}.$$

Quibus cum expressionibus propositis comparatis, eruimus:

$$A' = Aq,\quad A'' = A'q^3,\quad A''' = A''q^5,\quad A'''' = A'''q^7,\ \ldots.$$
$$B'' = B'q^2,\quad B''' = B''q^4,\quad B'''' = B'''q^6,\quad B''''' = B''''q^8,\ \ldots.,$$

ideoque

$$A' = Aq,\quad A'' = Aq^4,\quad A''' = Aq^9,\quad A'''' = Aq^{16},\ \ldots.$$
$$B'' = B'q^2,\quad B''' = B'q^6,\quad B'''' = B'q^{12},\quad B''''' = B'q^{20},\ \ldots.,$$

unde evolutiones quaesitae fiunt:

$$\frac{\Theta\left(\frac{2Kx}{\pi}\right)}{\Theta(0)} = A\{1 - 2q\cos 2x + 2q^4\cos 4x - 2q^9\cos 6x + 2q^{16}\cos 8x - \ldots\}$$

$$\frac{H\left(\frac{2Kx}{\pi}\right)}{\Theta(0)} = 2\sqrt[4]{q}\,B'\{\sin x - q^2\sin 3x + q^{2\cdot 3}\sin 5x - q^{3\cdot 4}\sin 7x + q^{4\cdot 5}\sin 9x - \ldots\}$$
$$= B'\{2\sqrt[4]{q}\sin x - 2\sqrt[4]{q^9}\sin 3x + 2\sqrt[4]{q^{25}}\sin 5x - 2\sqrt[4]{q^{49}}\sin 7x + \ldots\}.$$

Evolutiones inventas alteram ex altera derivare licuisset ope formulae:

$$iH\left(\frac{2Kx}{\pi}\right) = \sqrt[4]{q}\,e^{ix}\,\Theta\left(\frac{2Kx}{\pi} + iK'\right).$$

Inventa enim varie:

$$\frac{\Theta\left(\frac{2Kx}{\pi}\right)}{\Theta(0)} = A\{1-q(e^{2ix}+e^{-2ix})+q^4(e^{4ix}+e^{-4ix})+q^9(e^{6ix}+e^{-6ix})+\ldots\},$$

mutando x in $x - i\log\sqrt{q}$, quo facta e^{2mix}, e^{-2mix} abeunt in $q^m e^{2mix}$, $\frac{e^{-2mix}}{q^m}$, $\Theta\left(\frac{2Kx}{\pi}\right)$ in $\Theta\left(\frac{2Kx}{\pi}+iK'\right)$, et multiplicando per $\sqrt[4]{q}\,e^{ix}$, obtinemus:

$$\frac{iH\left(\frac{2Kx}{\pi}\right)}{\Theta(0)} = \sqrt[4]{q}\,e^{ix}\frac{\Theta\left(\frac{2Kx}{\pi}+iK'\right)}{\Theta(0)} =$$

$$A\{\sqrt[4]{q}(e^{ix}-e^{-ix})-\sqrt[4]{q^9}(e^{3ix}-e^{-3ix})+\sqrt[4]{q^{25}}(e^{5ix}-e^{-5ix})+\ldots\},$$

sive:

$$\frac{H\left(\frac{2Kx}{\pi}\right)}{\Theta(0)} = A\{2\sqrt[4]{q}\sin x - 2\sqrt[4]{q^9}\sin 3x + 2\sqrt[4]{q^{25}}\sin 5x - 2\sqrt[4]{q^{49}}\sin 7x + \ldots\}.$$

Qua insuper Analysi eruimus:

$$B' = A.$$

63.

Determinatio ipsius A artificia particularia poscit. Ponamus, quod ex antecedentibus licet:

$$(1-2q\cos 2x+q^2)(1-2q^3\cos 2x+q^6)(1-2q^5\cos 2x+q^{10})\ldots =$$

$$P(q)\{1-2q\cos 2x+2q^4\cos 4x-2q^9\cos 6x+2q^{16}\cos 8x+\ldots\}$$

$$\sin x(1-2q^2\cos 2x+q^4)(1-2q^4\cos 2x+q^8)(1-2q^6\cos 2x+q^{12})\ldots =$$

$$P(q)\{\sin x - q^{1\cdot 2}\sin 3x + q^{2\cdot 3}\sin 5x - q^{3\cdot 4}\sin 7x + q^{4\cdot 5}\sin 9x - \ldots\};$$

fit:

$$A = \frac{P(q)}{\{(1-q)(1-q^3)(1-q^5)\ldots\}^2}.$$

Expressio secunda immutata manet, ubi ducitur in primam, et post factum productum ponitur q^2 loco q. Hinc obtinemus aequationem identicam:

$$P(q^2)P(q^2)\{\sin x - q^4\sin 3x + q^{12}\sin 5x - q^{24}\sin 7x + \ldots\}\times$$

$$\{1-2q^2\cos 2x+2q^8\cos 4x-2q^{32}\cos 6x+\ldots\} =$$

$$P(q)\{\sin x - q^2\sin 3x + q^6\sin 5x - q^{12}\sin 7x + \ldots\}.$$

Ipsam iam instituamus multiplicationem, ita ut ubique loco 2 sin . mx cos . nx scribatur sin (m+n) x + sin (m—n) x: facile patet, Coëfficientem ipsius sin x in producto evoluto fore:

$$1+q^2+q^6+q^{12}+q^{20}+\ldots,$$

ita ut prodeat:

$$\frac{P(q)}{P(q^2)\,P(q^2)}=1+q^2+q^6+q^{12}+q^{20}+\ldots$$

At invenimus e secunda formularum propositarum, posito $x=\frac{\pi}{2}$:

$$\{(1+q^2)(1+q^4)(1+q^6)\ldots\}^2=P(q)\{1+q^2+q^6+q^{12}+q^{20}+\ldots\},$$

unde:

$$\frac{P(q)\,P(q)}{P(q^2)\,P(q^2)}=\{(1+q^2)(1+q^4)(1+q^6)\ldots\}^2,$$

sive:

$$\frac{P(q)}{P(q^2)}=(1+q^2)(1+q^4)(1+q^6)\ldots$$
$$=\frac{(1-q^4)(1-q^8)(1-q^{12})\ldots}{(1-q^2)(1-q^4)(1-q^6)\ldots}.$$

Hinc e methodo iam saepius adhibita *) sequitur:

$$P(q)=\frac{1}{(1-q^2)(1-q^4)(1-q^6)(1-q^8)\ldots}.$$

Hinc tandem provenit:

$$A=\frac{1}{(1-q^2)(1-q^4)(1-q^6)\ldots}\cdot\frac{1}{\{(1-q)(1-q^3)(1-q^5)\ldots\}^2}$$
$$=\frac{(1+q)(1+q^2)(1+q^3)(1+q^4)\ldots}{(1-q)(1-q^2)(1-q^3)(1-q^4)\ldots},$$

sive ex iis, quas §. 36 dedimus, evolutionibus:

$$\frac{1}{A}=\sqrt{\frac{2k'K}{\pi}}.$$

Quantitatem illam, quam hactenus indeterminatam reliquimus, $\Theta(0)$ ponamus iam:

$$\Theta(0)=\frac{1}{A}=\sqrt{\frac{2k'K}{\pi}}.$$

*) Videlicet ponendo successive q^2, q^4, q^8, q^{16} .. loco x et instituendo multiplicationem infinitam.

invenitur:

$$1)\quad \Theta\left(\frac{2Kx}{\pi}\right) = 1 - 2q\cos 2x + 2q^4\cos 4x - 2q^9\cos 6x + 2q^{16}\cos 8x - \ldots$$

$$2)\quad H\left(\frac{2Kx}{\pi}\right) = 2\sqrt[4]{q}\sin x - 2\sqrt[4]{q^9}\sin 3x + 2\sqrt[4]{q^{25}}\sin 5x - 2\sqrt[4]{q^{49}}\sin 7x + \ldots$$

64.

Aequationem identicam, quam antecedentibus comprobatum ivimus:

$$(1-2q\cos 2x+q^2)(1-2q^3\cos 2x+q^6)(1-2q^5\cos 2x+q^{10})\ldots =$$
$$\frac{1-2q\cos 2x+2q^4\cos 4x-2q^9\cos 6x+2q^{16}\cos 8x-\ldots}{(1-q^2)(1-q^4)(1-q^6)(1-q^8)\ldots}$$

alia adhuc via, a praecedente omnino diversa, investigare placet. Quam in finem tamquam lemmata antemittamus formulas duas sequentes:

$$1)\quad (1+qz)(1+q^3z)(1+q^5z)(1+q^7z)\ldots =$$
$$1+\frac{qz}{1-q^2}+\frac{q^4z^2}{(1-q^2)(1-q^4)}+\frac{q^9z^3}{(1-q^2)(1-q^4)(1-q^6)}+\frac{q^{16}z^4}{(1-q^2)(1-q^4)(1-q^6)(1-q^8)}+\ldots$$

$$2)\quad \frac{1}{(1-qz)(1-q^2z)(1-q^3z)(1-q^4z)\ldots} =$$
$$1+\frac{q}{1-q}\cdot\frac{z}{1-qz}+\frac{q^4}{(1-q)(1-q^2)}\cdot\frac{z^2}{(1-qz)(1-q^2z)}+$$
$$\frac{q^9}{(1-q)(1-q^2)(1-q^3)}\cdot\frac{z^3}{(1-qz)(1-q^2z)(1-q^3z)}+\ldots$$

Ad demonstrationem prioris observo, expressionem

$$(1+qz)(1+q^3z)(1+q^5z)(1+q^7z)\ldots$$

posito q^2z loco z et multiplicatione facta per $(1+qz)$, immutatam manere; unde posito:

$$(1+qz)(1+q^3z)(1+q^5z)\ldots = 1+A'z+A''z^2+A'''z^3+\ldots,$$

eruitur:

$$1+A'z+A''z^2+A'''z^3+\ldots = (1+qz)(1+A'q^2z+A''q^4z^2+A'''q^6z^3+\ldots),$$

ideoque, facta evolutione:

$$A' = q+q^2A',\quad A'' = q^3A'+q^4A'',\quad A''' = q^5A''+q^6A''',\quad \ldots,$$

sive:

$$A' = \frac{q}{1-q^2},\quad A'' = \frac{q^3A'}{1-q^4},\quad A''' = \frac{q^5A''}{1-q^6}.$$

unde:

$$A' = \frac{q}{1-q^2},\quad A'' = \frac{q^4}{(1-q^2)(1-q^4)},\quad A''' = \frac{q^9}{(1-q^2)(1-q^4)(1-q^6)},\ \ldots,$$

sicuti propositum est.

Ad demonstrationem formulae 2) observo, expressionem

$$\frac{1}{(1-qz)(1-q^2z)(1-q^3z)(1-q^4z)\ldots},$$

posito qz loco z et multiplicatione facta per $\frac{1}{1-qz}$, immutatam manere; unde posito:

$$\frac{1}{(1-qz)(1-q^2z)(1-q^3z)(1-q^4z)\ldots} =$$

$$1 + \frac{A'z}{1-qz} + \frac{A''z^2}{(1-qz)(1-q^2z)} + \frac{A'''z^3}{(1-qz)(1-q^2z)(1-q^3z)} + \ldots,$$

obtinemus:

$$1 + \frac{A'z}{1-qz} + \frac{A''z^2}{(1-qz)(1-q^2z)} + \frac{A'''z^3}{(1-qz)(1-q^2z)(1-q^3z)} + \ldots =$$

$$\frac{1}{1-qz} + \frac{A'qz}{(1-qz)(1-q^2z)} + \frac{A''q^2z^2}{(1-qz)(1-q^2z)(1-q^3z)} + \frac{A'''q^3z^3}{(1-qz)(1-q^2z)(1-q^3z)(1-q^4z)} + \ldots$$

$$= 1 + \frac{(q+A'q)z}{1-qz} + \frac{(q^3A'+q^2A'')z^2}{(1-qz)(1-q^2z)} + \frac{(q^5A''+q^3A''')z^3}{(1-qz)(1-q^2z)(1-q^3z)} + \ldots\ ^{*)}.$$

Hinc fluit:

$$A' = q + A'q,\quad A'' = q^3A' + q^2A'',\quad A''' = q^5A'' + q^3A''',\ \ldots,$$

ideoque:

$$A' = \frac{q}{1-q},\quad A'' = \frac{q^3A'}{1-q^2},\quad A''' = \frac{q^5A''}{1-q^3},\ \ldots,$$

unde:

$$A' = \frac{q}{1-q},\quad A'' = \frac{q^4}{(1-q)(1-q^2)},\quad A''' = \frac{q^9}{(1-q)(1-q^2)(1-q^3)},\ \ldots,$$

sicuti propositum est.

---

*) Substituendo scilicet in singulis terminis resp. $\frac{1}{1-qz} = 1 + \frac{qz}{1-qz}$, $\frac{1}{1-q^2z} = 1 + \frac{q^2z}{1-q^2z}$, $\frac{1}{1-q^3z} = 1 + \frac{q^3z}{1-q^3z}$, cet.

Iam formemus productum:

$$\left\{(1+qz)(1+q^3z)(1+q^5z)\ldots\right\}\left\{\left(1+\frac{q}{z}\right)\left(1+\frac{q^3}{z}\right)\left(1+\frac{q^5}{z}\right)\ldots\right\}$$

$$=$$

$$\left\{1+\frac{q}{1-q^2}\cdot z+\frac{q^4}{(1-q^2)(1-q^4)}\cdot z^2+\frac{q^9}{(1-q^2)(1-q^4)(1-q^6)}\cdot z^3+\ldots\right\}\times$$

$$\left\{1+\frac{q}{1-q^2}\cdot\frac{1}{z}+\frac{q^4}{(1-q^2)(1-q^4)}\cdot\frac{1}{z^2}+\frac{q^9}{(1-q^2)(1-q^4)(1-q^6)}\cdot\frac{1}{z^3}+\ldots\right\}.$$

Coëfficientem ipsius z^n sive etiam $\frac{1}{z^n}$, quem ponemus $B^{(n)}$, eruimus sequentem: $B^{(n)} =$

$$\frac{q^{nn}}{(1-q^2)(1-q^4)\ldots(1-q^{2n})}\times$$

$$\left\{\begin{array}{l}1+\frac{q^2}{1-q^2}\cdot\frac{q^{2n}}{1-q^{2n+2}}+\frac{q^8}{(1-q^2)(1-q^4)}\cdot\frac{q^{4n}}{(1-q^{2n+2})(1-q^{2n+4})}+\\ \qquad\frac{q^{18}}{(1-q^2)(1-q^4)(1-q^6)}\cdot\frac{q^{6n}}{(1-q^{2n+2})(1-q^{2n+4})(1-q^{2n+6})}+\ldots\end{array}\right\}.$$

At e formula 2), posito q^2 loco q et $z = q^{2n}$, expressionem, quae uncis inclusa conspicitur, invenimus =

$$\frac{1}{(1-q^{2n+2})(1-q^{2n+4})(1-q^{2n+6})(1-q^{2n+8})\ldots},$$

unde

$$B^{(n)} = \frac{q^{nn}}{(1-q^2)(1-q^4)(1-q^6)(1-q^8)\ldots\ldots},$$

ideoque:

$$\left\{(1+qz)(1+q^3z)(1+q^5z)\ldots\right\}\left\{\left(1+\frac{q}{z}\right)\left(1+\frac{q^3}{z}\right)\left(1+\frac{q^5}{z}\right)\ldots\right\} =$$

$$\frac{1+q\left(z+\frac{1}{z}\right)+q^4\left(z^2+\frac{1}{z^2}\right)+q^9\left(z^3+\frac{1}{z^3}\right)+\ldots}{(1-q^2)(1-q^4)(1-q^6)(1-q^8)\ldots},$$

sive posito $z = e^{2ix}$, et mutato q in $-q$:

$$(1-2q\cos 2x+q^2)(1-2q^3\cos 2x+q^6)(1-2q^5\cos 2x+q^{10})\ldots =$$

$$\frac{1-2q\cos 2x+2q^4\cos 4x-2q^9\cos 6x+\ldots}{(1-q^2)(1-q^4)(1-q^6)(1-q^8)\ldots}.$$

Quod demonstrandum erat.

Ubi ponitur $-qz^2$ loco z atque per $\sqrt[4]{q}\,z$ multiplicatur, prodit:

$$\sqrt[4]{q}\left(z-\frac{1}{z}\right)\left\{(1-q^2z^2)(1-q^4z^2)(1-q^6z^2)\ldots\right\}\times$$
$$\left\{\left(1-\frac{q^2}{z^2}\right)\left(1-\frac{q^4}{z^2}\right)\left(1-\frac{q^6}{z^2}\right)\ldots\right\} =$$
$$\frac{\sqrt[4]{q}\left(z-\frac{1}{z}\right)-\sqrt[4]{q^9}\left(z^3-\frac{1}{z^3}\right)+\sqrt[4]{q^{25}}\left(z^5-\frac{1}{z^5}\right)-\ldots.}{(1-q^2)(1-q^4)(1-q^6)(1-q^8)\ldots.},$$

sive posito $z=e^{ix}$:

$$2\sqrt[4]{q}\sin x(1-2q^2\cos 2x+q^4)(1-2q^4\cos 2x+q^8)(1-2q^6\cos 2x+q^{12})\ldots=$$
$$\frac{2\sqrt[4]{q}\sin x-2\sqrt[4]{q^9}\sin 3x+2\sqrt[4]{q^{25}}\sin 5x-2\sqrt[4]{q^{49}}\sin 7x+\ldots}{(1-q^2)(1-q^4)(1-q^6)(1-q^8)\ldots},$$

quae est altera evolutio inventa.

65.

Evolutiones functionum

$$1)\quad \Theta\left(\frac{2Kx}{\pi}\right)=1-2q\cos 2x+2q^4\cos 4x-2q^9\cos 6x+2q^{16}\cos 8x-\ldots$$

$$2)\quad H\left(\frac{2Kx}{\pi}\right)=2\sqrt[4]{q}\sin x-2\sqrt[4]{q^9}\sin 3x+2\sqrt[4]{q^{25}}\sin 5x-2\sqrt[4]{q^{49}}\sin 7x+\ldots$$

sponte ad evolutionem novam functionum Ellipticarum ducunt. Etenim e formulis 1) §. 61, ponendo $u=\frac{2Kx}{\pi}$, obtinemus:

$$\sin\operatorname{am}\frac{2Kx}{\pi}=\frac{1}{\sqrt{k}}\cdot\frac{H\left(\frac{2Kx}{\pi}\right)}{\Theta\left(\frac{2Kx}{\pi}\right)}$$

$$\cos\operatorname{am}\frac{2Kx}{\pi}=\sqrt{\frac{k'}{k}}\,\frac{H\left(\frac{2K}{\pi}\left(x+\frac{\pi}{2}\right)\right)}{\Theta\left(\frac{2Kx}{\pi}\right)}$$

$$\Delta\operatorname{am}\frac{2Kx}{\pi}=\sqrt{k'}\,\frac{\Theta\left(\frac{2K}{\pi}\left(x+\frac{\pi}{2}\right)\right)}{\Theta\left(\frac{2Kx}{\pi}\right)},$$

unde:

$$3)\quad \sin\operatorname{am}\frac{2Kx}{\pi} = \frac{1}{\sqrt{k}}\cdot\frac{2\sqrt[4]{q}\sin x - 2\sqrt[4]{q^9}\sin 3x + 2\sqrt[4]{q^{25}}\sin 5x - 2\sqrt[4]{q^{49}}\sin 7x + \dots}{1 - 2q\cos 2x + 2q^4\cos 4x - 2q^9\cos 6x + 2q^{16}\cos 8x - \dots}$$

$$4)\quad \cos\operatorname{am}\frac{2Kx}{\pi} = \sqrt{\frac{k'}{k}}\cdot\frac{2\sqrt[4]{q}\cos x + 2\sqrt[4]{q^9}\cos 3x + 2\sqrt[4]{q^{25}}\cos 5x + 2\sqrt[4]{q^{49}}\cos 7x + \dots}{1 - 2q\cos 2x + 2q^4\cos 4x - 2q^9\cos 6x + 2q^{16}\cos 8x - \dots}$$

$$5)\quad \Delta\operatorname{am}\frac{2Kx}{\pi} = \sqrt{k'}\cdot\frac{1 + 2q\cos 2x + 2q^4\cos 4x + 2q^9\cos 6x + 2q^{16}\cos 8x + \dots}{1 - 2q\cos 2x + 2q^4\cos 4x - 2q^9\cos 6x + 2q^{16}\cos 8x - \dots}.$$

Porro e 2), 3) §. 61, cum positum sit $\Theta(0) = \sqrt{\frac{2k'K}{\pi}}$, obtinemus:

$$\Theta(K) = \sqrt{\frac{2K}{\pi}},\quad H(K) = \sqrt{\frac{2kK}{\pi}},\quad \Theta(0) = \sqrt{\frac{2k'K}{\pi}},\quad H'(0) = \sqrt{\frac{2kk'K}{\pi}},$$

unde e 1), 2):

$$6)\quad \sqrt{\frac{2K}{\pi}} = 1 + 2q + 2q^4 + 2q^9 + 2q^{16} + 2q^{25} + \dots$$

$$7)\quad \sqrt{\frac{2kK}{\pi}} = 2\sqrt[4]{q} + 2\sqrt[4]{q^9} + 2\sqrt[4]{q^{25}} + 2\sqrt[4]{q^{49}} + 2\sqrt[4]{q^{81}} + \dots$$

$$8)\quad \sqrt{\frac{2k'K}{\pi}} = 1 - 2q + 2q^4 - 2q^9 + 2q^{16} - 2q^{25} + \dots$$

$$9)\quad \sqrt{kk'\left(\frac{2K}{\pi}\right)^3} = 2\sqrt[4]{q} - 6\sqrt[4]{q^9} + 10\sqrt[4]{q^{25}} - 14\sqrt[4]{q^{49}} + 18\sqrt[4]{q^{81}} - \dots\ ^{*)},$$

unde etiam:

$$10)\quad \sqrt{k} = \frac{2\sqrt[4]{q} + 2\sqrt[4]{q^9} + 2\sqrt[4]{q^{25}} + 2\sqrt[4]{q^{49}} + 2\sqrt[4]{q^{81}} + \dots}{1 + 2q + 2q^4 + 2q^9 + 2q^{16} + \dots}$$

$$11)\quad \sqrt{k'} = \frac{1 - 2q + 2q^4 - 2q^9 + 2q^{16} - 2q^{25} + \dots}{1 + 2q + 2q^4 + 2q^9 + 2q^{16} + 2q^{25} + \dots}.$$

Fit porro, cum sit $Z(u) = \frac{\Theta'(u)}{\Theta(u)}$, $\Pi(u, a) = uZ(a) + \frac{1}{2}\log\frac{\Theta(u-a)}{\Theta(u+a)}$:

$$12)\quad \frac{2K}{\pi}\cdot Z\left(\frac{2Kx}{\pi}\right) = \frac{4q\sin 2x - 8q^4\sin 4x + 12q^9\sin 6x - 16q^{16}\sin 8x + \dots}{1 - 2q\cos 2x + 2q^4\cos 4x - 2q^9\cos 6x + 2q^{16}\cos 8x - \dots}$$

---

*) Etenim cum sit $\frac{dH}{dx} = \frac{2K}{\pi}\cdot\frac{dH}{du}$, differentiata 2) secundum x et posito deinde $x = 0$, prodit $\frac{2K}{\pi}H'(0) = \sqrt{kk'\left(\frac{2K}{\pi}\right)^3}$.

$$13)\quad \Pi\left(\frac{2Kx}{\pi}, \frac{2KA}{\pi}\right) = \frac{2Kx}{\pi}.Z\left(\frac{2KA}{\pi}\right)$$

$$+\frac{1}{2}\log\frac{1-2q\cos 2(x-A)+2q^4\cos 4(x-A)-2q^9\cos 6(x-A)+\ldots}{1-2q\cos 2(x+A)+2q^4\cos 4(x+A)-2q^9\cos 6(x+A)+\ldots}.$$

Quae est evolutio tertia functionum Ellipticarum.

66.

Ex evolutionibus inventis:

$$1)\quad \{(1-q^2)(1-q^4)(1-q^6)\ldots\}\{(1-2q\cos 2x+q^2)(1-2q^3\cos 2x+q^6)(1-2q^5\cos 2x+q^{10})$$

$$=$$

$$1-2q\cos 2x+2q^4\cos 4x-2q^9\cos 6x+2q^{16}\cos 8x-\ldots$$

$$\{(1-q^2)(1-q^4)(1-q^6)\ldots\}\sin x(1-2q^2\cos 2x+q^4)(1-2q^4\cos 2x+q^8)\ldots$$

$$=$$

$$\sin x-q^2\sin 3x+q^6\sin 5x-q^{12}\sin 7x+q^{20}\sin 9x-\ldots,$$

quarum postremam, posito $\sqrt{q}$ loco q, ita quoque exhibere licet:

$$2)\quad \{(1-q)(1-q^2)(1-q^3)\ldots\}\sin x(1-2q\cos 2x+q^2)(1-2q^2\cos 2x+q^4)(1-2q^3\cos 2x+q^6)\ldots$$

$$=$$

$$\sin x-q\sin 3x+q^3\sin 5x-q^6\sin 7x+q^{10}\sin 9x-q^{15}\sin 11x+\ldots,$$

sequitur, posito $x=0$, $x=\frac{\pi}{2}$:

$$3)\quad \frac{(1-q)(1-q^2)(1-q^3)(1-q^4)\ldots}{(1+q)(1+q^2)(1+q^3)(1+q^4)\ldots}=1-2q+2q^4-2q^9+2q^{16}-\ldots$$

$$4)\quad \frac{(1-q^2)(1-q^4)(1-q^6)(1-q^8)\ldots}{(1-q)(1-q^3)(1-q^5)(1-q^7)\ldots}=1+q+q^3+q^6+q^{10}+q^{15}+\ldots$$

$$5)\quad \{(1-q)(1-q^3)(1-q^5)(1-q^7)\ldots\}^3=1-3q+5q^3-7q^6+9q^{10}-\ldots$$

Ponamus in 2) $x=\frac{\pi}{3}$, fit $\sin x=+\sqrt{\frac{3}{4}}$, $\sin 3x=0$, $\sin 5x=-\sqrt{\frac{3}{4}}$, $\sin 7x=+\sqrt{\frac{3}{4}}$, cet.; porro $(1-q)(1-2q\cos 2x+q^2)=1-q^3$, unde 2) in hanc abit formulam:

$$(1-q^3)(1-q^6)(1-q^9)(1-q^{12})\ldots=1-q^3-q^6+q^{15}+q^{21}-q^{36}-\ldots,$$

sive:

$$6)\quad (1-q)(1-q^2)(1-q^3)(1-q^4)\ldots=1-q-q^2+q^5+q^7-q^{12}-\ldots,$$

cuius seriei terminus generalis est:

$$(-1)^n q^{\frac{3nn \pm n}{2}}$$

Comparatis inter se 5), 6) obtinemus:

$$7)\quad \{1 - q - q^2 + q^5 + q^7 - q^{12} - \ldots\}^3 = 1 - 3q + 5q^3 - 7q^6 + 9q^{10} - \ldots.$$

Formulam 4) etiam Cl. Gauss invenit in Commentatione: *Summatio Serierum quarundam singularium.* Comm. Gott. Vol. I. a. 1808—1811. Quam ille deduxit e sequente formula memorabili:

$$8)\quad \frac{(1-qz)(1-q^3z)(1-q^5z)(1-q^7z)\ldots}{(1-q)(1-q^3)(1-q^5)(1-q^7)\ldots} =$$

$$1 + \frac{q(1-z)}{1-q} + \frac{q^3(1-z)(1-qz)}{(1-q)(1-q^2)} + \frac{q^6(1-z)(1-qz)(1-q^2z)}{(1-q)(1-q^2)(1-q^3)} + \ldots,$$

posito $z = q$. Cui addi possunt formulae similes, quarum demonstrationem hoc loco omitto:

$$9)\quad \frac{1}{2}\,\frac{(1+z)(1+qz)(1+q^2z)\ldots}{(1+q)(1+q^2)(1+q^3)\ldots} + \frac{1}{2}\,\frac{(1-z)(1-qz)(1-q^2z)\ldots}{(1+q)(1+q^2)(1+q^3)\ldots} =$$

$$1 - \frac{q(1-z^2)}{1-q^2} + \frac{q^4(1-z^2)(1-q^2z^2)}{(1-q^2)(1-q^4)} - \frac{q^9(1-z^2)(1-q^2z^2)(1-q^4z^2)}{(1-q^2)(1-q^4)(1-q^6)} + \ldots$$

$$10)\quad \frac{q}{2z}\,\frac{(1+z)(1+qz)(1+q^2z)\ldots}{(1+q)(1+q^2)(1+q^3)\ldots} - \frac{q}{2z}\cdot\frac{(1-z)(1-qz)(1-q^2z)\ldots}{(1+q)(1+q^2)(1+q^3)\ldots} =$$

$$q - \frac{q^4(1-z^2)}{1-q^2} + \frac{q^9(1-z^2)(1-q^2z^2)}{(1-q^2)(1-q^4)} - \frac{q^{16}(1-z^2)(1-q^2z^2)(1-q^4z^2)}{(1-q^2)(1-q^4)(1-q^6)} +$$

quarum 9), posito $z = q$, praebet:

$$\frac{1}{2} + \frac{1}{2}\cdot\frac{(1-q)(1-q^2)(1-q^3)\ldots}{(1+q)(1+q^2)(1+q^3)\ldots} = 1 - q + q^4 - q^9 + \ldots,$$

sive:

$$\frac{(1-q)(1-q^2)(1-q^3)(1-q^4)\ldots}{(1+q)(1+q^2)(1+q^3)(1+q^4)\ldots} = 1 - 2q + 2q^4 - 2q^9 + \ldots,$$

quae est formula 3).

Formula 6), quae profundissimae indaginis est, ut quae a trisectione functionum Ellipticarum pendet, iam e longo tempore a Cl. *Euler* inventa est et luculenter demonstrata. De qua insigni demonstratione alibi nobis fusius agendum erit.

His addamus evolutiones sequentes:

11) $$\frac{\sqrt{kk'\left(\frac{2K}{\pi}\right)^3}}{\Theta\left(\frac{2Kx}{\pi}\right)} = \frac{2\sqrt[4]{q}\,\{(1-q^2)(1-q^4)(1-q^6)(1-q^8)\ldots\}^2}{(1-2q\cos 2x+q^2)(1-2q^3\cos 2x+q^6)(1-2q^5\cos 2x+q^{10})\ldots} =$$

$$\frac{2\sqrt[4]{q}\,(1-q^2)}{1-2q\cos 2x+q^2} - \frac{2\sqrt[4]{q^9}\,(1-q^6)}{1-2q^3\cos 2x+q^6} + \frac{2\sqrt[4]{q^{25}}\,(1-q^{10})}{1-2q^5\cos 2x+q^{10}} - \ldots$$

12) $$\frac{\sqrt{kk'\left(\frac{2K}{\pi}\right)^3}}{H\left(\frac{2Kx}{\pi}\right)} = \frac{\{(1-q^2)(1-q^4)(1-q^6)(1-q^8)\ldots\}^2}{\sin x\,(1-2q^2\cos 2x+q^4)(1-2q^4\cos 2x+q^8)(1-2q^6\cos 2x+q^{12})\ldots} =$$

$$\frac{1}{\sin x} - \frac{4q^2(1+q^2)\sin x}{1-2q^2\cos 2x+q^4} + \frac{4q^6(1+q^4)\sin x}{1-2q^4\cos 2x+q^8} - \frac{4q^{12}(1+q^6)\sin x}{1-2q^6\cos 2x+q^{12}} + \ldots$$

$$= \frac{1}{\sin x}\left\{\frac{(1-q^2)(1-q^4)}{1-2q^2\cos 2x+q^4} - \frac{q^2(1-q^4)(1-q^8)}{1-2q^4\cos 2x+q^8} + \frac{q^6(1-q^6)(1-q^{12})}{1-2q^6\cos 2x+q^{12}} - \ldots\right\},$$

quae e nota theoria resolutionis fractionum compositarum in simplices facile obtinentur.

Hinc deducuntur evolutiones speciales:

13) $$\frac{2kK}{\pi} = 4\sqrt{q}\left(\frac{1+q}{1-q}\right) - 4\sqrt{q^9}\left(\frac{1+q^3}{1+q^3}\right) + 4\sqrt{q^{25}}\left(\frac{1+q^5}{1-q^5}\right) - \ldots$$

14) $$\frac{2k'K}{\pi} = 1 - \frac{4q}{1+q} + \frac{4q^3}{1+q^2} - \frac{4q^6}{1+q^3} + \frac{4q^{10}}{1+q^4} - \ldots$$

Quibus cum evolutionibus expressionum $\frac{2kK}{\pi}$, $\frac{2k'K}{\pi}$ supra exhibitis comparatis, prodit:

$$\frac{\sqrt{q}}{1-q} - \frac{\sqrt{q^3}}{1-q^3} + \frac{\sqrt{q^5}}{1-q^5} - \frac{\sqrt{q^7}}{1-q^7} + \ldots =$$

$$\sqrt{q}\left(\frac{1+q}{1-q}\right) - \sqrt{q^9}\left(\frac{1+q^3}{1-q^3}\right) + \sqrt{q^{25}}\left(\frac{1+q^5}{1-q^5}\right) - \ldots$$

$$1 - \frac{4q}{1+q} + \frac{4q^3}{1+q^3} - \frac{4q^5}{1+q^5} + \frac{4q^7}{1+q^7} - \ldots =$$

$$1 - \frac{4q}{1+q} + \frac{4q^3}{1+q^2} - \frac{4q^6}{1+q^3} + \frac{4q^{10}}{1+q^4} - \ldots$$

Simili modo Cl. *Clausen* nuper observavit *), seriem

$$\frac{q}{1-q} + \frac{q^2}{1-q^2} + \frac{q^3}{1-q^3} + \frac{q^4}{1-q^4} + \ldots$$

*) *Crelle* Journal cet. Tom. III. pag. 95.

transformari posse in hanc:

$$q\left(\frac{1+q}{1-q}\right)+q^4\left(\frac{1+q^2}{1-q^2}\right)+q^9\left(\frac{1+q^3}{1-q^3}\right)+q^{16}\left(\frac{1+q^4}{1-q^4}\right)+\dots$$

Invenimus supra evolutiones ipsorum $\frac{2K}{\pi}$, $\frac{2kK}{\pi}$ eorumque dignitatum secundae, tertiae, quartae in series. Quae igitur evolutiones dignitatis secundae, quartae, sextae, octavae expressionum

$$\sqrt{\frac{2K}{\pi}}=1+2q+2q^4+2q^9+2q^{16}+\dots$$

$$\sqrt{\frac{2kK}{\pi}}=2\sqrt[4]{q}+2\sqrt[4]{q^9}+2\sqrt[4]{q^{25}}+2\sqrt[4]{q^{49}}+\dots$$

suppeditant, unde varia theoremata Arithmetica fluunt. Ita e. g. e formula:

$$\left(\frac{2K}{\pi}\right)^2=\left\{1+2q+2q^4+2q^9+2q^{16}+\dots\right\}^4=$$

$$1+8\left\{\frac{q}{1-q}+\frac{q^2}{1+q^2}+\frac{q^3}{1-q^3}+\frac{q^4}{1+q^4}+\dots\right\}=$$

$$1+8\Sigma\varphi(p)\left\{q^p+3q^{2p}+3q^{4p}+3q^{8p}+\dots\right\},$$

ubi p numerus impar quilibet, $\varphi(p)$ summa factorum ipsius p, fluit tamquam Corollarium theorema inclytum Fermatianum, numerum unumquemque esse summam quatuor quadratorum.

HALAE, TYPIS EXPRESSUM GEBAUERIIS.

CORRIGENDA.

Lectorem benevolum oratum volo, ut ante lectionem corrigat, quae irrepserunt menda graviora sequentia:

Pag. 3. lin. 11. leg. M loco U, bis.

— 7. — 7. loco $\frac{A}{B}\cdot\frac{1-k^2}{(1+mx)^2}$ leg. $\frac{A}{C}\cdot\frac{1-x^2}{(1+mx)^2}$.

— 8. loco k^2 leg. x^2.

— 8. — 6. loco $\sqrt{k\,.\,x}$ leg. $\sqrt{k}\,.\,x$, bis.

— 9. U et V ubique inter se commutari debent.

— 10. — 2. 4. 6. loco $-\sqrt{k}$ leg. $+\sqrt{k}$.

— 17. — 8. loco $a''y$, $b''y$ leg. $a''y^2$, $b''y^2$.

— 22. — 12. loco $\sqrt{\frac{x^{2m+1}}{\lambda}}$ leg. $\sqrt{\frac{k^{2m+1}}{\lambda}}$.

— 13. loco $\frac{b^{(m-1)}}{k^{m-4}}$ leg. $\frac{b^{(m-1)}}{k^{m-2}}$.

— 23. — 17. loco $\frac{u(2v+v^3)}{v^4}$ leg. $\frac{u(2v+u^3)}{v^4}$.

— 25. — 17. loco $(1+2\alpha)^2$ leg. $(1+2\alpha)^3$.

— 29. — 5. loco $+v^4$ leg. $-v^4$.

— 7. loco: *v loco u*, leg.: *u loco v*.

— 18. loco $(1-u^2v^2)$ leg. $(1-4u^2v^2)$.

lin. postr. loco: $\frac{u(u+v^5)y+\ldots}{u^2(1+u^3v)+\ldots}$ leg. $\frac{u(u+v^5)y-\ldots}{u^2(1+u^3v)-\ldots}$.

— 31. — 2. loco $\frac{dx}{\sqrt{1-k^2\sin\varphi^2}}$ leg. $\frac{d\varphi}{\sqrt{1-k^2\sin\varphi^2}}$.

— 35. — 10. 11. loco k leg. k'.

lin. postr. loco *profecti* leg. *perfecti*.

— 39. — 16. loco M leg. $(-1)^{\frac{n-1}{2}}M$.

— 47. — 10. loco $\{\ldots\}^2$ leg. $\{\ldots\}^4$.

— 51. — 8. delendum $\sqrt{\frac{\lambda' k^n}{\lambda k'^n}}$, adiiciendum:

$$=\sqrt{\frac{\lambda' k^n}{\lambda k'^n}}\cdot\cos\mathrm{am}(u)\cos\mathrm{am}\left(u+\frac{4K}{n}\right)\cos\mathrm{am}\left(u+\frac{8K}{n}\right)\ldots\cos\mathrm{am}\left(u+\frac{4(n-1)K}{n}\right)$$

— 9. delendum $\sqrt{\frac{\lambda'}{k'^n}}$, adiiciendum:

$$=\sqrt{\frac{\lambda'}{k'^n}}\cdot\Delta\,\mathrm{am}(u)\,\Delta\,\mathrm{am}\left(u+\frac{4K}{n}\right)\Delta\,\mathrm{am}\left(u+\frac{8K}{n}\right)\ldots\Delta\,\mathrm{am}\left(u+\frac{4(n-1)K}{n}\right)$$

pag. 60. lin. 19. loco $\sqrt{1-\lambda^2 z^2}$ leg. $\sqrt{1-\lambda^2 y^2}$.

— 63. — 6. loco $\sin^2 \operatorname{am} u$ leg. yy.

— 12. loco *earum* leg. *earamque.*

— 64. — 21. loco $\frac{2m'iK'}{n}$ leg. $\frac{2m'iK'}{nM}$.

— 67. — 17. loco $-192\lambda^4$ leg. $+192\lambda^4$.

— 76. — 4. loco $\frac{1}{n}\cdot\frac{\lambda'^2 ..}{k^2 ..}$ leg. $\frac{1}{n}\cdot\frac{\lambda'^2 ..}{k'^2 ..}$.

— 79. — 10. loco $\left(\frac{1+\lambda^2}{\lambda-\lambda^3}\right)$ leg. $\left(\frac{1+\lambda^2}{\lambda-\lambda^3}\right)^2$.

— 80. — 9. loco $\frac{3k'}{k^5}$ leg. $-\frac{3k'}{k^5}$.

— 12. loco $k^4 k'^2$ leg. $4k^4 k'^2$, loco $k'^2(1-k')^2$ leg. $4k'^2(1-k')^2$.

— 14. loco $k^5(1-k')^2$ leg. $k^5(1+k')^2$.

— 88. — 11. loco $-q^5$ leg. $-2q^5$.

— 94. — 11. loco $k^{(6)\prime}$ leg. $k^{(8)\prime}$.

— 98. lin. penult. loco *opposuisse* leg. *apposuisse.*

— 104. — 4. loco $-\frac{8q}{(1+q^2)}$ leg. $-\frac{8q}{(1+q)^2}$.

— 105. — 1. loco $-\frac{24}{10}q^{10}$ leg. $-\frac{24}{5}q^{10}$.

— 107. — 8. loco *formula* leg. *unde formula.*

— 18. loco *evolutas*, —— *nanciscimur* leg. *evolutae* —— *nanciscuntur.*

— 108. — 1. loco $\left(\frac{2K}{\pi}\right)^5$ leg. $\left(\frac{2K}{\pi}\right)^3$.

— 111. lin. ult. loco *quem* leg. *quam.*

— 114. — 12. loco $-\frac{2K}{\pi}\cdot\frac{2E^{\mathrm{I}}}{\pi}$ leg. $-3\frac{2K}{\pi}\cdot\frac{2E^{\mathrm{I}}}{\pi}$.

— 117. — 8. loco 3329 leg. 3229.

— 15. loco $+32k^2$ leg. $+23k^2$.

— 20. loco $\Pi(2n-2)$ leg. $\Pi(2n-1)$.

lin. ult. loco $\frac{d^2 \sin \operatorname{am} u}{du^2}$ leg. $\frac{d^2 \sin^n \operatorname{am} u}{du^2}$.

— 118. — 8. loco -2 leg. $-2k^2$.

— 10. loco $-32(1+k^2)$ leg. $-32k^2(1+k^2)$.

— 120. — 17. loco $\left(\frac{2K}{\pi}\cdot\frac{2K}{\pi}-\frac{2K}{\pi}\cdot\frac{2E^{\mathrm{I}}}{\pi}\right)$ leg. $\left(\frac{2K}{\pi}-\frac{2E^{\mathrm{I}}}{\pi}\right)$.

— 124. — 7. loco sin am $(u-v)$ — leg. sin am $(u+v)$ —.

lin. antep. *Tayloriana* leg. *Tayloriano.*

— 125. — 10. loco — 2 leg. —.

— 128. lin. penult. loco 2.4.6.7 leg. 2.4.6.8.

— 131. — 1, 2, 3 loco $(-1)^n 2^{n-1}$, $(-1)^n 4^{n-1}$, $(-1)^n 6^{n-1}$ leg. $(-1)^{n-1} 2^{2n-1}$, $(-1)^{n-1} 4^{2n-1}$, $(-1)^{n-1} 6^{2n-1}$.

— 7, 8, 9 loco $\left(\frac{2K}{\pi}\right)^{2n-1}$ leg. $\left(\frac{2K}{\pi}\right)^{2n-2}$

pag. 132. lin. 14. loco tang. am u leg. i tang. am u.

— 144. — 7. loco $1-k^2 \sin^2 \text{am } u \cdot \sin^2 \varphi$ leg. $1-k^2 \sin^2 \text{am } a \cdot \sin^2 \text{am } u$.

— 152. — 7. loco *quibos*, *tranis* leg. *quibus*, *transis*.

— 154. — 11. loco $Z(u) - Z(u+a)$ leg. $Z(u) + Z(a) - Z(u+a)$.

— 158. — 10. in denominatore loco $1-k^2$.. leg. $1+k^2$..

— 159. — 14. loco $-\Pi(u, u+b)$ leg. $-\Pi(u, a+b)$.

— 160. — 15: 2), 3) delendum.

— 164. — 10. loco $\{(1-q)(1-q^3)(1-q^5)\ldots\}$ leg. $\{(1-q)(1-q^3)(1-q^5)\ldots\}^2$.

— 169. — 10. loco $i\,u\,Z$ leg. $i\,a\,Z$.

— 171. — 21. loco *classem* leg. *in classem*.

— 172. — 1. loco *E* leg. *Et*.

— 6. loco $\Pi(u+i, a+ib)$ leg. $\Pi(u+iv, a+ib)$.

— 174. — 2. loco sin am u leg. sin am u . Θ u.

— 176. lin. antep. loco *Quam* leg. *Quem*.

— 178. — 1. loco *varie* leg. *serie*.

— 180. — 8. loco *Quam* leg. *Quem*.

A. TRANSFORMATIO PRIMA CUM SUPPLEMENTARIA.

a) $$\lambda = k^n \sin^4 \mathrm{coam}\frac{2K}{n} \sin^4 \mathrm{coam}\frac{4K}{n} \dots \sin^4 \mathrm{coam}\left(\frac{n-1}{n}\right)K \qquad \left\{M.\,k\right\}$$

aa) $$k = \lambda^n \sin^4 \mathrm{coam}\frac{2i\Lambda'}{n} \sin^4 \mathrm{coam}\frac{4i\Lambda'}{n} \dots \sin^4 \mathrm{coam}\left(\frac{n-1}{n}\right)i\Lambda' \qquad \left\{M.\,\lambda\right\}$$

$$= \frac{\lambda^n}{\Delta^4 \mathrm{am}\frac{2\Lambda'}{n}\,\Delta^4 \mathrm{am}\frac{4\Lambda'}{n} \dots \Delta^4 \mathrm{am}\left(\frac{n-1}{n}\right)\Lambda'} \qquad \left\{M.\,\lambda'\right\}$$

b) $$M = \frac{\sin^2 \mathrm{coam}\frac{2K}{n} \sin^2 \mathrm{coam}\frac{4K}{n} \dots \sin^2 \mathrm{coam}\left(\frac{n-1}{n}\right)K}{\sin^2 \mathrm{am}\frac{2K}{n} \sin^2 \mathrm{am}\frac{4K}{n} \dots \sin^2 \mathrm{am}\left(\frac{n-1}{n}\right)K} \qquad \left\{M.\,k\right\}$$

bb) $$\frac{1}{nM} = \frac{\sin^2 \mathrm{coam}\frac{2\Lambda'}{n} \sin^2 \mathrm{coam}\frac{4\Lambda'}{n} \dots \sin^2 \mathrm{coam}\left(\frac{n-1}{n}\right)\Lambda'}{\sin^2 \mathrm{am}\frac{2\Lambda'}{n} \sin^2 \mathrm{am}\frac{4\Lambda'}{n} \dots \sin^2 \mathrm{am}\left(\frac{n-1}{n}\right)\Lambda'} \qquad \left\{M.\,\lambda'\right\}$$

$$\sin \mathrm{am}\left(u,k\right) = x; \quad \sin \mathrm{am}\left(\frac{u}{M},\lambda\right) = y; \quad \sin \mathrm{am}\left(nu,k\right) = z$$

c) $$y = (-1)^{\frac{n-1}{2}}\sqrt{\frac{k^n}{\lambda}}\,\sin \mathrm{am}\,u\,\sin \mathrm{am}\left(u+\frac{4K}{n}\right)\sin \mathrm{am}\left(u+\frac{8K}{n}\right)\dots \sin \mathrm{am}\left(u+4\left(\frac{n-1}{n}\right)K\right) \qquad \left\{M.\,k\right\}$$

$$= \frac{\frac{x}{M}\left(1-\frac{xx}{\sin^2 \mathrm{am}\frac{2K}{n}}\right)\left(1-\frac{xx}{\sin^2 \mathrm{am}\frac{4K}{n}}\right)\dots\left(1-\frac{xx}{\sin^2 \mathrm{am}\left(\frac{n-1}{n}\right)K}\right)}{\left(1-k^2\sin^2 \mathrm{am}\frac{2K}{n}\,xx\right)\left(1-k^2\sin^2 \mathrm{am}\frac{4K}{n}\,xx\right)\dots\left(1-k^2\sin^2 \mathrm{am}\left(\frac{n-1}{n}\right)Kxx\right)} \qquad \left\{M.\,k\right\}$$

cc) $$z = \sqrt{\frac{\lambda^n}{k}}\,\sin \mathrm{am}\frac{u}{M}\,\sin \mathrm{am}\left(\frac{u}{M}+\frac{4i\Lambda'}{n}\right)\sin \mathrm{am}\left(\frac{u}{M}+\frac{8i\Lambda'}{n}\right)\dots \sin \mathrm{am}\left(\frac{u}{M}+4\left(\frac{n-1}{n}\right)i\Lambda'\right) \qquad \left\{M.\,\lambda\right\}$$

$$= \frac{nMy\left(1+\frac{yy}{\mathrm{tg}^2 \mathrm{am}\frac{2\Lambda'}{n}}\right)\left(1+\frac{yy}{\mathrm{tg}^2 \mathrm{am}\frac{4\Lambda'}{n}}\right)\dots\left(1+\frac{yy}{\mathrm{tg}^2 \mathrm{am}\left(\frac{n-1}{n}\right)\Lambda'}\right)}{\left(1+\lambda^2\mathrm{tg}^2 \mathrm{am}\frac{2\Lambda'}{n}\,yy\right)\left(1+\lambda^2\mathrm{tg}^2 \mathrm{am}\frac{4\Lambda'}{n}\,yy\right)\dots\left(1+\lambda^2\mathrm{tg}^2 \mathrm{am}\left(\frac{n-1}{n}\right)\Lambda'yy\right)} \qquad \left\{M.\,\lambda'\right\}$$

TRANSFORMATIONES COMPLEMENTARIAE.

a) $$\lambda' = k'^n \sin^4 \mathrm{coam}\frac{2iK}{n} \sin^4 \mathrm{coam}\frac{4iK}{n} \dots \sin^4 \mathrm{coam}\left(\frac{n-1}{n}\right)iK \qquad \left\{M.\,k'\right\}$$

$$= \frac{k'^n}{\Delta^4 \mathrm{am}\frac{2K}{n}\,\Delta^4 \mathrm{am}\frac{4K}{n} \dots \Delta^4 \mathrm{am}\left(\frac{n-1}{n}\right)K} \qquad \left\{M.\,k\right\}$$

aa) $$k' = \lambda'^n \sin^4 \mathrm{coam}\frac{2\Lambda'}{n} \sin^4 \mathrm{coam}\frac{4\Lambda'}{n} \dots \sin^4 \mathrm{coam}\left(\frac{n-1}{n}\right)\Lambda' \qquad \left\{M.\,\lambda'\right\}$$

b) et *bb)* eaedem atque supra.

$$\sin \mathrm{am}\left(u,k'\right) = x; \quad \sin \mathrm{am}\left(\frac{u}{M},\lambda'\right) = y; \quad \sin \mathrm{am}\left(nu,k'\right) = z$$

c) $$y = \sqrt{\frac{k'^n}{\lambda'}}\,\sin \mathrm{am}\,u\,\sin \mathrm{am}\left(u+4iK\right)\sin \mathrm{am}\left(u+8iK\right)\dots \sin \mathrm{am}\left(u+\frac{4(n-1)}{n}iK\right) \qquad \left\{M.\,k'\right\}$$

$$= \frac{\frac{x}{M}\left(1+\frac{xx}{\mathrm{tg}^2 \mathrm{am}\frac{2K}{n}}\right)\left(1+\frac{xx}{\mathrm{tg}^2 \mathrm{am}\frac{4K}{n}}\right)\dots\left(1+\frac{xx}{\mathrm{tg}^2 \mathrm{am}\left(\frac{n-1}{n}\right)K}\right)}{\left(1+k'^2\mathrm{tg}^2 \mathrm{am}\frac{2K}{n}\,xx\right)\left(1+k'^2\mathrm{tg}^2 \mathrm{am}\frac{4K}{n}\,xx\right)\dots\left(1+k'^2\mathrm{tg}^2 \mathrm{am}\left(\frac{n-1}{n}\right)Kxx\right)} \qquad \left\{M.\,k\right\}$$

cc) $$z = (-1)^{\frac{n-1}{2}}\sqrt{\frac{\lambda}{k'^n}}\,\sin \mathrm{am}\frac{u}{M}\,\sin \mathrm{am}\left(\frac{u}{M}+\frac{4\Lambda'}{n}\right)\sin \mathrm{am}\left(\frac{u}{M}+\frac{8\Lambda'}{n}\right)\dots \sin \mathrm{am}\left(\frac{u}{M}+\frac{4(n-1)}{n}\Lambda'\right) \qquad \left\{M.\,\lambda'\right\}$$

$$= \frac{nMy\left(1-\frac{yy}{\sin^2 \mathrm{am}\frac{2\Lambda'}{n}}\right)\left(1-\frac{yy}{\sin^2 \mathrm{am}\frac{4\Lambda'}{n}}\right)\dots\left(1-\frac{yy}{\sin^2 \mathrm{am}\left(\frac{n-1}{n}\right)\Lambda'}\right)}{\left(1-\lambda'^2\sin^2 \mathrm{am}\frac{2\Lambda'}{n}\,yy\right)\left(1-\lambda'^2\sin^2 \mathrm{am}\frac{4\Lambda'}{n}\,yy\right)\dots\left(1-\lambda'^2\sin^2 \mathrm{am}\left(\frac{n-1}{n}\right)\Lambda'yy\right)} \qquad \left\{M.\,\lambda'\right\}$$

$$\Lambda = \frac{K}{nM}; \qquad \Lambda' = \frac{K'}{M}$$

B. TRANSFORMATIO SECUNDA CUM SUPPLEMENTARIA.

a) $$\lambda = k^n \sin^4 \mathrm{coam}\frac{2iK'}{n} \sin^4 \mathrm{coam}\frac{4iK'}{n} \dots \sin^4 \mathrm{coam}\left(\frac{n-1}{n}\right)iK' \qquad \left\{M.\,k\right\}$$

$$= \frac{k^n}{\Delta^4 \mathrm{am}\frac{2K'}{n}\,\Delta^4 \mathrm{am}\frac{4K'}{n} \dots \Delta^4 \mathrm{am}\left(\frac{n-1}{n}\right)K'} \qquad \left\{M.\,k\right\}$$

aa) $$k = \lambda_{,}^n \sin^4 \mathrm{coam}\frac{2\Lambda_{,}}{n} \sin^4 \mathrm{coam}\frac{4\Lambda_{,}}{n} \dots \sin^4 \mathrm{coam}\left(\frac{n-1}{n}\right)\Lambda_{,} \qquad \left\{M.\,\lambda_{,}\right\}$$

b) $$M_{,} = \frac{\sin^2 \mathrm{coam}\frac{2K'}{n} \sin^2 \mathrm{coam}\frac{4K'}{n} \dots \sin^2 \mathrm{coam}\left(\frac{n-1}{n}\right)K'}{\sin^2 \mathrm{am}\frac{2K'}{n} \sin^2 \mathrm{am}\frac{4K'}{n} \dots \sin^2 \mathrm{am}\left(\frac{n-1}{n}\right)K'} \qquad \left\{M.\,k'\right\}$$

bb) $$\frac{1}{nM_{,}} = \frac{\sin^2 \mathrm{coam}\frac{2\Lambda_{,}}{n} \sin^2 \mathrm{coam}\frac{4\Lambda_{,}}{n} \dots \sin^2 \mathrm{coam}\left(\frac{n-1}{n}\right)\Lambda_{,}}{\sin^2 \mathrm{am}\frac{2\Lambda_{,}}{n} \sin^2 \mathrm{am}\frac{4\Lambda_{,}}{n} \dots \sin^2 \mathrm{am}\left(\frac{n-1}{n}\right)\Lambda_{,}} \qquad \left\{M.\,\lambda'\right\}$$

$$\sin \mathrm{am}\left(u,k\right) = x; \quad \sin \mathrm{am}\left(\frac{u}{M_{,}},\lambda_{,}\right) = y; \quad \sin \mathrm{am}\left(nu,k\right) = z$$

c) $$y = \sqrt{\frac{k^n}{\lambda_{,}}}\,\sin \mathrm{am}\,u\,\sin \mathrm{am}\left(u+\frac{4iK'}{n}\right)\sin \mathrm{am}\left(u+\frac{8iK'}{n}\right)\dots \sin \mathrm{am}\left(u+\frac{4(n-1)}{n}iK'\right) \qquad \left\{M.\,k\right\}$$

$$= \frac{\frac{x}{M_{,}}\left(1+\frac{xx}{\mathrm{tg}^2 \mathrm{am}\frac{2K'}{n}}\right)\left(1+\frac{xx}{\mathrm{tg}^2 \mathrm{am}\frac{4K'}{n}}\right)\dots\left(1+\frac{xx}{\mathrm{tg}^2 \mathrm{am}\left(\frac{n-1}{n}\right)K'}\right)}{\left(1+k^2\mathrm{tg}^2 \mathrm{am}\frac{2K'}{n}\,xx\right)\left(1+k^2\mathrm{tg}^2 \mathrm{am}\frac{4K'}{n}\,xx\right)\dots\left(1+k^2\mathrm{tg}^2 \mathrm{am}\left(\frac{n-1}{n}\right)K'xx\right)} \qquad \left\{M.\,k'\right\}$$

cc) $$z = (-1)^{\frac{n-1}{2}}\sqrt{\frac{\lambda_{,}^n}{k}}\,\sin \mathrm{am}\frac{u}{M_{,}}\,\sin \mathrm{am}\left(\frac{u}{M_{,}}+\frac{4\Lambda_{,}}{n}\right)\sin\left(\frac{u}{M_{,}}+\frac{8\Lambda_{,}}{n}\right)\dots \sin \mathrm{am}\left(\frac{u}{M_{,}}+\frac{4(n-1)}{n}\Lambda_{,}\right) \qquad \left\{M.\,\lambda_{,}\right\}$$

$$= \frac{\frac{y}{M_{,}}\left(1-\frac{yy}{\sin^2 \mathrm{am}\frac{2\Lambda_{,}}{n}}\right)\left(1-\frac{yy}{\sin^2 \mathrm{am}\frac{4\Lambda_{,}}{n}}\right)\dots\left(1-\frac{yy}{\sin^2 \mathrm{am}\left(\frac{n-1}{n}\right)\Lambda_{,}}\right)}{\left(1-\lambda_{,}^2\sin^2 \mathrm{am}\frac{2\Lambda_{,}}{n}\,yy\right)\left(1-\lambda'^2\sin^2 \mathrm{am}\frac{4\Lambda_{,}}{n}\,yy\right)\dots\left(1-\lambda_{,}^2\sin^2 \mathrm{am}\left(\frac{n-1}{n}\right)\Lambda_{,}yy\right)} \qquad \left\{M.\,\lambda'_{,}\right\}$$

TRANSFORMATIONES COMPLEMENTARIAE.

a) $$\lambda'_{,} = k'^n \sin^4 \mathrm{coam}\frac{2K'}{n} \sin^4 \mathrm{coam}\frac{4K'}{n} \dots \sin^4 \mathrm{coam}\left(\frac{n-1}{n}\right)K' \qquad \left\{M.\,k'\right\}$$

aa) $$k' = \lambda_{,}'^n \sin^4 \mathrm{coam}\frac{2i\Lambda_{,}}{n} \sin^4 \mathrm{coam}\frac{4i\Lambda_{,}}{n} \dots \sin^4 \mathrm{coam}\left(\frac{n-1}{n}\right)i\Lambda_{,} \qquad \left\{M.\,\lambda'_{,}\right\}$$

$$= \frac{\lambda_{,}'^n}{\Delta^4 \mathrm{am}\frac{2\Lambda_{,}}{n}\,\Delta^4 \mathrm{am}\frac{4\Lambda_{,}}{n} \dots \Delta^4 \mathrm{am}\left(\frac{n-1}{n}\right)\Lambda_{,}} \qquad \left\{M.\,\lambda_{,}\right\}$$

b) et *bb)* eaedem atque supra.

$$\sin \mathrm{am}\left(u,k'\right) = x; \quad \sin \mathrm{am}\left(\frac{u}{M_{,}},\lambda'_{,}\right) = y; \quad \sin \mathrm{am}\left(nu,k'\right) = z$$

c) $$y = (-1)^{\frac{n-1}{2}}\sqrt{\frac{k'^n}{\lambda'_{,}}}\,\sin \mathrm{am}\,u\,\sin \mathrm{am}\left(u+\frac{4K'}{n}\right)\sin \mathrm{am}\left(u+\frac{8K'}{n}\right)\dots \sin \mathrm{am}\left(u+\frac{4(n-1)}{n}K'\right) \qquad \left\{M.\,k'\right\}$$

$$= \frac{\frac{x}{M_{,}}\left(1-\frac{xx}{\sin^2 \mathrm{am}\frac{2K'}{n}}\right)\left(1-\frac{xx}{\sin^2 \mathrm{am}\frac{4K'}{n}}\right)\dots\left(1-\frac{xx}{\sin^2 \mathrm{am}\left(\frac{n-1}{n}\right)K'}\right)}{\left(1-k'^2\sin^2 \mathrm{am}\frac{2K'}{n}\,xx\right)\left(1-k'^2\sin^2 \mathrm{am}\frac{4K'}{n}\,xx\right)\dots\left(1-k'^2\sin^2 \mathrm{am}\left(\frac{n-1}{n}\right)K'xx\right)} \qquad \left\{M.\,k'\right\}$$

cc) $$z = \sqrt{\frac{\lambda_{,}'^n}{k'}}\,\sin \mathrm{am}\left(\frac{u}{M_{,}}\right)\sin \mathrm{am}\left(\frac{u}{M_{,}}+\frac{4i\Lambda_{,}}{n}\right)\sin \mathrm{am}\left(\frac{u}{M_{,}}+\frac{8i\Lambda_{,}}{n}\right)\dots \sin \mathrm{am}\left(\frac{u}{M_{,}}+\frac{4(n-1)}{n}i\Lambda_{,}\right) \qquad \left\{M.\,\lambda'_{,}\right\}$$

$$= \frac{nM_{,}y\left(1+\frac{yy}{\mathrm{tg}^2 \mathrm{am}\frac{2\Lambda_{,}}{n}}\right)\left(1+\frac{yy}{\mathrm{tg}^2 \mathrm{am}\frac{4\Lambda_{,}}{n}}\right)\dots\left(1+\frac{yy}{\mathrm{tg}^2 \mathrm{am}\left(\frac{n-1}{n}\right)\Lambda_{,}}\right)}{\left(1+\lambda_{,}'^2\mathrm{tg}^2 \mathrm{am}\frac{2\Lambda_{,}}{n}\,yy\right)\left(1+\lambda_{,}'^2\mathrm{tg}^2 \mathrm{am}\frac{4\Lambda_{,}}{n}\,yy\right)\dots\left(1+\lambda_{,}'^2\mathrm{tg}^2 \mathrm{am}\left(\frac{n-1}{n}\right)\Lambda_{,}yy\right)} \qquad \left\{M.\,\lambda'_{,}\right\}$$

$$\Lambda_{,} = \frac{K}{M_{,}}; \qquad \Lambda'_{,} = \frac{K'}{nM_{,}}.$$